“十四五”高等职业教育计算机教育系列教材

移动应用开发技术教程

刘 仁 李博文 白 江 宁 宇◎主 编
吴 庆 张 航 刘 丽◎副主编

中国铁道出版社有限公司
CHINA RAILWAY PUBLISHING HOUSE CO., LTD.

内 容 简 介

本教材系“十四五”高等职业教育计算机教育系列教材之一，全面介绍了Android移动应用开发技术。本教材分九个项目，主要讲述Android移动应用开发的基础知识、核心技术以及实战案例，理论与实践密切结合，通过丰富的案例和详细的步骤，让学生能够系统地掌握Android移动应用开发的全流程。此外，本教材涵盖了最新的移动开发技术和趋势，确保学生能够紧跟行业步伐。

本教材适合作为高等职业教育“移动应用开发技术”课程的教材，也可作为移动开发爱好者的参考书。

图书在版编目（CIP）数据

移动应用开发技术教程 / 刘仁等主编. -- 北京 : 中国铁道出版社有限公司, 2025. 2. --（“十四五”高等职业教育计算机教育系列教材）. -- ISBN 978-7-113-31723-2

Ⅰ. TN929. 53

中国国家版本馆CIP数据核字第2024KB7615号

书　　名：移动应用开发技术教程
作　　者：刘　仁　李博文　白　江　宁　宇

策　　划：祁　云　　**编辑部电话：**（010）63549458
责任编辑：祁　云　贾淑媛
封面设计：刘　颖
责任校对：安海燕
责任印制：赵星辰

出版发行：中国铁道出版社有限公司（100054，北京市西城区右安门西街8号）
网　　址：https://www.tdpress.com/51eds
印　　刷：河北宝昌佳彩印刷有限公司
版　　次：2025年2月第1版　2025年2月第1次印刷
开　　本：850 mm×1 168 mm　1/16　**印张：**15.75　**字数：**400千
书　　号：ISBN 978-7-113-31723-2
定　　价：49.80元

前言

随着移动互联网的迅猛发展，移动应用开发技术已成为信息技术领域中的热门话题。本教材内容全面、系统，使学生能够掌握移动应用开发的基本原理、技术框架和实战技能。本教材不仅涵盖了移动应用开发的基础知识，还涉及了前沿技术、行业动态以及市场趋势，为学生未来的职业发展奠定了坚实的基础。

本教材编写遵循“‘十四五’高等职业教育计算机教育系列教材”的编写提纲和统一风格，力求体现先进性、实用性和创新性。我们深入分析了当前移动应用开发领域的教学需求，结合国内外优秀教材的经验，遵循“理论与实践相结合、知识与技能并重”的写作思想。在内容安排上，注重知识的系统性和连贯性，同时结合具体案例和项目实战，使学生能够在实践中加深对理论知识的理解，提高解决实际问题的能力。

本教材在写作上具有以下特色：

（1）理论与实践相结合：本教材不仅介绍了移动应用开发的基本理论知识，还通过大量实例和项目实战，引导学生将理论知识应用于实际开发中。

（2）紧贴前沿技术：我们密切关注移动应用开发领域的前沿技术和市场动态，将其融入教材内容，确保学生学到的知识和技能具有时效性和实用性。

（3）图文并茂：本教材采用丰富的图表、示意图和流程图等辅助说明，使复杂的技术概念和操作流程变得直观易懂。

（4）互动性强：我们设计了多种形式的练习和思考题，鼓励学生积极参与课堂讨论和课后实践，提高学习效果。

本教材共分为九个项目，内容涵盖移动应用开发的基础知识、技术框架、实战技能以及前沿技术等方面。

以下为本教材的课时安排及教学方案图表：

项目名称	任务名称	学　时
项目一　移动应用开发环境的搭建	任务一　施治有序——明确App开发流程	1
	任务二　厉兵秣马——搭建设计App的Android开发环境	1
	任务三　整装待发——拥有第一个原生App	2
项目二　移动应用项目简介	任务一　鞭辟入里——需求分析	2
	任务二　抽丝剥茧——概要设计	2

续表

项目名称	任务名称	学　时
项目三　登录界面的布局设计	任务一　厚积薄发——基础View组件的应用	4
	任务二　跬步千里——布局管理器的应用	4
项目四　“底部导航”模块的设计	任务一　以点带面——跳转到注册页面	2
	任务二　水滴石穿——将注册信息传递到登录页面	2
	任务三　拨开云雾——合适的底部导航	4
项目五　“个人中心”模块的设计	任务一　细致入微——登录页面美化	2
	任务二　见微知著——活动消息对话框	2
	任务三　惟妙惟肖——个人中心页面	4
项目六　“首页”模块的设计	任务一　胸有成竹——修改活动定位	2
	任务二　勇毅前行——选定目标	2
	任务三　精彩纷呈——首页活动列表	4
项目七　“发现”模块的设计	任务一　矢志不渝——发现目标页面	2
	任务二　志同道合——分享你的发现	2
项目八　“目标”模块的设计	任务一　存而不论——文件存储实现自动登录	2
	任务二　薄技在身——SharedPreferences保存用户名和密码	2
	任务三　纷至沓来——选定目标处理	4
项目九　用户登录验证	任务一　点石成金——采用HttpURLConnection访问服务器端	4
	任务二　驾轻就熟——采用OkHttp框架访问服务器端	4
	任务三　熟能生巧——用户登录验证	4
合计		64

上述教学方案将课时细化到具体的项目和任务上，包括理论讲授、案例分析、项目实战等。

本教材适合于高等职业教育“移动应用开发技术”课程，也可作为移动开发爱好者的参考用书。电子教案等资源可在中国铁道出版社有限公司网站https://www.tdpress.com/51eds下载，为学生提供更加丰富的学习资源和支持。

本教材由辽宁职业学院刘仁、李博文、白江、宁宇任主编，辽宁职业学院吴庆、张航，渤海船舶职业学院刘丽任副主编，辽宁职业学院马喜红参与编写，企业高级软件开发工程师张鹏程提供技术支持。

在编写本教材的过程中，我们得到了许多专家和学者的指导和帮助，在此，对他们表示衷心的感谢！同时，也要感谢所有参与本教材编写和修订工作的同事和学生们的辛勤付出和无私奉献。

虽然我们在编写本教材时付出了很多努力，但由于时间仓促和水平有限，难免存在不足之处，诚恳地希望广大读者和专家能够提出宝贵的意见和建议，以便我们不断完善和提高本教材的质量。

编　者

2024年10月

目录

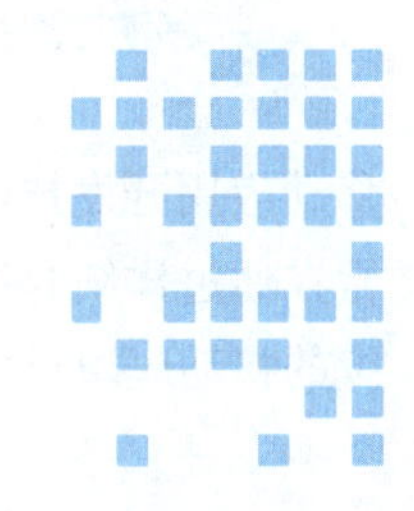

项目一
移动应用开发环境的搭建

学习目标

- 了解App相关的基本概念与应用。
- 掌握Java环境的安装和配置。
- 掌握Android Studio下载和安装方法。
- 掌握Android虚拟机创建方法。
- 明确App开发流程。
- 熟悉Android应用项目结构。
- 会搭建设计App的Android开发环境。
- 能动手开发第一个Android应用程序。

框架要点

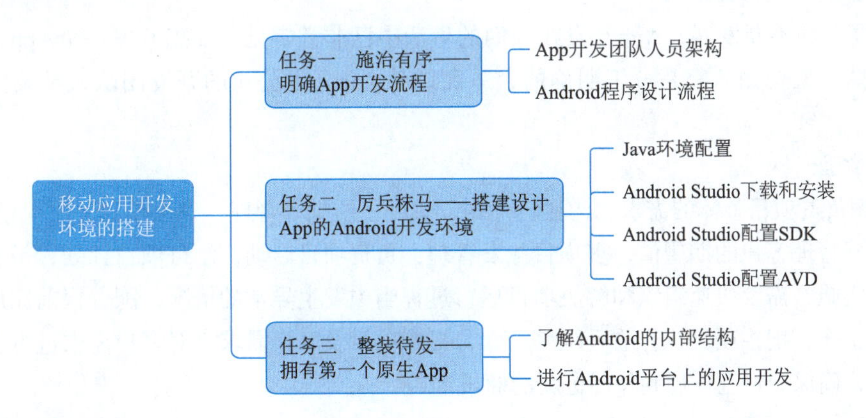

项目描述

随着移动互联网的快速发展，移动应用已经成为人们日常生活和工作的重要工具。因此，掌握移动应用开发技术，搭建一个稳定、高效的移动应用开发环境，对于开发者来说至关重要。本项目旨在通过详细的步骤说明，帮助开发者快速搭建一个适用于Android平台的移动应用开发环境，为后续的移动应用开发奠定坚实的基础。

渐进任务：

任务一　施治有序——明确App开发流程。

任务二　厉兵秣马——搭建设计App的Android开发环境。

任务三　整装待发——拥有第一个原生App。

项目拆解

任务一　施治有序——明确 App 开发流程

任务描述

在当前信息技术快速发展的背景下，移动应用程序（App）已成为企业、组织和个人与用户沟通的重要桥梁。一个成功的App不仅需要有吸引人的功能和设计，更需要在开发过程中遵循有序、高效的工作流程。本次任务的目标就是明确并优化App的开发流程，确保项目能够按时、按质、按量完成。

实践任务导引：

（1）App开发团队人员架构。

（2）Android程序设计流程。

知识储备

1. App开发团队人员架构

随着互联网的不断发展，App开发在人们的生活中已非常常见，要想开发一个App，必须要有一个架构团队。架构团队都是分工明确的，下面以某App开发公司的开发团队人员架构为例进行讲解。

1）项目经理

项目经理负责项目整体的需求、沟通、计划、进度、质量等管理，确保项目保质保量按期完成，并正确管理客户的期望值，多项目并发管理，负责项目启动，制订项目计划，带领团队完成项目实施，需要快速组织和解决项目运行过程当中发生异常的情况，配合售前完成日常项目支持工作，把控项目执行前后统筹工作，提炼项目及客户需求，对客户需求进行合理挖掘和引导，确保交付进程顺利并促进新的商机推送。

视频

App开发团队人员架构

2）产品经理

产品经理负责在制作人的框架下完成项目的设计，并与其他组（开发、美术、合约）共同协作，推进实施，负责产品的需求分析、原型设计、需求设计、开发推进和产品迭代，实时沟通，跟进产品需求的整个实现过程，保证产品按计划执行并发布，收集并分析运营过程中的用户需求、行为，完成产品需求设计并跟踪落实。

3）UI设计师

根据产品需求，对产品的整体美术风格、交互设计、界面结构、操作流程等做出UI设计，负责项目中各种交互界面、图标、LOGO、按钮等相关元素的设计与制作，能积极与开发工程师沟通，推进界面及交互设计的终端实现。

4）开发工程师

iOS/Android开发工程师根据需求进行客户端软件的设计、开发和维护，与项目相关人员配合共同完成应用软件的开发设计工作，遵循软件开发流程，进行应用及人机界面软件模块的设计和实现，参与技术难题攻关、组织技术积累等工作，配合项目经理执行开发过程的技术管理工作。

5）后端开发工程师

后端开发工程师主要从事系统程序架构及程序编码工作，负责软件产品类的后端业务的开发，包括数据库、简单数据分析、系统管理、权限管理等内容，配合完成产品发布/上线；优化并改进产品数据库设计，使之能迅速适应产品运营的需求，与产品经理、设计师、前端工程师一起，提升产品的用户体验。

6）测试工程师

制订测试产品的测试计划、方案，设计并执行测试用例，对产品进行功能、性能、安全等测试，实施高效的测试活动，并对测试结果进行分析，给出专业报告，与其他部门紧密协作，跟踪缺陷并推动及时修复，维护测试环境，进行测试环境的部署与调试，设计并开发测试工具，对测试方法进行创新。

7）运维工程师

对服务器进行日常维护，确保网络连续正常运行，配合数据分析，进行相关数据统计、参数配置、系统测试及系统监控；研究运维相关技术，根据系统需求制订运维技术方案。

视 频

Android程序设计流程

2. Android程序设计流程

Android程序的组成部分如图1-1所示。Android程序设计工作大体分为两部分：一部分是程序的视觉［用户界面（user interface），简称UI］设计；另一部分是程序代码（程序逻辑）的编写。Android的UI设计采用XML语言，程序代码则是用Java语言编写的。

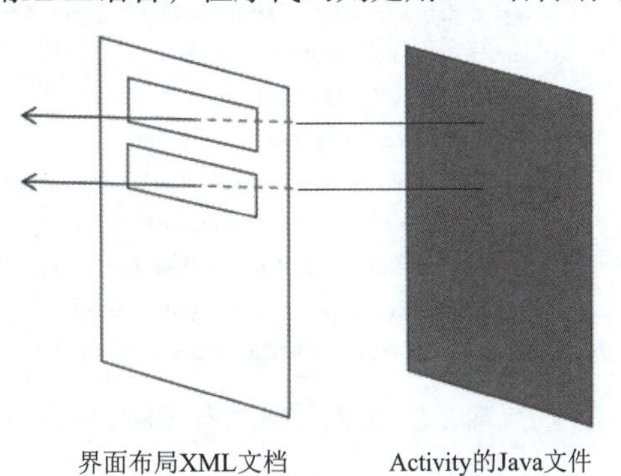

图 1-1 Android 程序的组成部分

1）用图形化界面来进行UI设计

Android采用XML语言来设计其UI。Android Studio提供了所见即所得的布局编辑器，用户只须拖动对象及设置属性即可完成UI布局的工作。Android Studio会自动将用户设计好的UI布局转换成XML布局文件，该文件与Java程序共同构建成App(.apk)文件。图形化界面设计如图1-2所示。

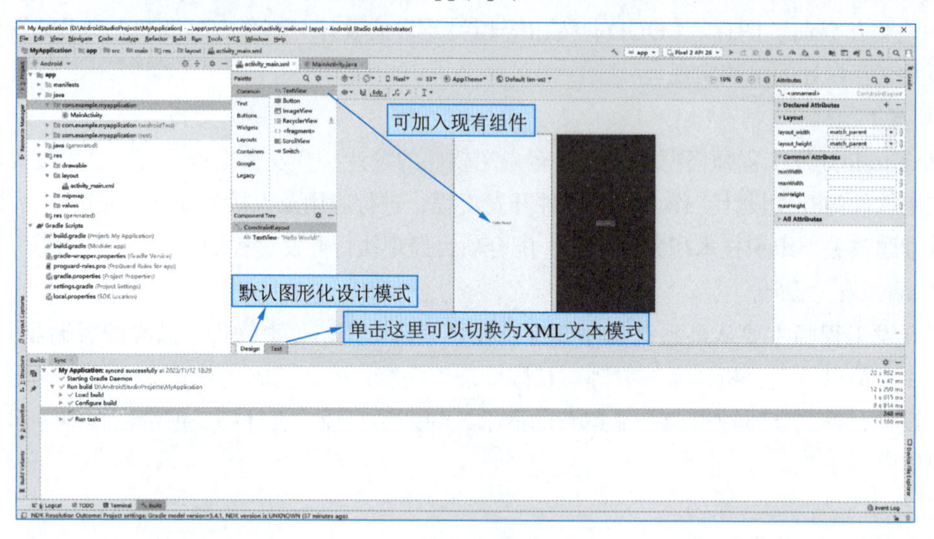

图 1-2　图形化界面设计

为了实现更好的UI设计效果，经常需要对XML布局文件进行修改。XML布局文件示例如图1-3所示。

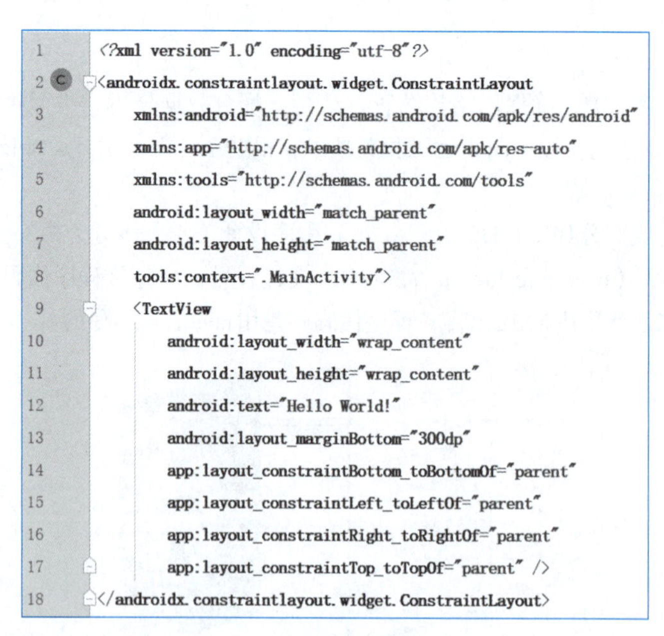

```
<?xml version="1.0" encoding="utf-8"?>
<androidx.constraintlayout.widget.ConstraintLayout
    xmlns:android="http://schemas.android.com/apk/res/android"
    xmlns:app="http://schemas.android.com/apk/res-auto"
    xmlns:tools="http://schemas.android.com/tools"
    android:layout_width="match_parent"
    android:layout_height="match_parent"
    tools:context=".MainActivity">
    <TextView
        android:layout_width="wrap_content"
        android:layout_height="wrap_content"
        android:text="Hello World!"
        android:layout_marginBottom="300dp"
        app:layout_constraintBottom_toBottomOf="parent"
        app:layout_constraintLeft_toLeftOf="parent"
        app:layout_constraintRight_toRightOf="parent"
        app:layout_constraintTop_toTopOf="parent" />
</androidx.constraintlayout.widget.ConstraintLayout>
```

图 1-3　XML 布局文件示例

图1-3中的相关代码功能说明如下：

第1行代码用来声明XML文件所遵循的XML规格版本，以及数据的编码格式。

第2～3行代码中的xmlns:android="http://schemas.android.com/apk/res/android"主要用于设置内容所需的标签。

第4行代码是Android中的一个命名空间，用于指定应用程序的资源。

第5行代码是向Android工具程序展示的标签。

第6～7行代码分别用来设置根容器的宽度与高度与其父容器的宽度与高度一致，这两行代码使得根布局的大小与设备屏幕的大小一致。

第8行代码用来说明当前的布局所在的渲染上下文是.MainActivity。

第9～17行代码表示布局中包含一个TextView组件。

2）用Java语言来编写程序代码

Android采用Java语言编写程序代码，实现相应的功能。Android Studio为用户提供了完整的Java程序框架（见图1-4），用户在建立Android项目时可直接引用。

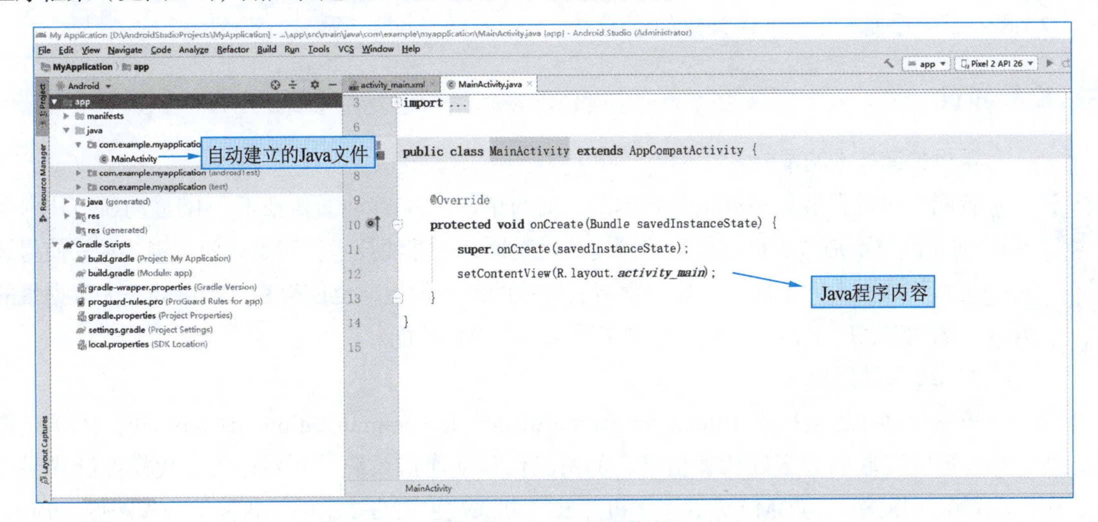

图 1-4　Java 程序框架

3）将UI设计与程序代码构建（build）成App文件

Android程序设计流程图如图1-5所示。

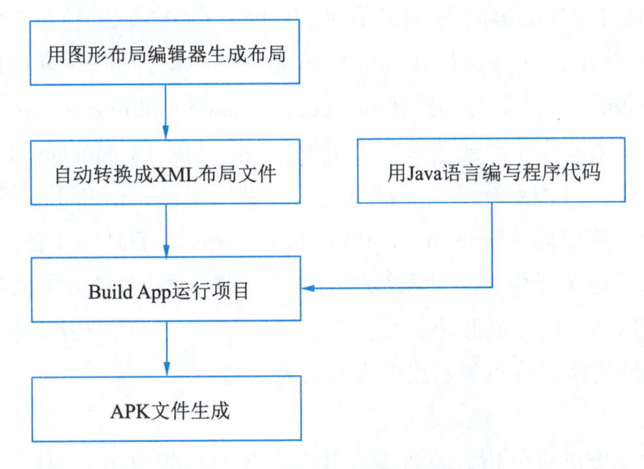

图 1-5　Android 程序设计流程图

任务实施

步骤一：组建团队

请读者根据各自特点和在学习生活中的相互了解自行组建团队，要求：

（1）根据App开发团队人员架构组建团队，分配角色。

（2）每组3～5人，选定一名组长作为团队负责人。

（3）绘制各组组织架构图。

步骤二：洽谈业务

请读者首先模拟客户检索资料提出一个开发App的需求，然后以创业团队身份接洽该客户或者其他客户，完成其提出的任务，要求：

（1）提出一个业务需求，形成需求分析文档。

（2）根据需求绘制一个App UI设计的草图。

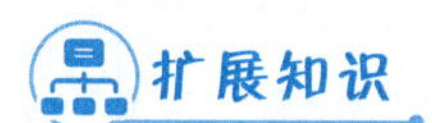

扩展知识

视 频

手机关键技术的发展

手机关键技术的发展

智能手机的发展离不开信息技术的发展与革新。3G移动通信技术、4G移动通信技术和5G移动通信技术是对手机发展影响深远的代表性、关键性技术。正是这些关键技术才使得智能手机真正成为人们生活、工作、学习、娱乐的亲密伴侣，也使得视频、游戏等大数据量的媒体资源能够实时上传或下载，扩展了手机的可视化功能。

1. 3G移动通信

第三代移动通信技术（third generation of mobile communications technology，3G）是指将无线通信与国际互联网等多媒体通信结合的第三代移动通信系统。相对于第一代模拟制式手机（1G手机）和第二代GSM、TDMA等数字手机（2G手机），使用3G技术的手机能够处理图像、音乐、视频流等多种媒体形式，提供包括网页浏览、电话会议、电子商务等多种信息服务。为了提供这种服务，无线网络必须能够支持不同的数据传输速率，也就是在室内、室外和行车的环境中能够分别支持至少2 Mbit/s、384 kbit/s以及144 kbit/s的传输速率。

国际电信联盟（ITU）在2000年5月确定了WCDMA、CDMA 2000、TD-SCDMA三大主流无线接口标准，并写入3G技术指导性文件《2000年国际移动通信计划》（简称IMT-2000）；2007年，WiMAX也被接受为3G标准之一。码分多路访问（code division multiple access，CDMA）是第三代移动通信系统的技术基础。第一代移动通信系统采用频分多路访问（frequency division multiple access，FDMA）的模拟调制方式，这种系统的主要缺点是频谱利用率低，信令干扰话音业务。第二代移动通信系统主要采用时分多路访问（time division multiple access，TDMA）的数字调制方式，提高了系统容量，并采用独立信道传送信令，使系统性能大大改善。但TDMA的系统容量仍然有限，越区切换性能仍不完善。CDMA系统以其频率规划简单、系统容量大、频率复用系数高、抗多径能力强、通信质量好、软容量、软切换等特点显示出巨大的发展潜力。

2. 4G移动通信

对移动通信技术发展史进行分析，不难发现其中存在的一些规律。例如，所有的技术都不会凭空出现，除了基于研究人员的深入研发之外，人们日益增加的服务需求也是促进技术发展的最主要动力之一。从2G到3G，移动通信技术的更新速率呈加速度发展的态势。

在4G发展的道路上，不得不提及LTE（long term evolution，长期演进）。2004年，3GPP在多伦多会议上首次提出了LTE的概念，但是它并非人们所理解的4G技术，而是一种3G与4G技术之间的过渡技术，俗称为3.9G的全球标准。它采用OFDM和MIMO作为其无线网络演进的唯一标准，改进并增强了3G的空中接入技术。

2008年6月，3GPP在对LTE进行后续研发的基础上，提出并完成了LTE-A（LTE-advanced的简称）的技术需求报告，确定了LTE-A的最小需求：下行峰值速率1 Gbit/s，上行峰值速率500 Mbit/s，上下行峰值频谱利用率分别达到15 Mbit/s/Hz和30 Mbit/s/Hz。与ITU所提供的最小技术需求指标相比较，具有非常明显的优势。换句话说，LTE-A技术才可以称为真正的4G移动通信技术标准。

4G移动通信系统的网络结构可分为三层：物理网络层、中间环境层和应用网络层。4G移动通信对加速增长的宽带无线连接的要求提供技术上的回应，对跨越公众的，以及专用的、室内和室外的多种无线系统和网络提供无缝的服务。移动通信不断向数据化、高速化、宽带化、频段更高化的方向发展。移动数据、移动IP已经成为未来移动网的主流业务。

3. 5G移动通信

5G移动通信技术，即第五代移动通信技术，代表了移动通信技术的最新进展。它不仅在速度上实现了飞跃，而且在延迟、系统容量和设备连接能力方面都有显著提升。5G技术的核心目标是提供比4G更快的数据传输速度、更低的延迟，以及更高的系统容量和大规模设备连接能力。为了实现这些目标，5G网络采用了更高频段的无线电波（例如毫米波）、更先进的天线技术（如大规模MIMO）和网络切片技术。

具体来说，5G技术能够支持增强型移动宽带，这意味着用户将享受到更快速的下载和上传速度，以及更流畅的高清视频流和虚拟现实体验。此外，5G还致力于实现超可靠低延迟通信，这对于需要即时响应的应用场景，如自动驾驶汽车和远程医疗手术，至关重要。同时，5G网络的大规模物联网支持能力，将使得数以亿计的设备能够无缝连接，从而推动智慧城市的构建和物联网设备的广泛应用。

随着5G技术的不断成熟和广泛部署，预计将推动包括自动驾驶汽车、远程医疗、智慧城市和增强现实等在内的众多创新应用的发展。这些应用不仅将改变我们的日常生活，还将对工业、医疗、交通等多个行业产生深远影响。例如，在医疗领域，远程手术和实时健康监测等，医生能够通过高速的5G网络实时控制手术机器人，为偏远地区的患者提供专业的医疗服务。在交通领域，自动驾驶汽车通过5G网络实现车辆间的高速通信，提高道路安全性和交通效率。

总之，5G移动通信技术的出现，不仅标志着移动通信技术的一次重大飞跃，也为各行各业带来了前所未有的机遇和挑战。随着技术的不断进步和应用的不断拓展，5G正深刻地改变我们的世界，推动社会进入一个全新的数字化时代。

任务小结

通过本任务的开展，大家对App开发企业团队人员架构手机的关键技术、Android程序设计流程都有了一个较为明晰的认识。这些理论知识对我们后面进行App的开发具有十分重要的指导作用，它会指引我们在技术开发的时候具有对市场更为理性的认知，逐步提升对设计理念的感性运用。

任务二 厉兵秣马——搭建设计 App 的 Android 开发环境

任务描述

随着移动互联网的快速发展，Android平台因其广泛的用户基础和开放性，成为了众多开发者设计并发布App的首选平台。然而，要想在这个平台上成功开发出一款设计精良、功能完善的App，首先需要搭建一个稳定、高效的Android开发环境。本次任务就是帮助开发者完成这一基础而关键的工作。

实践任务导引：

（1）Java环境配置。

（2）Android Studio下载和安装。

（3）Android Studio配置SDK。

（4）Android Studio配置AVD。

知识储备

视 频

Java环境配置

1. Java环境配置

因为Android应用开发是基于Java语言开发的，所以在正式安装Android开发工具前还要安装Java开发环境。Java的程序安装软件为JDK，需要从官网下载安装并配置系统环境变量，Android Studio才能使用。

1）下载JDK

首先需要进入Java开发工具包JDK的官方网站，单击“x64 Installer”右侧链接即可下载，此处以Windows 64位为例，而本书后面使用的工具和案例都将基于Windows 64位操作系统进行，如图1-6所示。

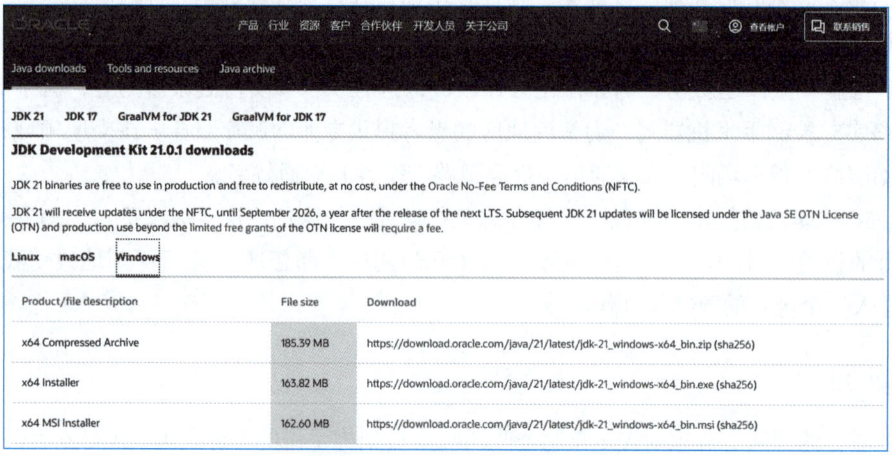

图 1-6　官网 JDK 下载链接

2）安装文件

单击下载好的JDK安装包，会出现图1-7所示的安装对话框，单击“下一步”按钮。

在图1-8所示的JDK安装地址对话框中单击“更改”按钮，可随意更改JDK的安装目录。本书以修改为D:\Java\jdk-21\为例（见图1-9）。

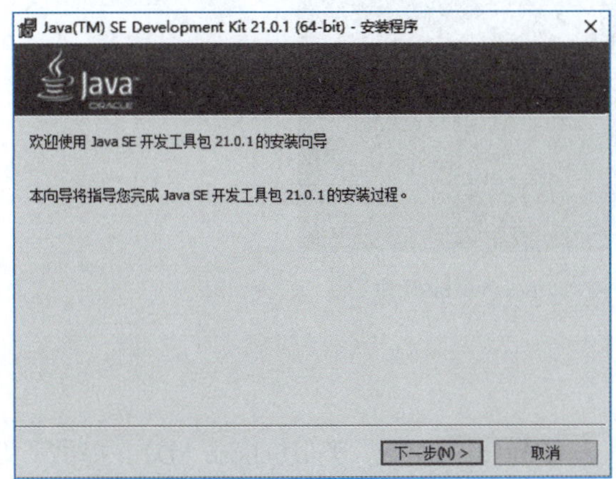

图 1-7　JDK 安装引导对话框

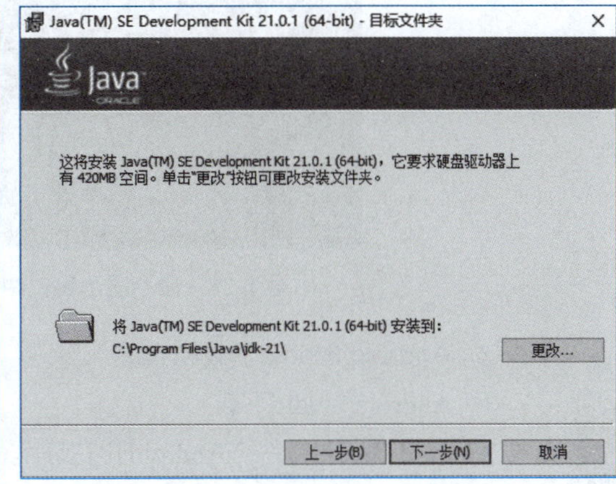

图 1-8　JDK 安装地址对话框

地址修改完毕，单击“确定”按钮后，再单击“下一步”按钮，等待进度完成后，即完成JDK安装，如图1-10所示。

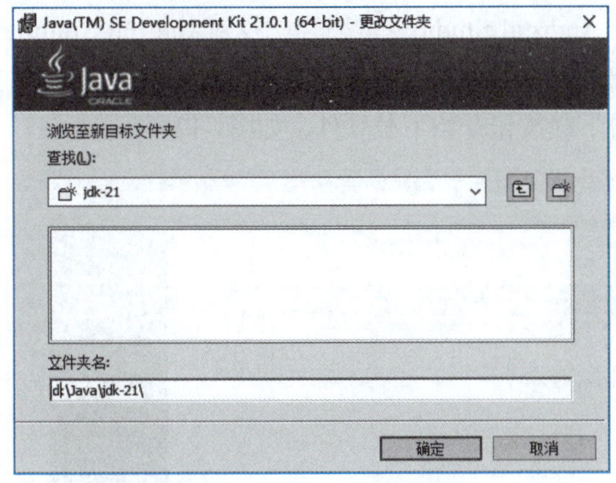

图 1-9　JDK 安装地址修改

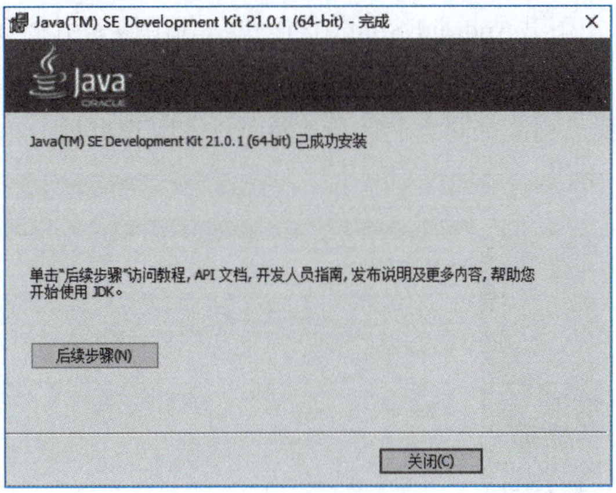

图 1-10　JDK 安装完成

3）检测环境变量配置

第一步，选择“开始”→“运行”命令，输入cmd。

第二步，输入java -version、java或javac等命令，如果出现图1-11所示信息，则说明Java环境安装成功。

说明： Java JDK自1.5之后，系统会有默认的环境变量配置，可不进行手动配置。

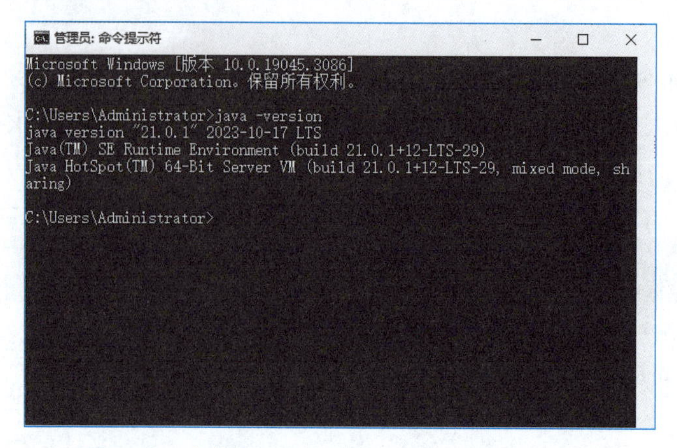

图 1-11　命令提示窗口中输入 java -version 命令

视频

Android Studio 下载和安装

2. Android Studio下载和安装

1）Android Studio下载

Android Studio是一个Android开发环境，基于IntelliJ IDEA，类似Eclipse ADT，提供了集成的Android开发工具用于开发和调试。

Google公司已宣布，为了简化Android的开发力度，重点建设Android Studio工具，现在已经停止支持Eclipse等其他集成开发环境。而随着Android Studio正式版的推出和完善，Android开发者们大多已转向Android Studio开发平台。

下载Android Studio很简单，利用搜索引擎搜索Android Studio就可以轻松找到Android Studio的中文官方网站，进入下载界面，单击“下载Android Studio Giraffe”按钮，在弹出的许可协议中勾选“我已阅读并同意上述条款及条件”复选框后，单击下载按钮开始下载软件，如图1-12所示。

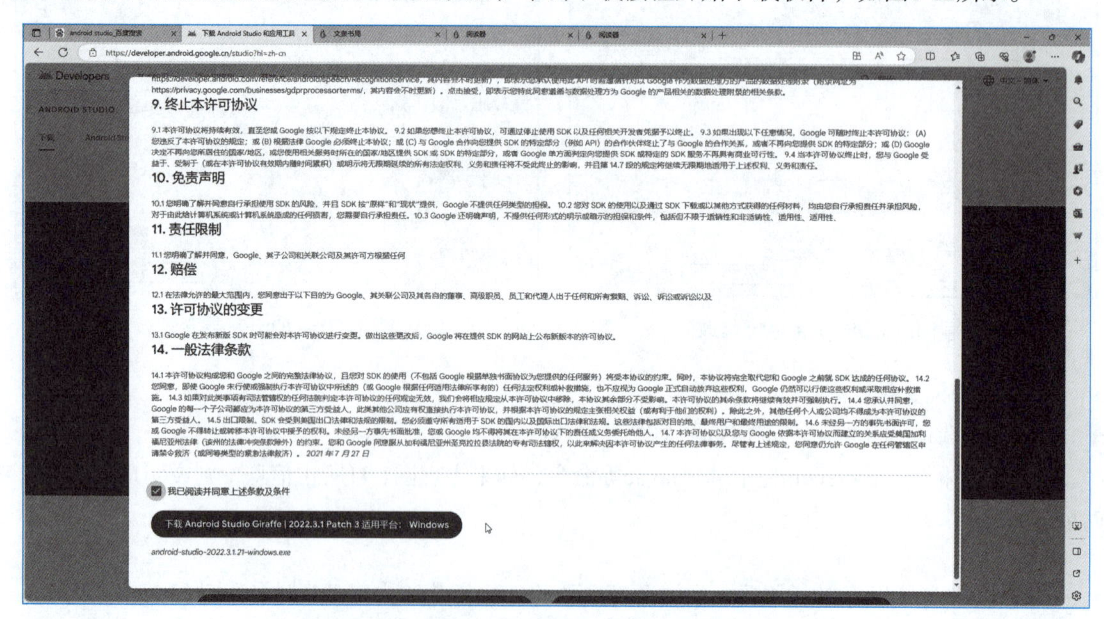

图 1-12　下载 Android Studio 的许可协议窗口

2）Android Studio安装

下载Android Studio后，可直接双击安装文件运行软件，进入Welcome to Android Studio Setup运行窗口，如图1-13所示。

单击“Next”按钮，进入Choose Components窗口，其中Android Studio为必选项，Android Virtual Device项为可选项，建议勾选，如图1-14所示。

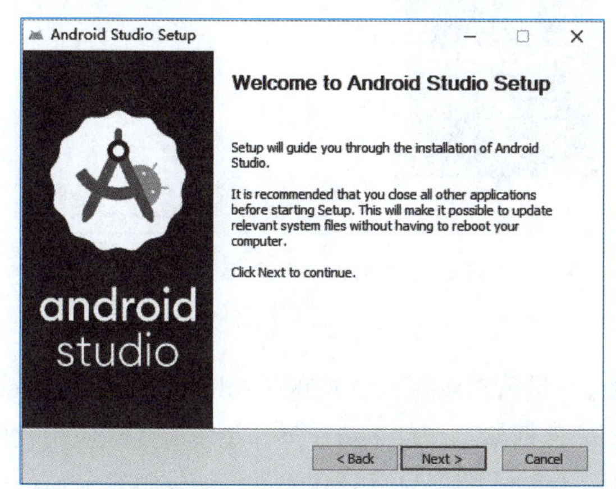

图 1-13　Welcome to Android Studio Setup 运行窗口

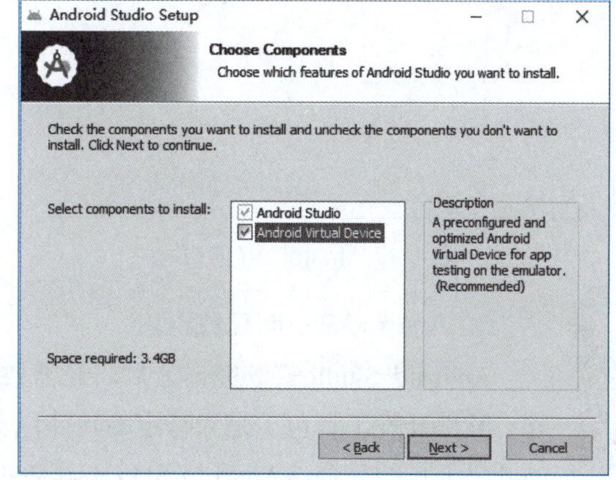

图 1-14　Choose Components 窗口

单击“Next”按钮，进入Configuration Settings窗口，为Android Studio和Android SDK选择安装目录。在默认情况下，系统会自动为其选择C盘指定位置来安装。如果希望安装到其他空间或更大的磁盘中，则自行指定安装目录即可，此处修改为D盘，如图1-15所示。

单击“Next”按钮，进入Choose Start Menu Folder窗口，为Android Studio设置“开始”菜单文件夹的名字，一般会自动默认为Android Studio，无须修改，直接单击“Install”按钮安装即可，如图1-16所示。

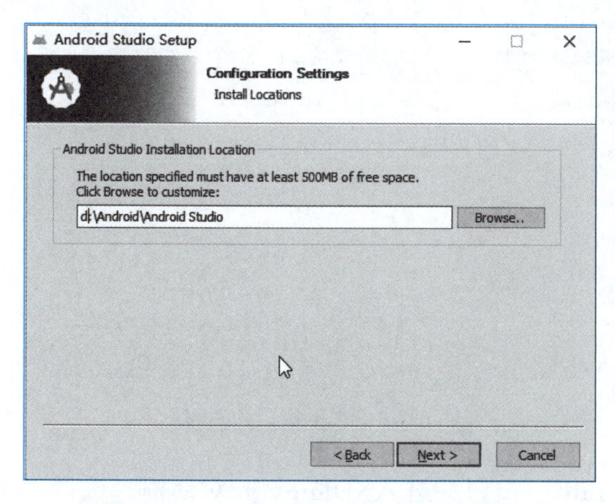

图 1-15　Configuration Settings 窗口

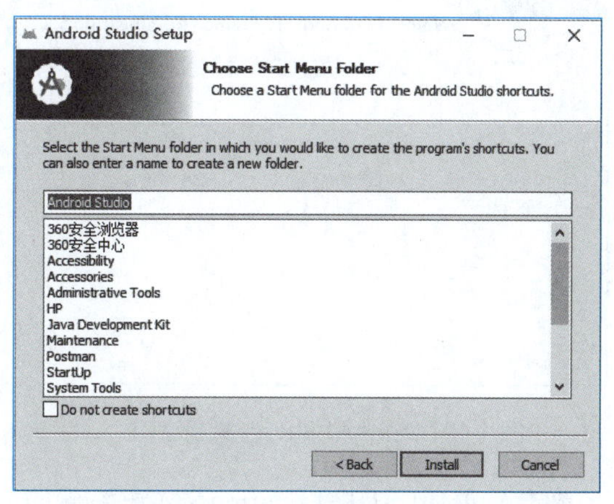

图 1-16　Choose Start Menu Folder 窗口

进入Installing窗口，Android Studio开始安装，并以进度条的形式显示，如图1-17所示。

Android Studio安装完成后，单击“Next”按钮，进入Completing Android Studio Setup窗口，单击“Finish”按钮，完成Android Studio的安装，如图1-18所示。

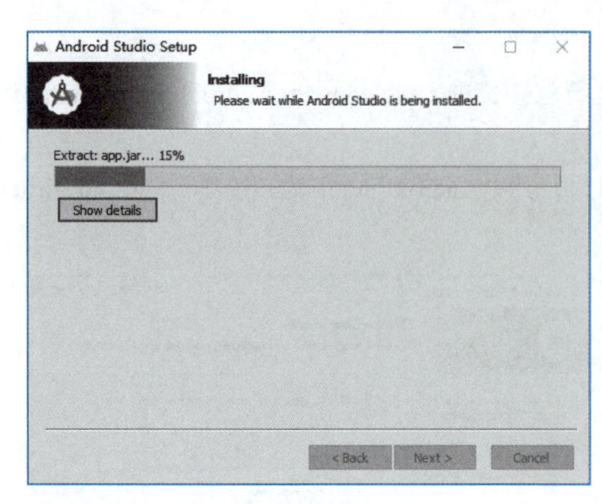

图 1-17　Installing 窗口

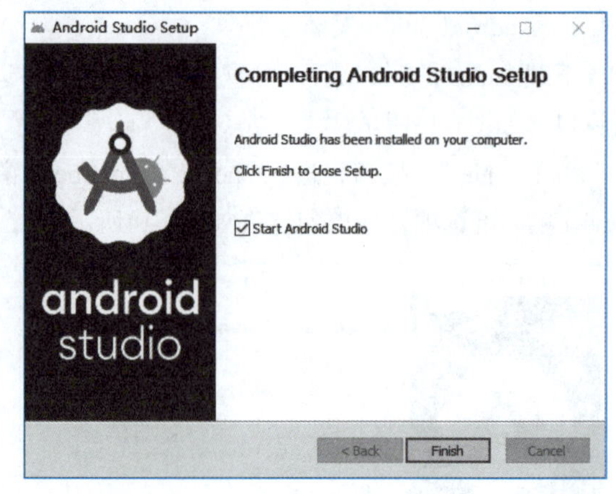

图 1-18　Completing Android Studio Setup 窗口

视 频

Android Studio 配置SDK

3. Android Studio配置SDK

Android Studio安装完毕之后，还需要对其进行SDK配置。SDK（software development kit，软件开发工具包）是为特定的软件包、软件框架、硬件平台、操作系统等建立应用软件的开发工具的集合。Android SDK工具使用一套默认的项目目录和文件，能够很容易地创建一个新的Android工程项目。

在配置SDK前，需要使用SDK管理器获取安装SDK，启动Android Studio进入欢迎窗口，如图1-19所示。

单击窗口中的“More Actions”链接，在下拉列表中选择“SDK Manager”选项，进入“Settings”对话框，如图1-20所示。

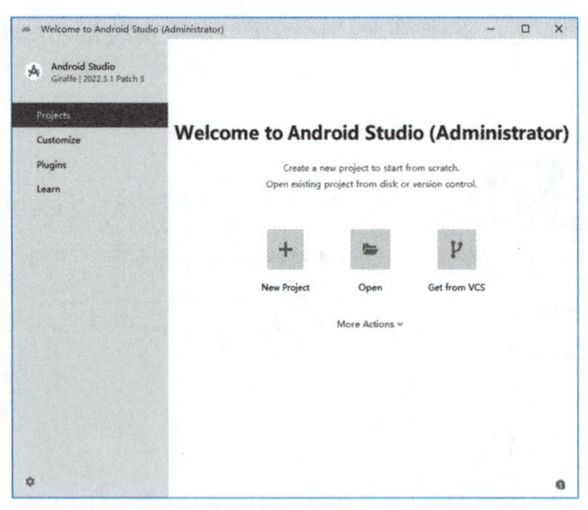

图 1-19　Android Studio 欢迎窗口

图 1-20　Settings 对话框

单击Android SDK Location文本框右侧的“Edit”按钮，进入SDK Setup对话框，选择一个Android SDK的安装路径，此处选择D:\Android\SDK文件夹，并勾选Android SDK和Android API选项，如图1-21所示。

单击“Next”按钮进入“Verify Settings”对话框，如图1-22所示，再继续单击“Next”按钮进入“License Agreement”对话框，如图1-23所示，选择“Accept”单选按钮后，单击“Next”按钮即可开始进入Installing对话框，如图1-24所示，完成后单击“Finish”按钮完成SDK安装。

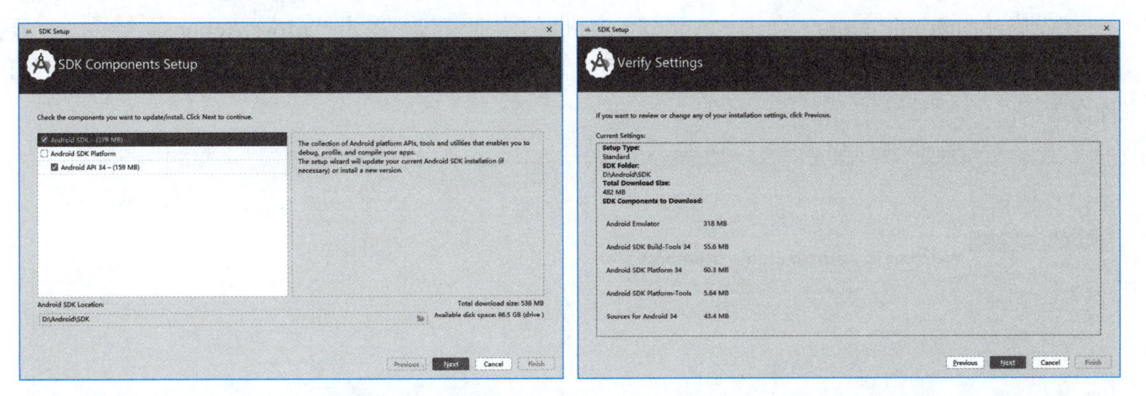

图 1-21　SDK Setup 界面并选择安装路径　　图 1-22　Verify Settings 对话框

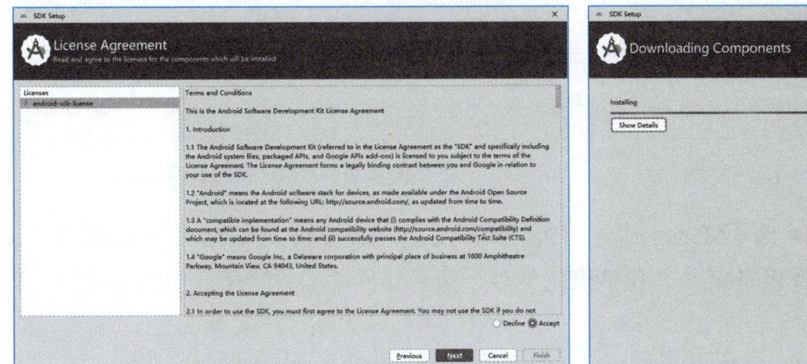

图 1-23　License Agreement 对话框

图 1-24　Installing 对话框

回到“SDK Manager”的“Settings”对话框后，会看到Android SDK Location已经有了正确的路径，如图1-25所示。

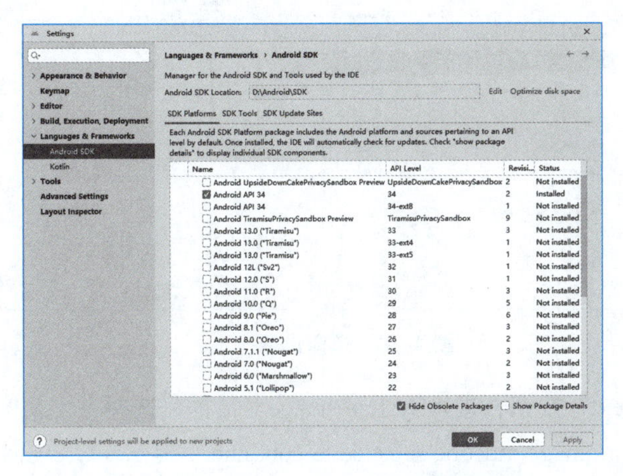

图 1-25　Android SDK 配置完成

视 频

Android Studio配置AVD

4. Android Studio配置AVD

在使用Android Studio进行程序编写时，需要用模拟器来显示程序效果，这就需要为

Android配置安卓虚拟设备，即AVD（Android virtual device）。

首先启动Android Studio，会进入Android Studio的欢迎窗口，单击“More Actions”链接，在显示的下拉列表中选择“Virtual Device Manager”选项，如图1-26所示，进入Device Manager窗口，如图1-27所示。

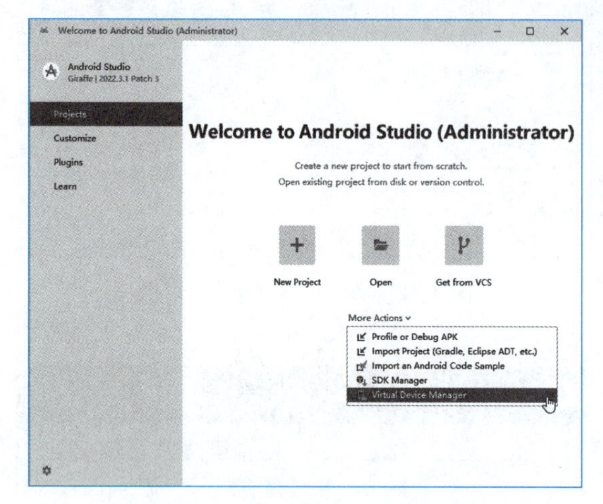

图 1-26　Android Studio 欢迎窗口

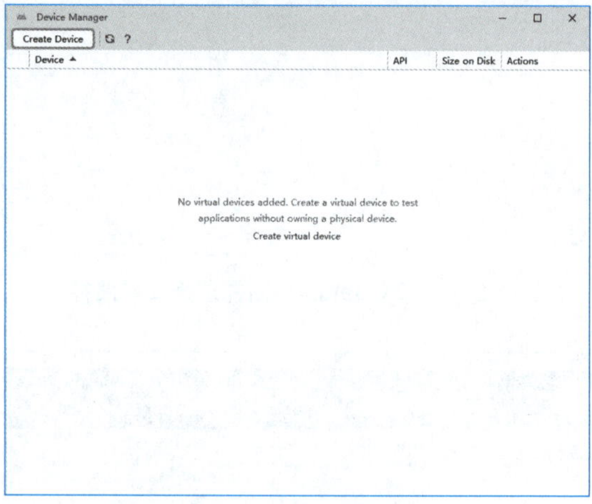

图 1-27　Device Manager 窗口

然后，为了创建AVD，在Device Manager窗口中单击Create Device按钮，随即弹出Virtual Device Configuration对话框，可以选择设备定义，包括设备类型、型号、尺寸、分辨率、像素等信息，如图1-28所示。

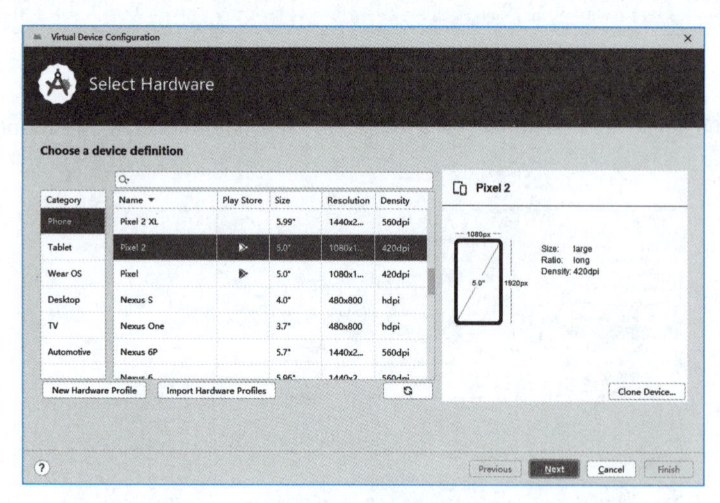

图 1-28　选择设备

在选定设备后单击“Next”按钮，进入System Image对话框，选择一个API Level。如果它并未安装过，则会出现“A system image must be selected to continue.”提示，可单击对应API Level左侧的Release Name右侧的⤓按钮，如图1-29所示，便会弹出API的安装许可对话框，选择“Accept”单选按钮，快速安装SDK，如图1-30所示，等待安装进程完成后，再单击“Finish”按钮完成API组件的安装。

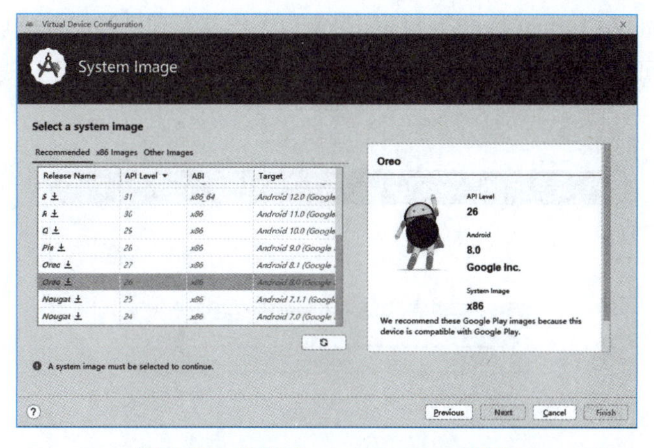

图 1-29　选择 System Image 对话框

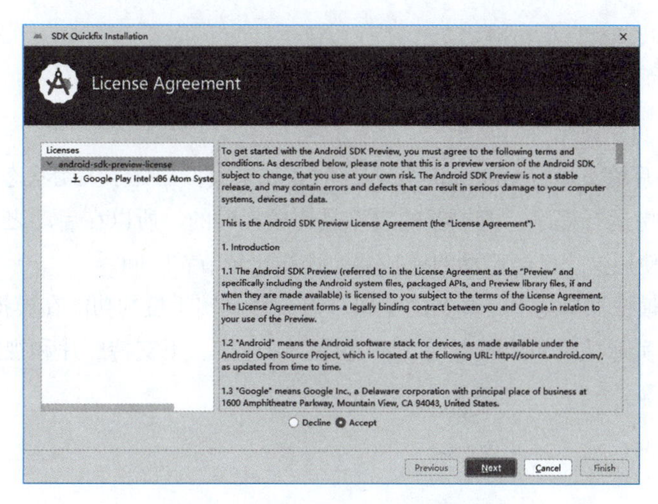

图 1-30　API 的安装许可对话框

在组件安装完成后，再次进入System Image对话框，能够看到已经下载成功的API Level。单击“Next”按钮进入Verify Configuration对话框，根据需要更改AVD 属性，然后单击“Finish”按钮，如图1-31所示。

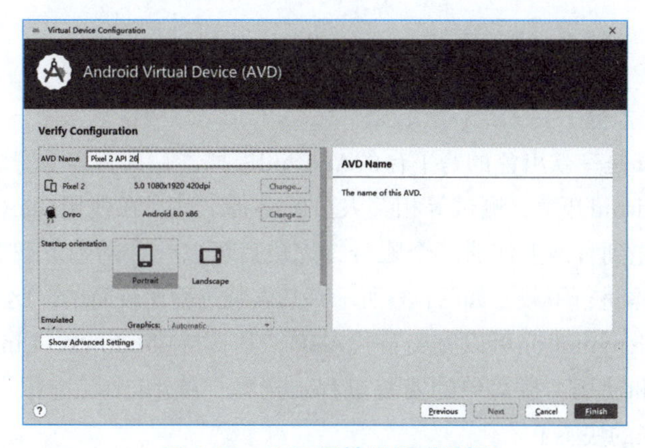

图 1-31　AVD 属性设置对话框

此时再次进入Android Virtual Device Manager窗口，能够看到已经配置成功的模拟器。单击▶按钮运行该虚拟设备即可，如图1-32所示。

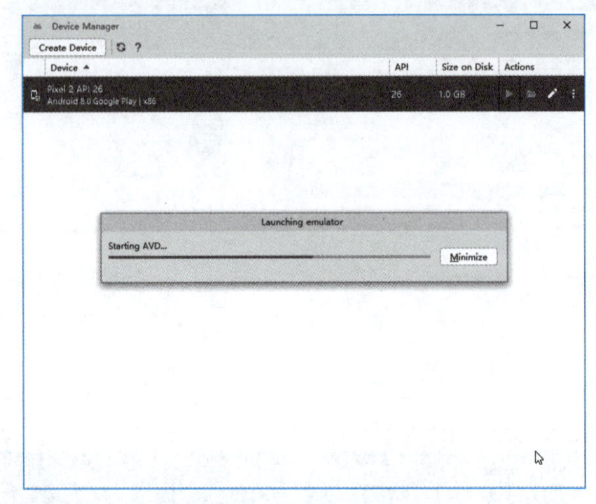

图 1-32　运行我的 AVD

在Android Studio环境下运行Android应用程序时，如果模拟器处于关闭状态，系统会自动启动默认的模拟器，并在其中运行程序。模拟器的启动是比较耗时的，所以在启动之后最好不要关闭，每次运行应用程序时都使用这个已经启动的模拟器，这样比较节省时间。

需要注意的是，模拟器毕竟不是真实的手机，有一些真实手机的功能在模拟器上是不能实现的，例如，模拟器不支持实际呼叫和接听电话、不支持USB连接、不支持照片和视频的捕获、不能确定电池水平和充电状态等。

任务实施

步骤一：完成JDK下载与安装任务。

步骤二：完成Android Studio下载任务。

步骤三：完成Android Studio安装，包括SDK和AVD等工具配置。

步骤四：体验AVD，并总结和真机使用上的异同。

扩展知识

Android模拟器——Genymotion

视 频

Android模拟器——Genymotion

Genymotion是一款出色的跨平台的Android模拟器，具有容易安装和使用、运行速度快的特点，是Android开发、测试等相关人员的必备工具。在使用Genymotion这款Android模拟器时，需要先到官网上注册一个账号，完成后可以在官网中下载对应软件，可选择with VirtualBox的版本进行下载，如图1-33所示，其安装过程比较简单，此处就不介绍了。

事实上，Genymotion可以完美替代AVD，其支持Windows、Linux和Mac OS等操作系统，容易安装和使用：按简单的安装过程，选择一款Android虚拟设备，开启后就可体验Genymotion带来的快感了。

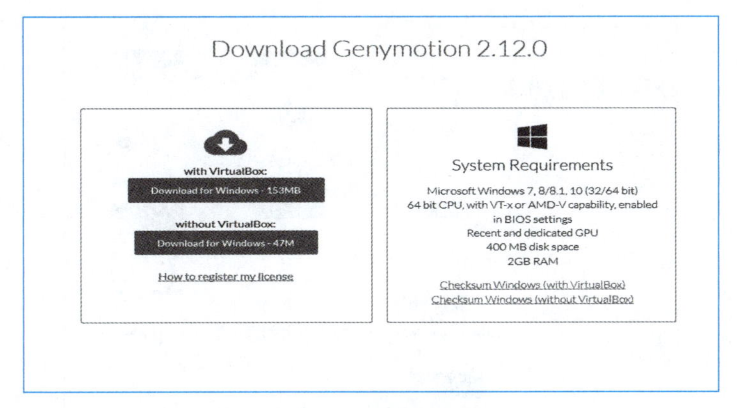

图 1-33　Genymotion 下载窗口

任务小结

通过本任务，可以搭建起设计App的Android开发环境，包括JDK的下载和安装，Android Studio的下载、安装与配置，并体验AVD的使用，为进一步完成App的开发做好铺垫。

任务三　整装待发——拥有第一个原生 App

任务描述

前面的两个任务使我们已经为拥有自己的一个App做好了开发前的准备。本任务使用Android Studio可以十分便捷且以全程可视化的方式完成App的创建、运行与调试。相较于其他Android开发工具，响应速度更快、UI主题更具设计性、调试程序更加智能等优势让Android Studio表现出更加优秀的属性。

实践任务导引：

（1）了解Android的内部结构。

（2）进行Android平台上的应用开发。

知识储备

1. Android的内部结构

视频

Android的内部结构

为了保证Android程序结构的一致性，Android Studio为每一个程序设置了相同的内部结构，该结构在Android项目建立之初就已经存在了。程序的内部结构是引导程序运行及应用的向导，也是程序员在进行程序编写与设计时需要掌握与熟悉的内容。因此，对程序的内部结构的介绍是必不可少的。这里以创建名为Hello的项目为例进行介绍。大家可以发现一个App程序是由多个文件及文件夹共同组成的，每个文件或文件夹都有不同的意义和功能。

首先启动Android Studio，并进入欢迎界面，在该界面中单击“New Project”按钮，进入“New Project”对话框，如图1-34所示。

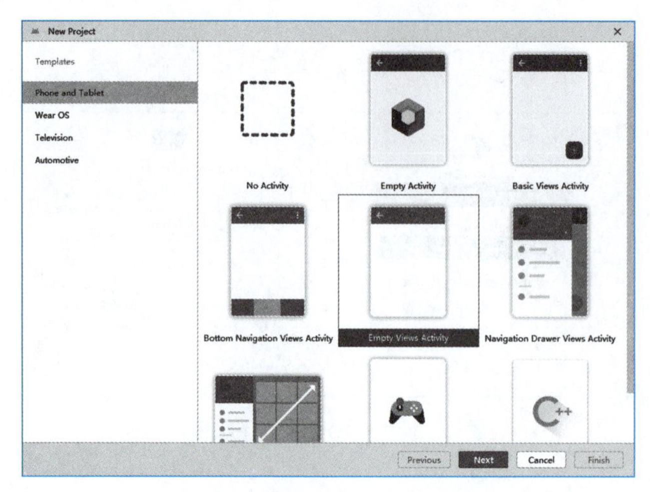

图 1-34 “New Project” 对话框

在该对话框中选择“Empty View Activity”后，单击“Next”按钮，进入“Empty View Activity”对话框，如图1-35所示，修改Name名称为“Hello”，并选择“Save location”存储位置，选择“Language”语言为Java，并选定“Build configuration language”为“Groovy DSL(build.gradle)”，其他默认，单击“Finish”按钮。

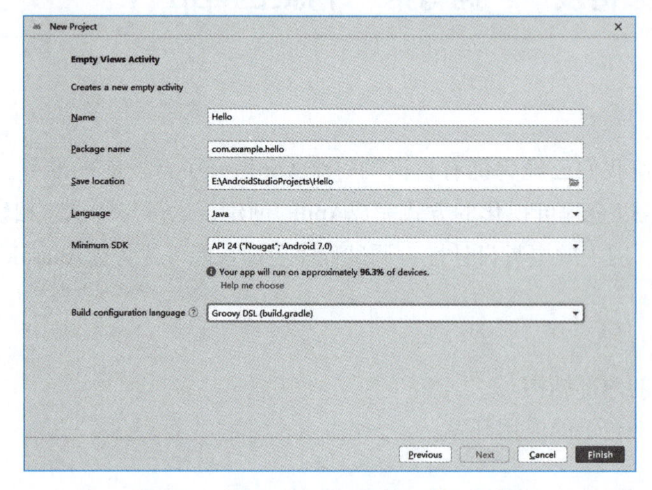

图 1-35 “Empty View Activity”对话框

此时，如果是第一次创建工程，软件会自动完成“Gradle”的下载和加载，如图1-36所示。

图 1-36 Gradle 自动下载和加载中

说明： Gradle是一个基于Apache Ant和Apache Maven概念的项目自动化构建开源工具，它使用一种基于Groovy的特定领域语言（DSL）来声明项目设置，也增加了基于Kotlin语言的kotlin-based DSL，抛弃了基于XML的各种烦琐配置，以面向Java应用为主。

在新建的App工程文件中，Android Studio会自动生成许多文件，如图1-37所示。

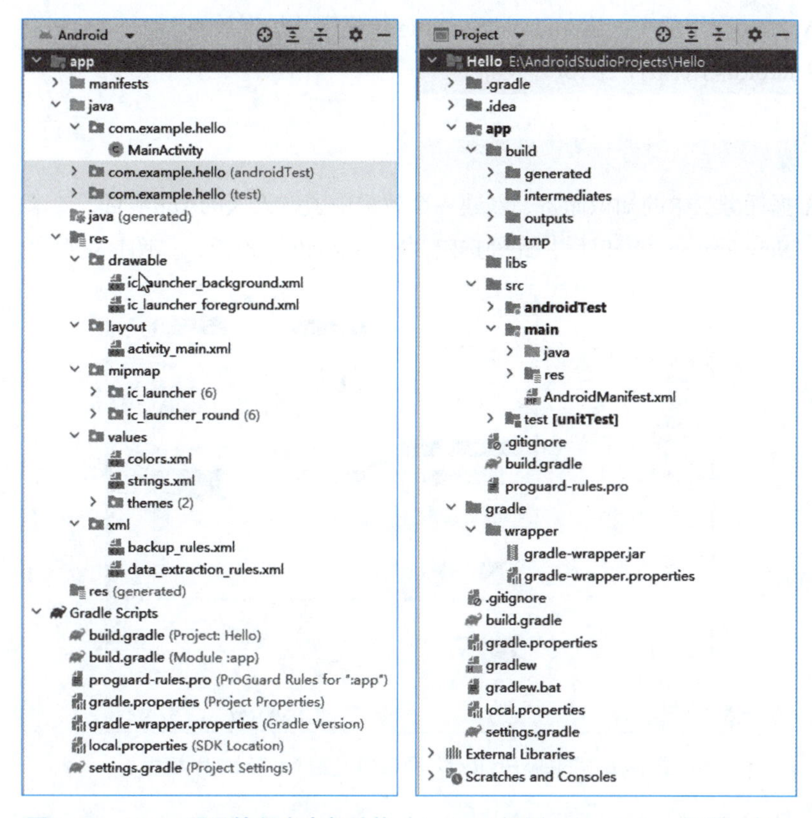

图 1-37　Hello 项目的程序内部结构（Android 视图 - 左 +Project 视图 - 右）

其中，重要的文件如下：

（1）app：在Android Studio中进行编程时，一般分为Project（工作空间）、Module（模块）两种概念。app为创建项目时默认的模块，即一个Module、一个Android应用程序的文档结构。

（2）libs：用于存放项目的类库，如项目中会用到的.jar文件等。

（3）src：用于存放该Android项目中用到的所有资源文件，如图片等。

（4）androidTest：用于存放应用程序单元的测试代码。

（5）main：Android项目的主目录，其中，java目录存放.java源代码文件，res存放资源文件，包含图像、字符串资源等，AndroidManifest.xml是项目的配置文件。

（6）build.gradle：Android项目的Gradle构建脚本。

（7）build：Android Studio项目的编译目录。

（8）gradle：用于存放该项目的构建工具。

（9）External Libraries：用于显示该项目所依赖的所有类库。

视频

进行Android平台上的应用开发

2. 进行Android平台上的应用开发

对Android平台上的应用进行开发，可以按照如下流程来进行：

（1）安装Android调试软件，配置开发环境。

（2）创建Android虚拟机或硬件设备。

（3）创建Android项目，编写代码，提供资源文件。

（4）运行Android应用程序，用Android Studio运行程序并呈现效果。

（5）调试Android应用程序，测试并发布。

任务实施

步骤一：根据任务二中的知识储备，新建一个致敬中国航天人的App项目，要求：

（1）进入“New Project”窗口后，此处选定“No Activity”模板，如图1-38所示。

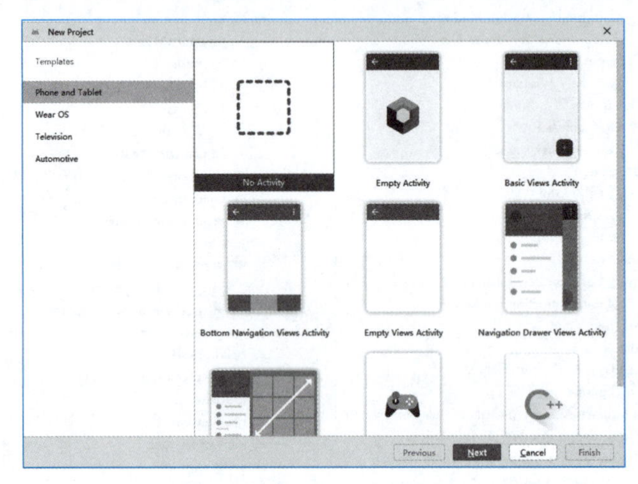

图 1-38 “New Project”窗口中选定 No Activity 模板

（2）设置Name名称为“Salute to Chinese astronauts”，并选择“Save location”存储位置，选择“Language”语言为Java，并选定“Build configuration language”为“Groovy DSL(build.gradle)”，完成后进入开发主界面。

步骤二：将中国航天英雄的宣传图片作为App资源放入工程文件中。要求：

将该图片复制后粘贴放入到项目目录res中的drawable中，如图1-39左图所示，放入后，如图1-39右图所示。

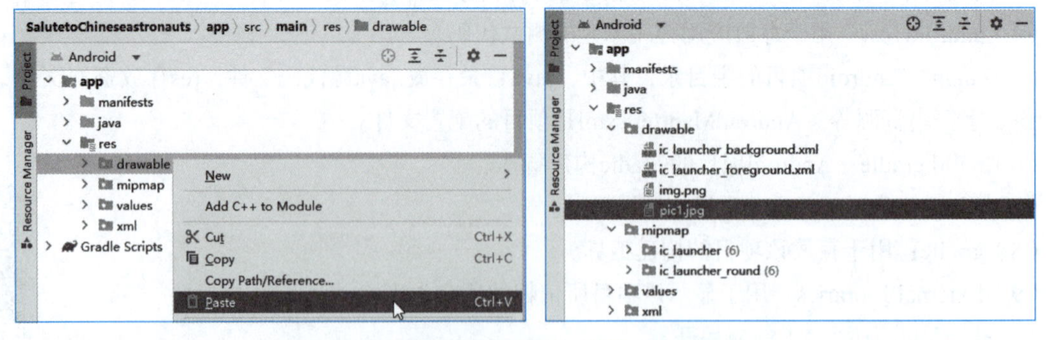

图 1-39 复制图片资源放入项目 drawable 中

提示： 此时放入的图片资源名称不能是数字开头。

步骤三：进行App第一个页面开发，如图1-40所示。

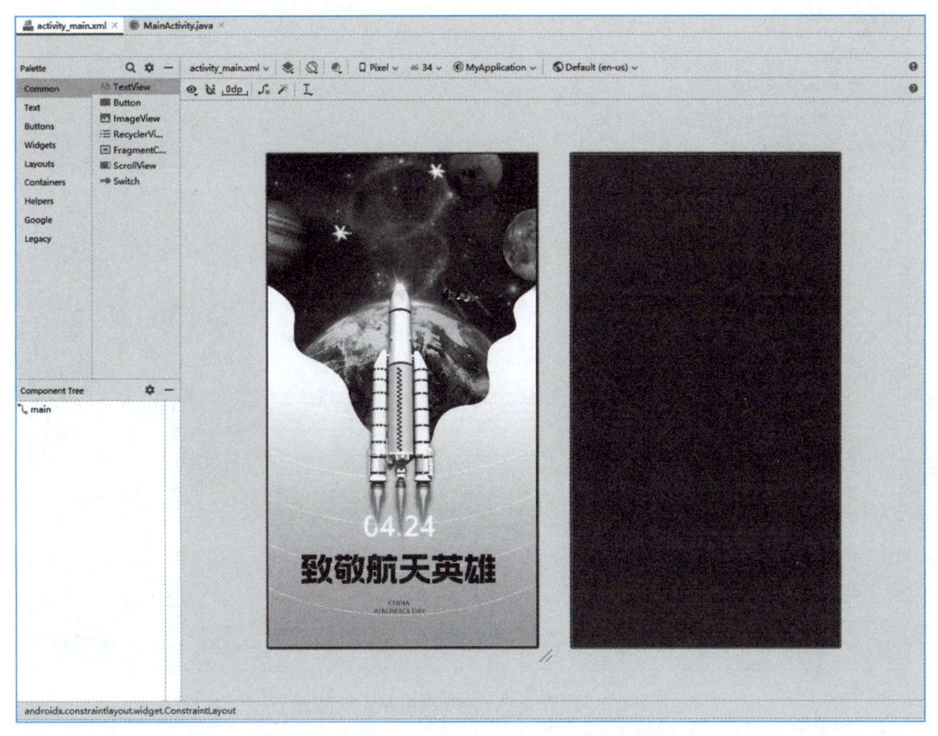

图 1-40　第一个页面开发设计视图

要求：

（1）在app的res节点上右击，在弹出的快捷菜单中选择“New”→“Activity”→“Gallery”选项，如图1-41所示。

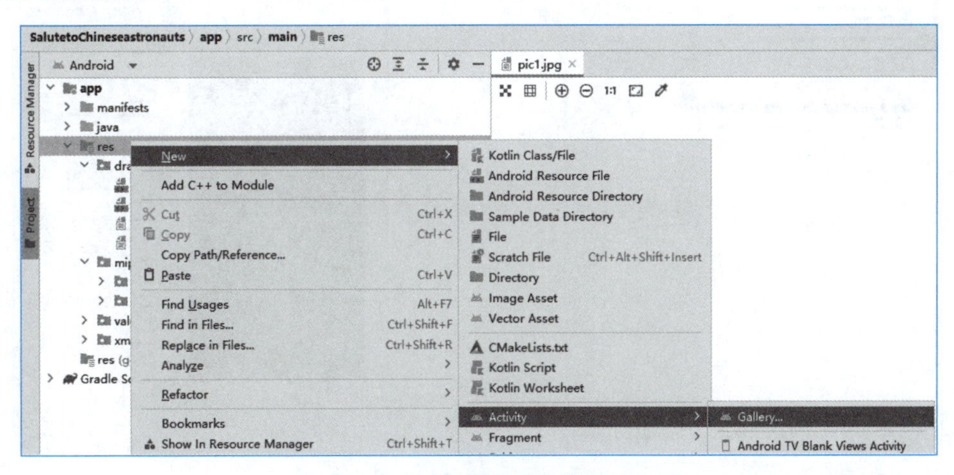

图 1-41　选择新建 Gallery 的 Activity

（2）在弹出的New Android Activity对话框中选择Empty Views Activity模板，单击“Next”按钮进入Empty Views Activity对话框，选择默认Activity Name和Layout Name，勾选Launcher Activity前的复选框，表示设置为开发启动页面，并选择Source Language为Java，如图1-42所示，单击“Finish”按

钮即可完成Activity的创建。

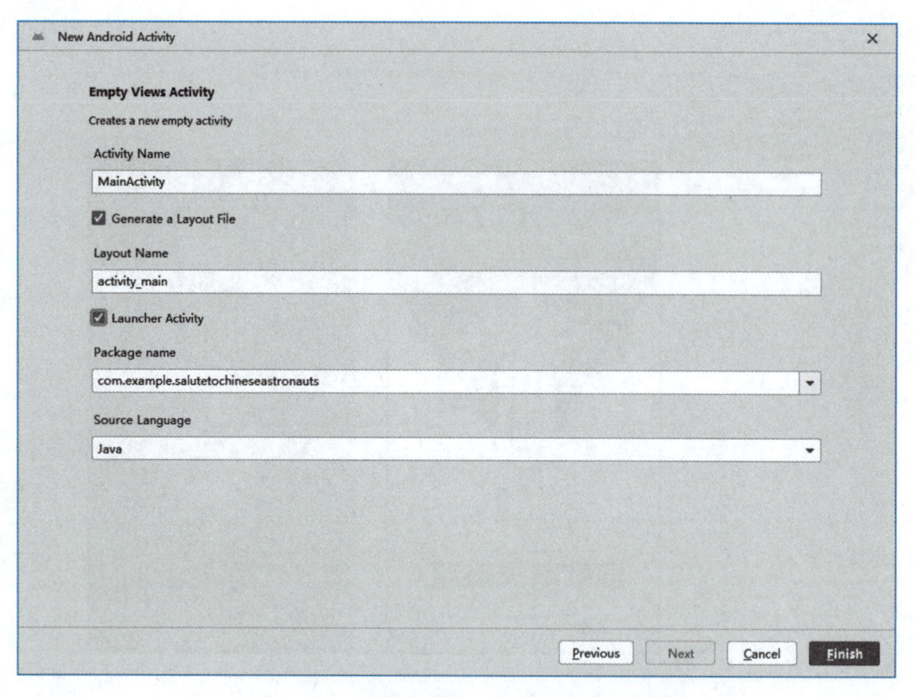

图 1-42　Empty Views Activity 属性设置

（3）展开app的res节点中的Layout，可以看到新建的名为activity_main.xml的布局文件，双击打开在编辑区中，如图1-43所示。

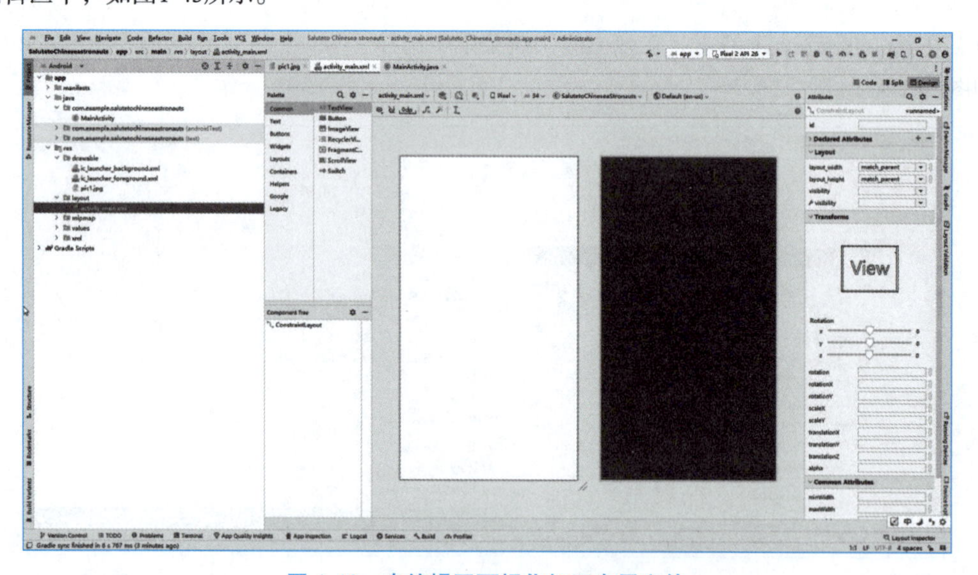

图 1-43　在编辑区可视化打开布局文件

（4）在编辑区右侧的属性窗口中，单击收缩所有选项卡，然后展开All Attributes选项卡，如图1-44所示，在属相列表中选择background，单击右侧的竖向方框按钮，如图1-45所示，在弹出的Pick a Resource对话框中可以选择在步骤二中准备好的图片资源，然后单击“OK”按钮，如图1-46

所示，完成页面背景图片的加载。

图 1-44　展开 All Attributes 选项卡

图 1-45　单击 background 右侧的按钮

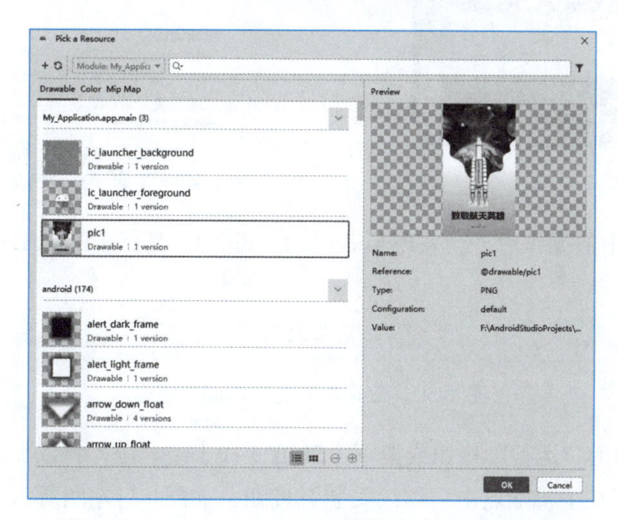

图 1-46　Pick a Resource 对话框中选择图片资源

经过以上操作，一个简单的UI设计效果就出现了。

步骤四：将第一个App运行到模拟器AVD中。

如图1-47所示，单击工具条上的“运行”按钮或按下【Shift+F10】组合键，将以上项目运行到Android模拟器中进行调试。

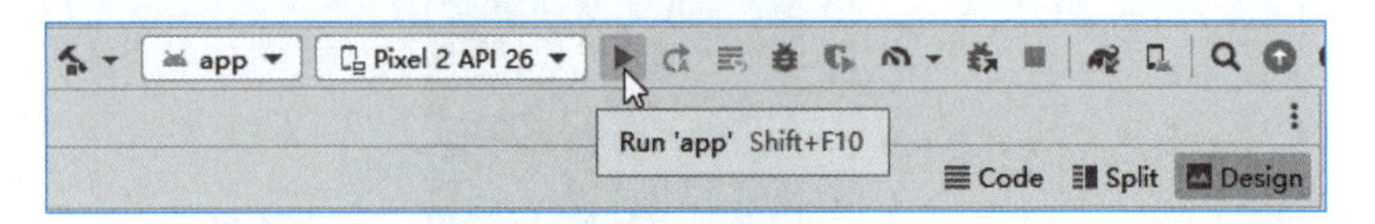

图 1-47　运行项目到 AVD

此时，可以在AVD中看到已经运行的App的样子，如图1-48所示。

步骤五：将第一个App运行到Android操作系统的手机中，要求：

（1）用数据线连接手机和计算机，将手机的USB调试模式开启，并允许通过USB安装应用，如图1-49所示。

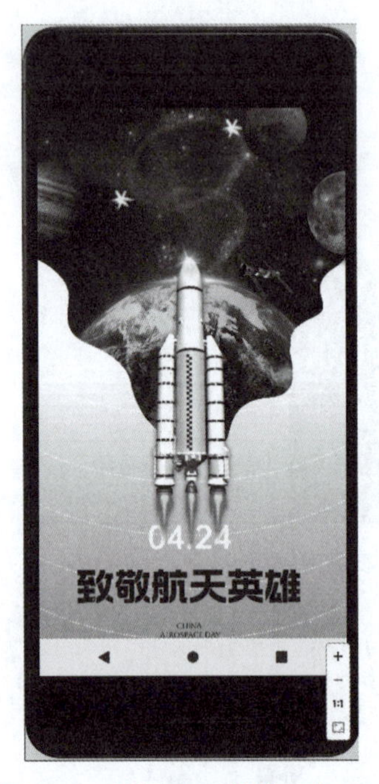

图 1-48　运行 AVD 的第一个 App

图 1-49　开启手机的 USB 调试模式

（2）当完成（1）中的操作后，会发现Android Studio的工具条中的AVD模拟器变为真机调试模式，如图1-50所示。

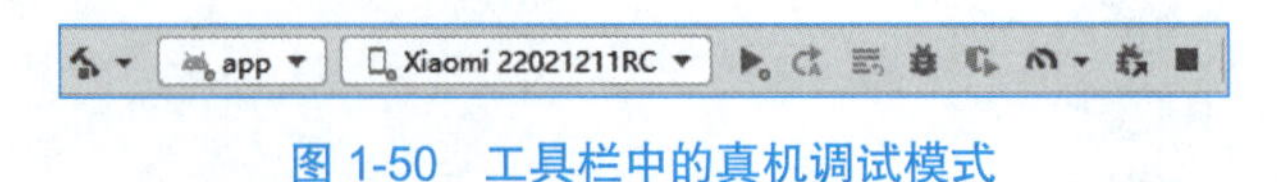

图 1-50　工具栏中的真机调试模式

（3）单击工具条上的“运行”按钮或按下【Shift+F10】组合键，将以上项目再次运行到手机中进行调试，运行后需要在手机端点击“继续安装”按钮，如图1-51左图所示，继续安装后，手机中会显示运行项目，如图1-51中间图所示，并且手机中会出现一个新安装的App图标，如图1-51右图所示，这就是你的第一个原生App了！

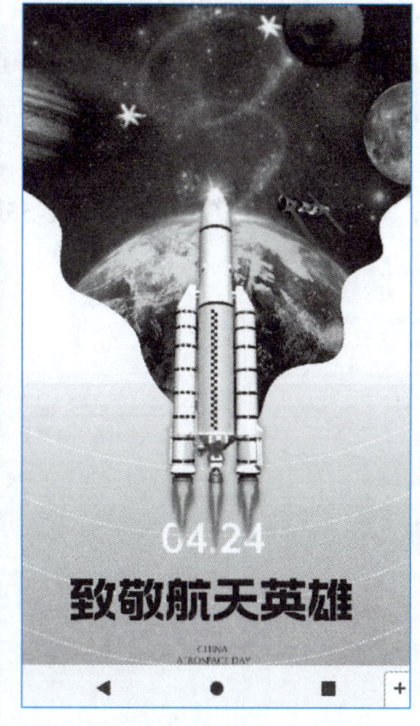

图 1-51　手机端安装第一个原生 App

步骤六：打包发布第一个原生App，要求：在Android平台上开发的所有应用程序，在安装前都必须进行数字签名。

（1）在Android Studio窗口中选择菜单命令“Build”→“Generate Signed Bundle/APK”，弹出图1-52所示的对话框，选择打包类型。选择“APK”单选按钮，目的是生成一个能在移动设备上安装的APK文件，单击“Next”按钮。

（2）弹出图1-53所示的“Generate Signed Bundle or APK”对话框，指定签名文件所在位置、账号密码，以及别名等。

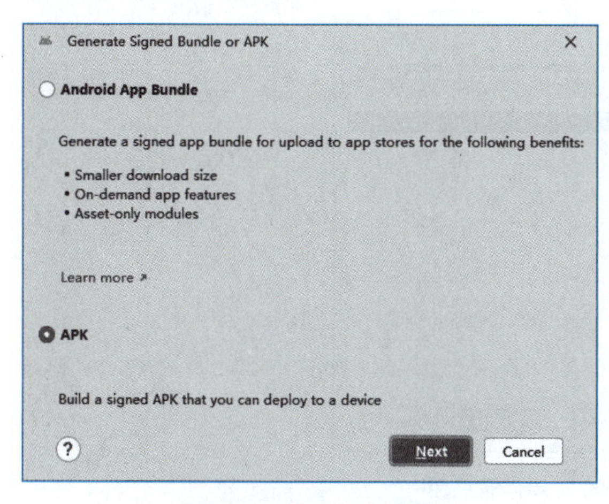

图 1-52　选择打包类型

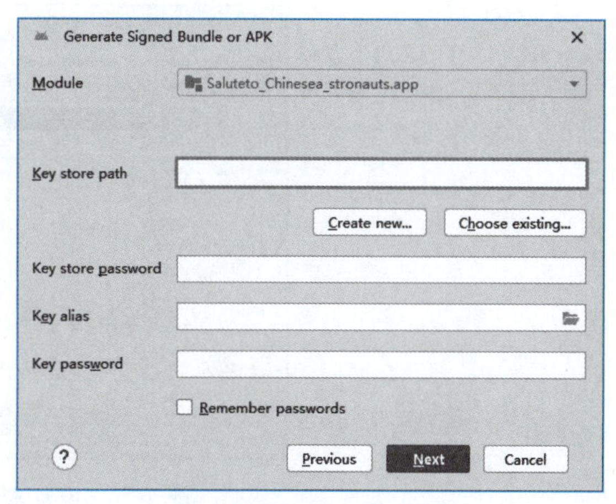

图 1-53　“Generate Signed Bundle or APK”对话框

密钥库文件是一个扩展名为jks的文件。如果使用已有的密钥库文件，则在“Key store path”中输入自己要用来进行签名的密钥库文件及其路径，同时输入密钥库的密码，进入第（4）步。

如果还没有密钥库文件，则单击Create new按钮，进入第（3）步，新建一个密钥库文件。

（3）弹出“New Key Store”对话框，新建一个密钥库文件并指定文件的位置、密码、密钥别名等信息，如图1-54所示。单击“OK”按钮，回到前一对话框，对话框中会自动填入刚刚创建的密钥库和密钥。

（4）选择密钥别名，输入密码，单击“Next”按钮，如图1-55所示。

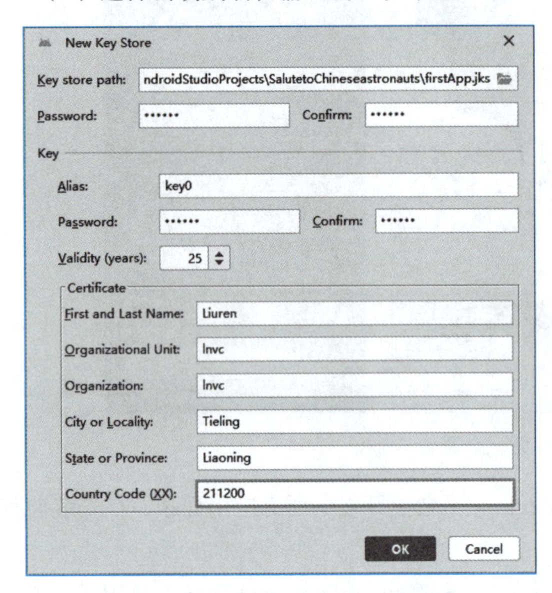

图 1-54 “New Key Store”对话框

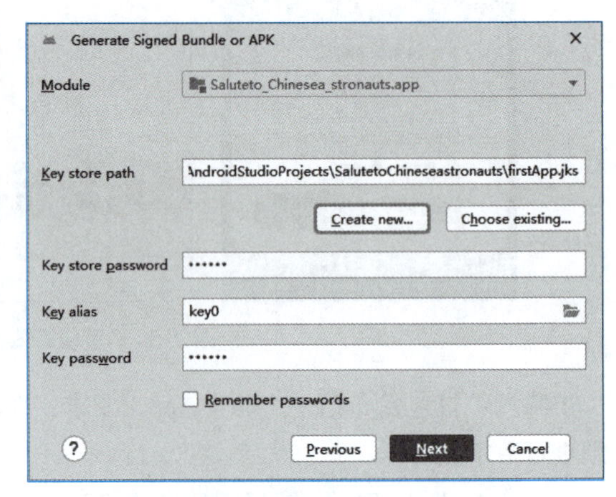

图 1-55 选择密钥库和密钥

（5）设定APK文件存储路径，如图1-56所示。在“Build Variants”中选择一个打包类型，本例选择release，生成正式签名的APK文件。选中“Signature Versions”，单击“Finish”按钮生成APK文件。

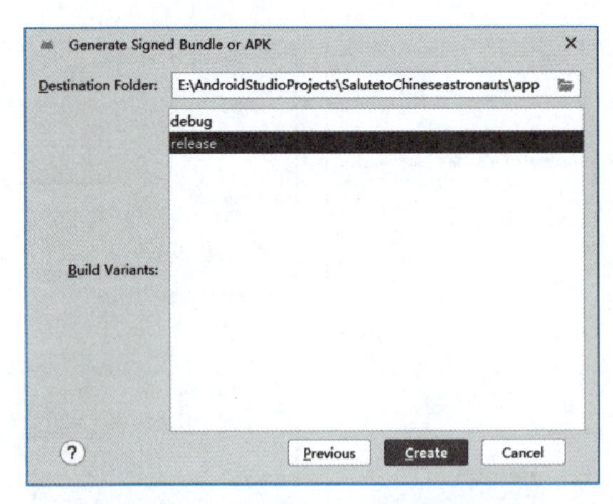

图 1-56 设置 APK 文件存储路径

操作完成后会在项目文件中的app文件夹下生成一个release文件夹，在其中即可找到生成的APK

文件，如图1-57所示。打包后的文件中包括资源文件、清单文件和可执行文件。可以使用WinRAR解压软件将其解压缩，会看到相应的AndroidMainifest.xml、resources.arsc资源文件与资源文件夹，以及一个classes.dex文件。

图 1-57　APK 文件

Android Studio的主窗口

Android Studio的主窗口如图1-58所示，除了上方的菜单栏、导航栏、工具栏及底部状态栏，中间区域还有两个部分是使用频率较高的项目工程管理窗口和编辑窗口。

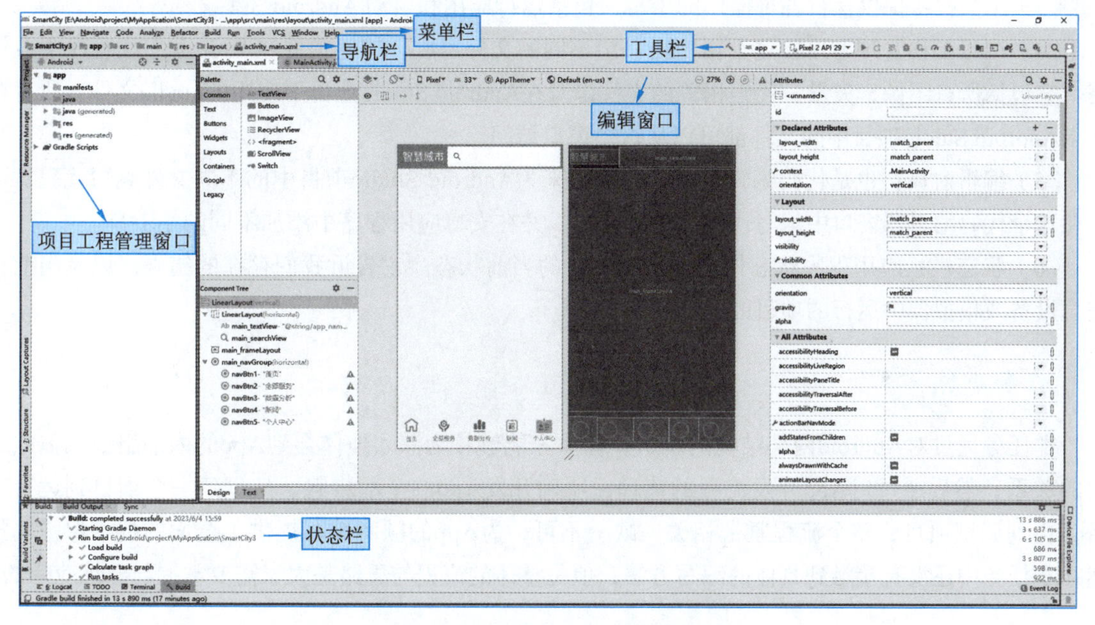

图 1-58　Android Studio 的主窗口

（1）菜单栏：这个部分包含几个功能，用于管理Android Studio项目。这些选项如下：

① File（文件）：这个选项是用来管理项目。可以创建一个新的项目，打开一个现有的Android Studio项目，以及管理Android Studio中的现有项目。

② Edit（编辑）：该选项用于对在Android Studio项目中编写的代码进行简单的复制、粘贴和撤销操作。

③ Analyze（查看）：这个选项用来改变安卓工作室的外观，查看最近在安卓工作室项目中进行的提交。

④ Navigate（导航）：这就像一个搜索选项，在这个选项的帮助下，用户将能够通过简单地搜索

文件名来导航到Android Studio项目中的不同文件。

⑤ Code（代码）：这个选项用于维护项目中的代码。可以清理、管理和分析项目中的代码。

⑥ Refractor：该选项用于在Android Studio项目中重命名一些文件，移动或复制文件。

⑦ Build：该选项用于生成Android Studio项目的捆绑文件和APK文件。可以使用这个选项建立项目以及分析apk。

⑧ Run（运行）：该选项用于在一个特定的模拟器或设备上运行项目。还可以用这个选项来管理项目中的断点。

⑨ Tools（工具）：这个选项包括SDK和设备管理器设置，用于管理SDK和安卓模拟器设备设置。同时，可以在这个选项中添加Firebase到项目中。

⑩ VCS：这个选项是用来维护项目的版本控制。可以通过这个选项推送、拉动以及提交项目。

⑪ Window：这个选项用来管理Android Studio的窗口，可以使用窗口选项来管理不同的标签。

⑫ Help（帮助）：该选项用于在Android Studio项目中查找任何设置。

（2）导航栏：显示当前选取或编辑中文件的路径，每一个标签标识路径中的一个文件。

（3）工具栏：提供执行各种操作的工具，包括运行应用和启动 Android 工具。

（4）项目工程管理窗口：这个窗口由一组不同的文件组成，这些文件在Android应用程序中被使用。它包括所有图像、矢量、代码相关的文件以及在Android Studio项目中使用的gradle文件。所有存在于Android Studio项目中的文件都可以从这个窗口访问。

（5）编辑窗口：也是代码编辑器窗口，是用来为Android Studio项目中的不同文件编写代码。可以在这个代码编辑器窗口中编写代码，进行修改，并在安卓应用程序中添加不同的小工具。

（6）状态栏：应用程序状态栏用于显示项目的当前状态。它告诉我们存在的错误，以及当前在安卓设备或模拟器中运行的项目的状态。

任务小结

本任务通过对Android内部结构的解析，让大家能够较为深入地体会到App的内部组成及彼此之间的关系；然后通过对App开发流程的梳理，明确开发App的全部步骤。从创建一个项目到运行项目，再到调试项目，整个流程紧密相关，缺一不可，为App的顺利编写提供了全面的技术保障。虽然在本任务中还没有接触到具体的编写方法，但是整体的流程与思路是大家需要掌握与熟练应用的。

自我评测

1. 新建 Android 名为 HelloWorld 的项目，并描述程序执行过程。
2. 移动 App 开发流程一般分为哪几部分？简要说明。
3. 描述 Android 项目下各个文件夹的作用。

项目二 移动应用项目简介

学习目标

- 了解设计文档的基本概念。
- 掌握设计文档的主要组成部分。
- 了解App的各部分开发任务。
- 掌握App需求设计过程中使用的各类软件。

框架要点

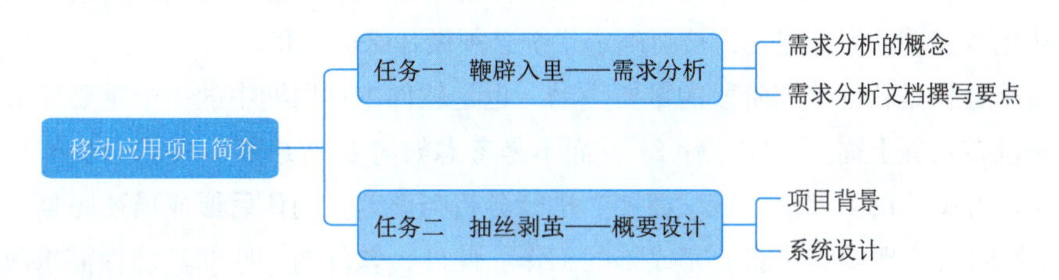

项目描述

当代新青年是指在现代社会中成长起来，具有现代思维和观念，积极向上，充满活力的一群年轻人。他们通常具有较高的教育水平，对科技和互联网等有着浓厚的兴趣，同时也关注社会问题和文化传承等方面。

当代新青年是现代社会中积极向上的一群年轻人，他们具有强烈的责任感和使命感，勇于探索和创新，为社会的进步和发展做出了重要的贡献。

本项目的任务就建立在当代新青年这个主题上，来设计一款能够给当代新青年树立目标，从而追逐前行的一款App，命名为“当代新青年”。

渐进任务：

任务一　鞭辟入里——需求分析。

任务二　抽丝剥茧——概要设计。

项目拆解

任务一　鞭辟入里——需求分析

任务描述

随着科技的不断进步和互联网的普及，移动应用已成为人们生活中不可或缺的一部分。特别是在青年群体中，手机App更是他们获取信息、交流思想、展现自我、娱乐休闲的重要工具。因此，开发一款针对当代新青年的App，满足他们的多元化需求，具有重要的市场价值和社会意义。本任务就从开发这款App的需求分析开始，明确需求分析在整个软件开发中的重要地位和作用。

实践任务导引：

（1）需求分析的概念。

（2）需求分析文档撰写要点。

知识储备

视 频

需求分析的概念

1. 需求分析的概念

需求分析也称为软件需求分析、系统需求分析或需求分析工程等，是开发人员经过深入细致的调研和分析，准确理解用户和项目的功能、性能、可靠性等具体要求，将用户的需求表述转化为完整的需求定义，从而确定系统必须做什么的过程。

需求分析是软件计划阶段的重要活动，也是软件生存周期中的一个重要环节，该阶段是分析系统在功能上需要“实现什么”，而不是考虑如何去“实现”。需求分析的目标是把用户对开发软件提出的“要求”或“需要”进行分析与整理，确认后形成描述完整、清晰规范的文档，确定软件需要实现哪些功能、完成哪些工作。此外，软件的一些非功能性需求(如软件性能、可靠性、响应时间、可扩展性等)、软件设计的约束条件、运行时与其他软件的关系等也是软件需求分析的目标。

视 频

需求分析文档撰写要点

2. 需求分析文档撰写要点

（1）项目背景：简要介绍项目的背景和目的，例如该App的用途、目标用户群体等。

（2）目标用户群体：详细描述目标用户群体，包括他们的年龄、性别、职业、收入、教育程度等信息，以便于后续设计和开发。

（3）功能需求：列出App必须具备的功能，并逐一详细描述每个功能的作用、实现方法和操作流程。

（4）非功能需求：列出App必须满足的非功能需求，例如性能、安全性、可用性、可维护性等。

（5）竞争对手分析：对当前市场上与该App类似的竞争对手进行分析，以便了解他们的优点和缺点，从而确定自己App的竞争优势。

（6）技术实现方案：根据项目需求和目标用户群体，确定技术实现方案，包括前端技术、后端技术、数据库设计等。

（7）项目时间表和里程碑：制定项目的时间表和里程碑，以便于跟踪项目进度和确保按时交付。

（8）项目预算：根据项目需求、技术实现方案和时间表制定项目预算，以确保项目的顺利实施。

（9）风险评估与应对策略：对项目中可能出现的风险进行评估，并制定相应的应对策略，以确保项目的顺利实施。

任务实施

步骤一：组建团队。建议三人一组为一个团队，选定组长一人。

步骤二：编制需求规格说明书。使用给定的“需求规格说明书（模板）.docx”和相关软件，进行需求分析文档编制，编制对应业务用例图、流程图/活动图、时序图和模块概要设计说明。

步骤三：进行文档展示和互评。各组团队将自己的需求规格说明书进行展示和说明，由其他组进行点评。

扩展知识

产品工作中常用UML图

视频

产品工作中常用UML图

由于UML图形规范多且复杂，作为产品经理，并不需要全部掌握，这里主要选取用例图、活动图、状态图、类图、时序图这些工作中常用的图，介绍其基本概念及使用场景。

1. 用例图

用例是系统中的一个功能单元，可以被描述为执行者与主体之间的一次交互行为。执行者是与系统、子系统或类发生交互作用的外部用户、进程或其他系统的理想化角色。

用例图列出系统中的用例和执行者，并显示哪个执行者参与了哪个用例的执行。

2. 活动图

活动图（流程图）是一幅节点和流程的图，显示了控制权（也可以是数据）通过一次计算行为的各步骤的流程。

活动图类似于流程图，区别是活动图可以表示并发控制。

3. 状态图

状态图是一个类对象所可能经历的所有历程的模型图。状态图由对象的各个状态和连接这些状态的转换组成。通俗讲，就是描述了一个对象的状态，以及用什么操作可促成状态的转变。

4. 类图

类是一组具有相同属性、操作和关系的对象的描述。结构良好的类具有清晰的边界和关系。对象是类的一个实例。

类图可用于梳理产品信息的结构，方便梳理内容中所有的类，明确其属性及其数量关系。

5. 时序图

时序图通常表示多个对象之间消息交互的序列。

任务小结

通过本任务的开展，使读者了解设计文档的基本概念，掌握设计文档的主要组成部分。

任务二 抽丝剥茧——概要设计

任务描述

本次任务的主要目标是对该App进行概要设计，确保App的功能明确、结构清晰、用户体验良好。

实践任务导引：

（1）项目背景。

（2）系统设计。

知识储备

1. 项目背景

视频

项目背景

随着社会的快速发展和科技的不断进步，当代青年面临着前所未有的机遇与挑战。他们渴望表达自我，追求个性化的生活方式，同时也在积极探索如何在社会中找到自己的定位。这一特点在当代的大学群体中体现得尤为明显，为了更好地服务这一群体，满足他们的需求，我们提出了开发一款名为“当代新青年”的App，旨在为年轻一代大学生提供一个集资讯获取、社交互动、个人成长、职业发展于一体的综合平台。通过精准的用户画像和数据分析，我们能够为用户提供定制化的内容和服务，帮助他们更好地了解世界，提升自我，实现个人价值。

当代新青年App的研究背景主要有以下几个方面：

（1）信息聚合：整合时事新闻、行业动态、文化娱乐等多方面的资讯，为用户提供全面、及时的信息服务。

（2）社区交流：建立一个开放的社区环境，鼓励用户分享生活点滴、交流思想观点，促进同龄人之间的相互理解和合作。

（3）个人成长：提供在线学习资源、职业规划指导、心理健康辅导等服务，帮助用户在个人成长的道路上获得支持和指导。

（4）创业支持：为有志于创业的青年提供创业资讯、项目对接、资金支持等服务，助力青年实现创业梦想。

视频

系统设计

（5）文化认同：弘扬积极向上的青年文化，展示青年风采，增强青年群体的文化自信和身份认同。

通过“当代新青年”App，我们希望能够搭建一个连接青年、服务青年、引领青年的平台，帮助他们更好地适应社会发展的步伐、成为推动社会进步的中坚力量。

2. 系统设计

当代新青年App基于Android平台，可以包括以下功能需求：

（1）用户登录与权限管理：支持学生、社团管理员、老师等不同角色的登录，以及不同权限的管理和控制。

（2）社团信息管理：包括社团名称、简介、联系方式、指导老师等信息的录入和展示。

（3）活动发布与管理：支持社团管理员发布活动通知、报名信息，管理活动日程和签到情况。

（4）成员管理：包括社团成员的管理、成员信息的录入与修改、组织架构的展示等功能。

（5）通知与消息推送：支持系统通知、活动提醒、个人消息等多种消息推送方式。

（6）资源共享：支持社团内部资源的共享和管理，如文件资料、活动照片等。

（7）在线交流与讨论：提供社团内部的在线讨论、留言板等功能，便于成员之间的交流和沟通。

（8）数据统计与分析：收集和展示社团活动数据，包括参与人数、活动效果评估等统计分析功能。

（9）教师指导管理：支持指导老师对社团活动进行监督和指导，提供相关意见和建议。

（10）系统设置与管理：包括系统参数设置、数据备份与恢复、权限管理等系统管理功能。

上述功能都是当代新青年App可能具备的功能需求，这些功能可以为校园大学生的业余学习和生活管理提供全方位的支持，提升管理效率和用户体验。当然，具体的功能设计还需要根据实际情况和需求进一步细化和完善。

任务实施

本次需要设计的App由移动端和服务器端组合而成。下面拿出典型效果图进行展示，请完成功能结构图、原型设计和数据库结构设计等。

步骤一：完成功能结构图。使用Visio软件完成App的功能结构图设计，并嵌入概要设计文档中。

步骤二：完成原型设计。使用原型设计工具（如Photoshop、AdobeXD或AxureRP，原型设计工具二选一即可）创建“产品原型”项目，并进行高保真原型绘制，使之符合移动应用UI设计规范，同时实现原型界面之间交互功能，部分App效果图如图2-1～图2-5所示。

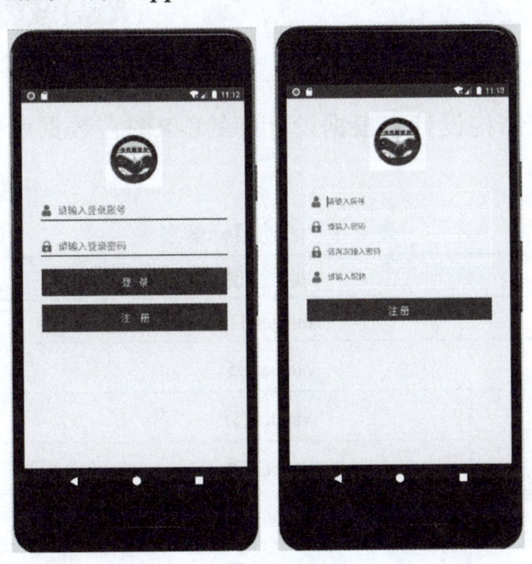

图 2-1　登录和注册页面效果

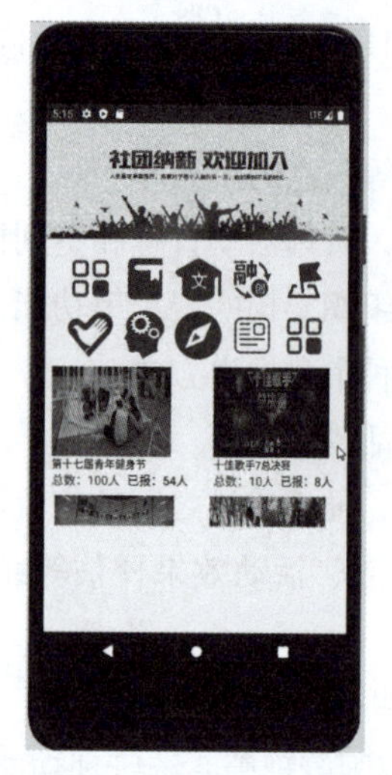

图 2-2　首页页面的效果

图 2-3　底部导航实现效果

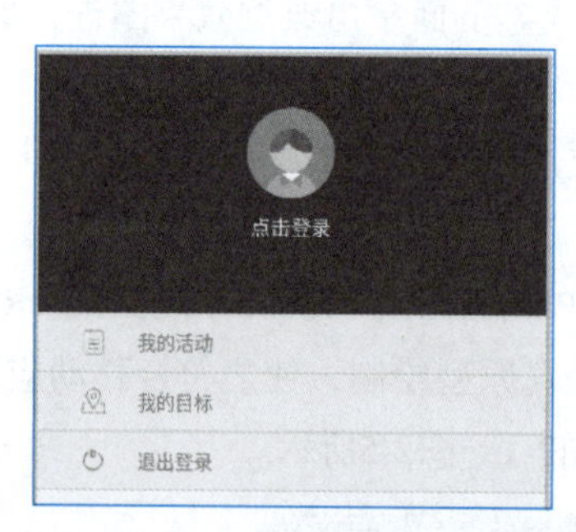

图 2-4　个人中心页面设计效果

图 2-5　发现页面设计效果

步骤三：完成数据库表结构设计。根据设计好的E-R图在数据库中创建数据表，本任务涉及表2-1和表2-2。

表 2-1　活动目标信息表

字　段	类　型	说　明
_id	Integer(11)	ID，自动增长
title	varchar(55)	活动标题
status	varchar(5)	活动状态：开启，关闭
total	varchar(10)	所需人数
number	varchar(10)	已报名人数
datetime	varchar(30)	截止日期

表 2-2　用户信息表

字　段	类　型	说　明
_id	Integer(11)	ID，自动增长
username	varchar(25)	账号
userpass	varchar(65)	密码
usernick	varchar(25)	昵称

扩展知识

1. 流程图和矢量绘图软件——Visio

视　频

流程图和矢量绘图软件——Visio

Visio是Microsoft Office软件系列中的一款功能强大的流程图和信息图表软件，由微软公司开发。它为用户提供了一个直观的工作平台，方便用户通过可视化的方式展示复杂的流程、数据和信息，并通过图像化操作来设计和管理所有类型的业务流程、方案和概念。

Visio具有庞大的图形库和预设的模板，用户可以通过Visio中的模板制作部门组织图、流程图、在制品等。此外，它还可以用于建筑景观设计和工艺流程设计等高级图形。

Visio的功能包括但不限于：

（1）强大的编辑功能。可以对文本和形状进行多种格式应用，如更多颜色、渐变、效果和样式等；还可以添加文本框或从形状库中选择并应用定义填充、轮廓和阴影效果的样式。

（2）对象排列。可以移动、调整形状和文本框的大小、旋转、翻转或排序，并且可以取消组合形状以单独使用它们。

（3）创建和编辑关系图。可以轻松地在Visio中创建图表或关系图，并将其保存在Share Point或One Drive for Business中。在创建之后，可以用图表与其他人共享它们。

（4）丰富的图表类型。包括流程图、业务关系图（如块图、维恩图、矩阵图等）、网络图、UML关系图、建筑景观设计图等。

（5）跨平台支持。除了Windows平台，Visio还支持浏览器，即Visio Web应用，允许用户在其中查看、创建和编辑存储在云中的图表。

（6）协作功能。支持多人实时协作和AI辅助作图功能，允许用户创建流程图、思维导图、ER图、架构图、拓扑图等。

总的来说，Visio是一款功能强大、应用广泛的流程图和信息图表软件，适用于商务展示、学术报告、项目管理等多种场合。

2. 原型设计工具——Axure

视　频

原型设计工具——Axure

Axure是一种强大的原型设计工具，它允许用户创建交互式的、高保真度的原型，以及进行用户体验设计和界面设计。Axure可以帮助设计师和产品经理快速创建和共享原型，以便团队成员之间进行沟通和反馈。

Axure提供了丰富的交互组件和功能，例如可交互的按钮、链接、表单元素等，使用户能够模拟真实的应用程序或网站的交互过程。此外，Axure还支持多种输出格式，包括HTML、PDF和PNG等，方便用户在不同平台上展示和共享原型。总之，Axure是一个功能强大、易于使用的工具，适用于各种设计项目，帮助用户快速创建和测试原型，提升用户体验设计的效率和质量。

任务小结

通过本任务，让读者明确了项目开发需求和设计目标，掌握App需求设计过程中使用的各类软件，为当代新青年App的开发奠定坚实的基础。

自我评测

1. 自行完成一款想要设计的 App 的需求分析，并完成需求分析规格说明书的撰写。
2. 完成以上要设计的 App 的原型设计。

项目三
登录界面的布局设计

学习目标

- 了解Activity对应的UI布局创建过程。
- 掌握文本显示框的功能和用法。
- 熟悉文本编辑框的常用属性。
- 掌握按钮的简单用法。
- 掌握图片的使用方法。
- 掌握线性布局的功能和用法。

框架要点

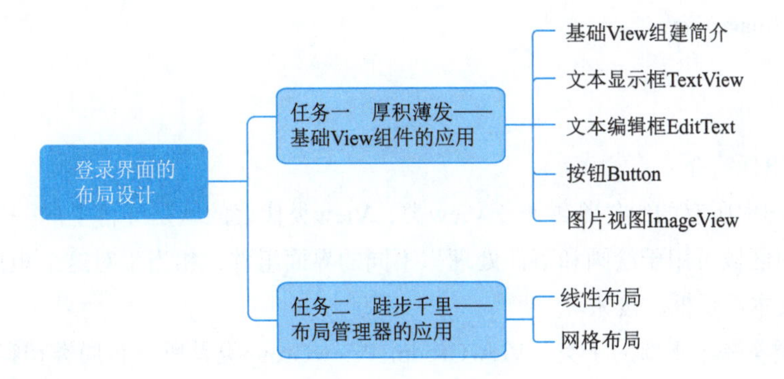

项目描述

App很重要的作用之一就是获取用户个人信息。用户使用到某些实质性功能时，App会弹出提示页面引导用户注册。用户注册登录后就是商家的精准用户了。

那么，对于即将要设计的这款App来讲，也同样需要拥有这样的功能，我们将从设计这款App的登录界面开始，学习如何运用Android基础界面控件，这对于每一个想成为Android App开发程序设计者而言都是必需的技能。

作为一个程序设计者，必须首先考虑用户的体验，只有用户对所开发的应用满意，产品才能推广，才有价值，因此界面设计尤为重要。

渐进任务：

任务一　厚积薄发——基础View组件的应用。

任务二　跬步千里——布局管理器的应用。

项目拆解

任务一　厚积薄发——基础 View 组件的应用

任务描述

在这个任务中，我们将深入学习和实践基础View组件的应用。View组件是构建用户界面（UI）的基本单元，它们负责在屏幕上展示信息，响应用户操作，以及与其他组件进行交互。本任务将通过实际项目的方式，帮助读者理解和掌握基础View组件的使用方法和技巧。

实践任务导引：

（1）基础View组件简介。

（2）文本显示框TextView。

（3）文本编辑框EditText。

（4）按钮Button。

（5）图片视图ImageView。

知识储备

1. 基础View组件简介

视频

基础View组建简介

Android中所有的组件都继承于View类，View类代表的就是屏幕上的一块空白的矩形区域，该空白区域可用于绘画和事件处理。不同的界面组件，相当于对这个矩形区域做了一些处理，如文本显示框、按钮等。

View类有一个重要的子类：ViewGroup。ViewGroup类是所有布局类和容器组件的基类，它是一个不可见的容器，它里面还可以添加View组件或ViewGroup组件，主要用于定义它所包含的组件的排列方式，例如，网格排列或线性排列等。通过View和ViewGroup的组合使用，使得整个界面呈现一种层次结构。ViewGroup内包含的组件如图3-1所示。

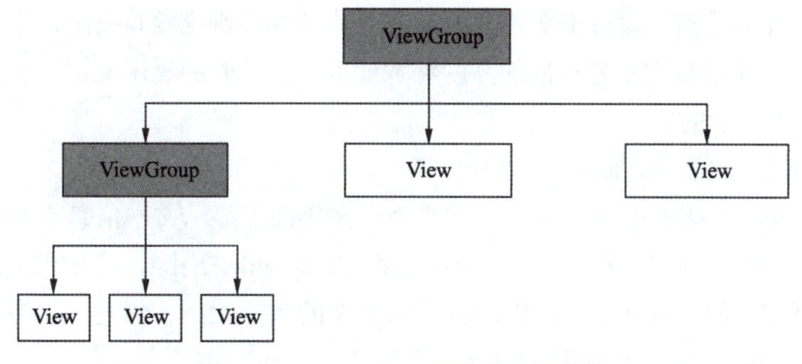

图 3-1　ViewGroup 组件的层次结构

Android中控制组件的显示有两种方式：一种是通过XML布局文件来设置组件的属性进行控制；另一种是通过Java代码调用相应的方法进行控制。这两种方式控制Android界面显示的效果是完全一样的。实际上，XML文件的属性与Java代码中方法之间存在着一一对应的关系。从Android API文档中View类的介绍中，可查看所有的属性与方法之间的对应关系，在此只列出一些常用的属性供参考，见表3-1。

表 3-1　View 类常见 XML 属性、对应方法及说明

XML 属性	对应方法	说　明
android:alpha	setAlpha(float)	设置组件的透明度
android:background	setBackgroundResource(int)	设置组件的背景
android:clickable	setClickable(boolean)	设置组件是否可以触发单击事件
android:focusable	setFocusable(boolean)	设置组件是否可以得到焦点
android:id	setId(int)	设置组件的唯一ID
android:minHeight	setMinimumHeight(int)	设置组件的最小高度
android:minWidth	setMinimumWidth(int)	设置组件的最小宽度
android:padding	setPadding(int,int,int,int)	在组件四边设置边距
android:scaleX	setScaleX(float)	设置组件在X轴方向的缩放
android:visibility	setVisibility(int)	设置组件是否可见

几乎每个界面组件都需要设置android:layout_height、android:layout_width这两个属性，用于指定该组件的高度和宽度，主要有以下三种取值：

（1）fill_parent:表示组件的高或宽与其父容器的高或宽相同。

（2）wrap_content:表示组件的高或宽恰好能包裹内容，随着内容的变化而变化。

（3）match_parent:该属性值与fill_parent完全相同，Android 2.2之后推荐使用match_parent代替fill_parent。

虽然两种方式都可以控制界面的显示，但是它们又各有优缺点：

（1）完全使用Java代码来控制用户界面不仅烦琐，而且界面和代码相混合，不利于解耦、分工。

（2）完全使用XML布局文件虽然方便、便捷，但灵活性不好，不能动态改变属性值。因此，我们经常会混合使用这两种方式来控制界面，一般来说，习惯将一些变化小的、比较固定的、初始化

的属性放在XML文件中管理，而对于那些需要动态变化的属性则交给Java代码控制。例如，可以在XML布局文件中设置文本显示框的高度和宽度以及初始时的显示文字，在代码中根据实际需要动态地改变显示的文字。

视 频

文本显示框 TextView

2. 文本显示框TextView

TextView类直接继承于View类，主要用于在界面上显示文本信息，类似于一个文本显示器，从这个方面来理解，有些类似于Java编程中的JLable的用法，但是比JLable的功能更加强大，使用更加方便。TextView可以设置显示文本的字体大小、颜色、风格等属性，TextView的常见属性、对应方法及说明见表3-2。

表 3-2 TextView 类的常见 XML 属性、对应方法及说明

XML 属性	对应方法	说　明
android:gravity	setGravity(int)	设置文本的对齐方式
android:height	setHeight(int)	设置文本框的高度（以pixel为单位）
android:text	setText(CharSequence)	设置文本的内容
android:textColor	setTextColor(int)	设置文本的颜色
android:textSize	setTextSize(int,float)	设置文本的大小
android:textStyle	setTypeface(Typeface)	设置文本的风格
android:typeface	setTypeface(Typeface)	设置文本的字体
android:width	setWidth(int)	设置文本框的宽度（以pixel为单位）
Android:drawableLeft	setCompoundDrawablesWith IntrinsicBounds(int,int,int,int)	要绘制在文本左侧的可绘制对象

视 频

文本编辑框 EditText

3. 文本编辑框EditText

TextView的功能仅是用于显示信息而不能编辑，好的应用程序往往需要与用户进行交互，让用户进行输入信息。为此，Android中提供了EditText组件，EditText是TextView类的子类，与TextView具有很多相似之处。它们最大的区别在于，EditText允许用户编辑文本内容。使用EditText时，经常使用到的属性有以下几个：

（1）android:hint：设置当文本框内容为空时，文本框内显示的提示信息，一旦输入内容，该提示信息立即消失，当删除所有输入的内容时，提示信息又会出现。

（2）android:password：设置文本框是否为密码框，值为true或者false，设置为true时，输入的内容将会以点替代，但已不推荐使用了。

（3）android:inputType：设置文本框接收值的类型，例如，只能是数字、电话号码等。

视 频

按钮Button

4. 按钮Button

Button也是继承于TextView，功能非常单一，就是在界面中生成一个按钮，供用户单击。单击按钮后，会触发一个单击事件，开发人员针对该单击事件可以设计相应的事件处理；从而实现与用户交互的功能。用户可以设置按钮的大小、显示文字以及背景等。当我们想把一张图片作为按钮时，有两种方法：一种是将该图片作为Button的背景图片；另一种是使用

ImageButton按钮，将该图片作为ImageButton的android:src属性值即可。需注意的是，ImageButton按钮不能指定android:text属性，即使指定了，也不会显示任何文字。

视频

图片视图ImageView

5. 图片视图ImageView

ImageView（图片视图）的作用与TextView类似，TextView用于显示文字，ImageView则用于显示图片，既然是显示图片，那就要设置图片的来源，ImageView中有一个src属性用于指定图片的来源。显示图片还存在另外一个问题，就是当图片比ImageView的区域大的时候如何显示呢？在ImageView中有一个常用并且重要的属性scaleType，用于设置图片的缩放类型。该属性值主要包含以下几个：

（1）fitCenter：保持纵横比缩放图片，直到该图片能完全显示在ImageView中，缩放完成后将该图片放在ImageView的中央。

（2）fitXY：对图片横向、纵向独立缩放，使得该图片完全适应于该ImageView，图片的纵横比可能会改变。

（3）centerCrop：保持纵横比缩放图片，以使得图片能完全覆盖ImageView。

任务实施

通过前面对基础界面控件TextView、EditText、Button和ImageView的介绍，可以初步实现“智慧社团”App的登录页面。如图3-2所示，在“智慧社团”登录页面中整体采用垂直方向线性布局，从上往下摆放图片（ImageView）、文本编辑框（EditText）、按钮（Button）、文本显示框（TextView）基础控件，以下介绍具体实现过程。

步骤一：新建Android Studio项目，命名（name）为“Smart Club”，意思是为“智慧社团”，如图3-3所示。

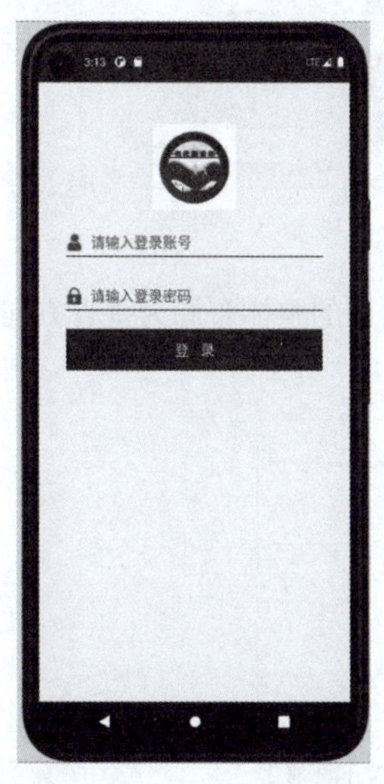

图 3-2 “智慧社团”App 的登录页面

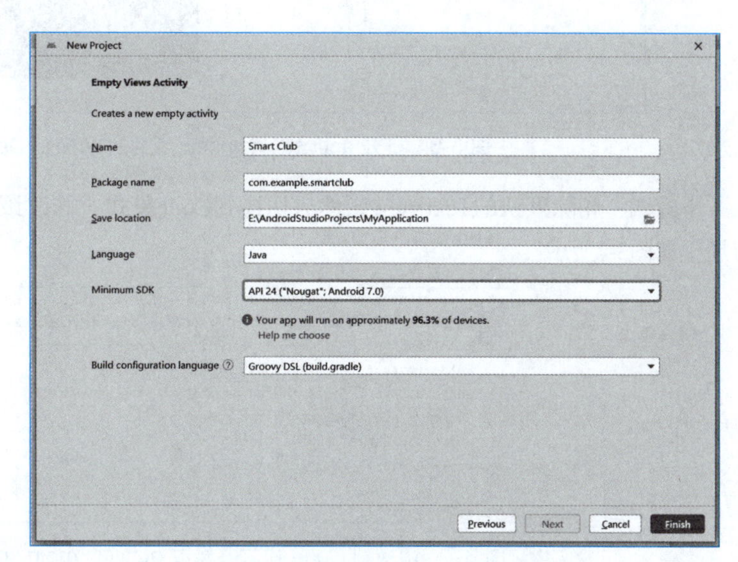

图 3-3 新建项目“Smart Club”

步骤二：将准备好的App UI素材（见图3-4），复制粘贴到res/drawable目录中，如图3-5所示。

图 3-4　任务需要的图片

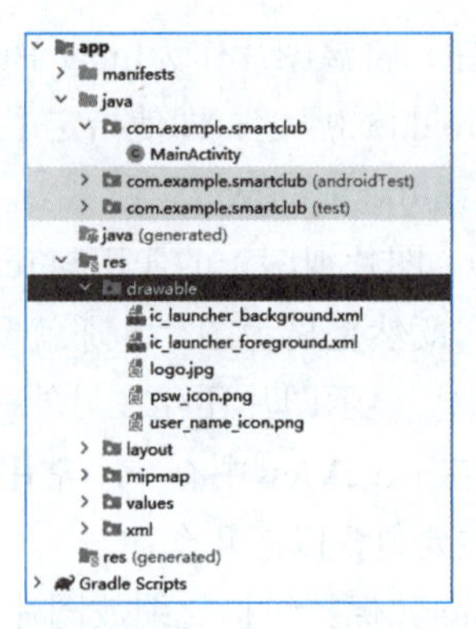

图 3-5　将图片粘贴到 res/drawable 目录中

步骤三：打开res/layout/activity_main.xml文件，切换到Design模式，如图3-6所示。

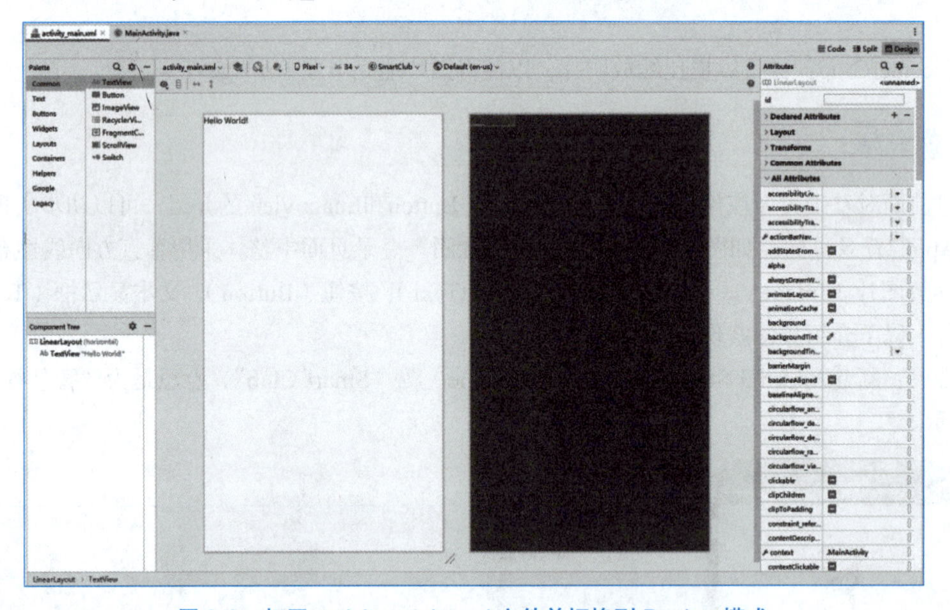

图 3-6　打开 activity_main.xml 文件并切换到 Design 模式

步骤四：删除默认的TextView，然后切换到Code模式，修改该页面的整体布局为垂直方向线性布局，如图3-7所示。

```
<?xml version="1.0" encoding="utf-8"?>
<LinearLayout xmlns:android="http://schemas.android.com/apk/res/android"
    xmlns:app="http://schemas.android.com/apk/res-auto"
    xmlns:tools="http://schemas.android.com/tools"
    android:layout_width="match_parent"
    android:layout_height="match_parent"
    android:orientation="vertical"
    tools:context=".MainActivity">

</LinearLayout>
```

图 3-7　切换到 Code 模式并修改 activity_main.xml 文件代码

步骤五：切换到Design模式，将ImageView控件拖动到界面中，如图3-8所示，设置src属性为logo.jpg。

图 3-8　拖动 ImageView 控件到界面中

步骤六：设置ImageView的ID为“logoView”，宽度设置为“match_parent”，高度设置为105 dp，layout_weight属性设置为0，并为其上、左、右方向均添加约束，设置上方间距为50 dp，左、右的间距为8 dp，如图3-9所示。

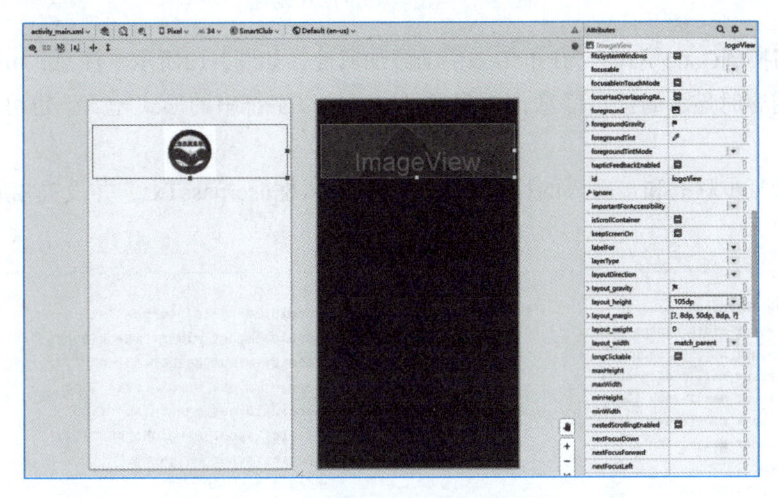

图 3-9　设置 ImageView 的属性

步骤七：拖动EditText控件到界面中，并将其放置到LinearLayout中，如图3-10所示。设置ID为“usernameTxt”，并设置合适的宽度和高度，如图3-11所示。

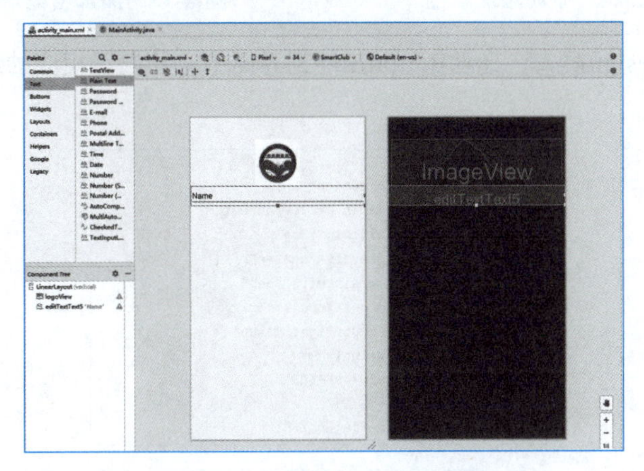

图 3-10　拖动 EditText 到界面

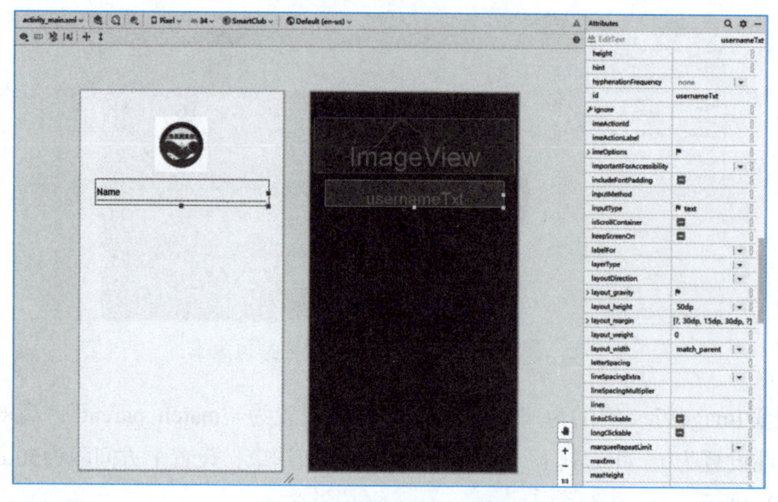

图 3-11 设置 EditText 属性

步骤八：切换到Code模式，为EditText手动添加属性，如图3-12所示。注意，hint属性是当文本框中没有输入内容时显示的提示信息，该信息可以直接以字符串的形式输入，也可以放置在string.xml文件中。

步骤九：参照步骤七和步骤八的操作，添加密码输入框userpassTxt，并设置相应属性，代码如图3-13所示。

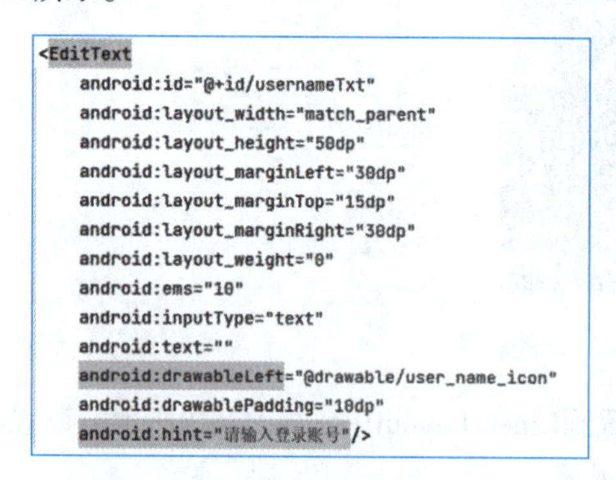

```
<EditText
    android:id="@+id/usernameTxt"
    android:layout_width="match_parent"
    android:layout_height="50dp"
    android:layout_marginLeft="30dp"
    android:layout_marginTop="15dp"
    android:layout_marginRight="30dp"
    android:layout_weight="0"
    android:ems="10"
    android:inputType="text"
    android:text=""
    android:drawableLeft="@drawable/user_name_icon"
    android:drawablePadding="10dp"
    android:hint="请输入登录账号"/>
```

图 3-12 为 EditText 手动添加属性

```
<EditText
    android:id="@+id/userpassTxt"
    android:layout_width="match_parent"
    android:layout_height="50dp"
    android:layout_marginLeft="30dp"
    android:layout_marginTop="15dp"
    android:layout_marginRight="30dp"
    android:layout_weight="0"
    android:ems="10"
    android:inputType="textPassword"
    android:drawableLeft="@drawable/psw_icon"
    android:drawablePadding="10dp"
    android:hint="请输入登录密码"/>
```

图 3-13 添加密码输入框的代码

步骤十：切换到Design模式，拖动Button控件到界面中，并设置相应的约束和属性，其代码如图3-14所示。

```
<Button
    android:id="@+id/button"
    android:layout_width="match_parent"
    android:layout_height="50dp"
    android:layout_gravity="center"
    android:layout_marginLeft="35dp"
    android:layout_marginTop="15dp"
    android:layout_marginRight="35dp"
    android:layout_weight="0"
    android:background="#FF1C33"
    android:text="登    录"
    android:textSize="18sp" />
```

图 3-14 添加按钮控件的代码

步骤十一：单击工具栏上的“运行”按钮，运行程序，运行效果如图3-2所示。

扩展知识

1. 字符串资源

视 频

字符串资源

在创建App时，在Android Studio窗口左侧的包中会呈现出整个程序的结构。字符串资源文件就位于res文件夹下的values文件夹中，即strings.xml，如图3-15所示。

双击打开strings.xml文件，能够看到本程序中对于字符串的设置情况。其中，<resources></resources>标记为根元素，并且使用<string></string>标记对字符串进行定义；string name后面填写字符串的名称，字符串的具体内容填写在<string>与</string>两个标记之间。

strings.xml中的代码编写如图3-16所示。

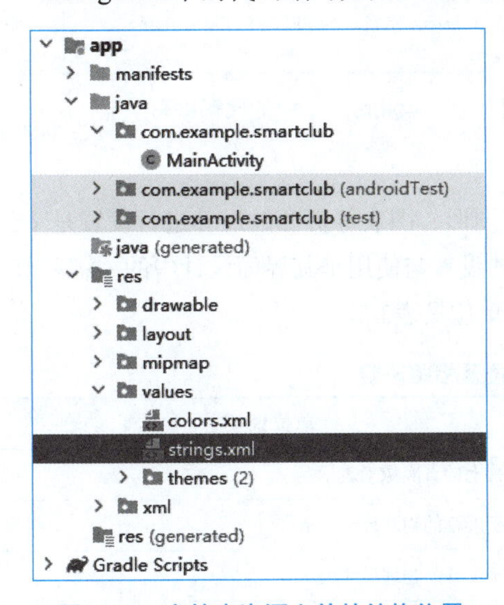

图 3-15　字符串资源文件的结构位置

```
<resources>
    <string name="app_name">Smart Club</string>
    <string name="usernameText">请输入登录账号</string>
    <string name="userpassText">请输入登录密码</string>
</resources>
```

图 3-16　strings.xml 中的代码编写

2. 颜色资源

视 频

颜色资源

在进行App界面设计时，颜色（color）是一项十分重要的参数。颜色的恰当运用能够使得App的视觉呈现更具吸引力，并且在辅助用户对于App功能的理解与应用方面锦上添花。对于颜色的设置与使用，是程序员开发App必不可少的技能。

对于Android开发而言，内部所采用的色彩模型为RGB模型，即由红、绿、蓝三原色组成，同时还有透明度(Alpha)数值的设置，通常对颜色的定义有四种形式，即#RGB、#ARGB、#RRGGBB、#AARRGGBB。其中，A、R、G、B的取值均为0～f；AA、RR、GG、BB的取值均为00～ff。

颜色资源文件colors.xml位于res文件夹下的values中，如图3-17所示。

双击打开colors.xml文件，能够看到本程序中对于颜色的设置情况。其中，<resources></resources>标记为根元素，并且使用<color></color>标记对颜色进行定义；color name后面填写颜色的名称，颜色的具体设置填写在<color>与</color>两个标记之间，其代码编写如图3-18所示。

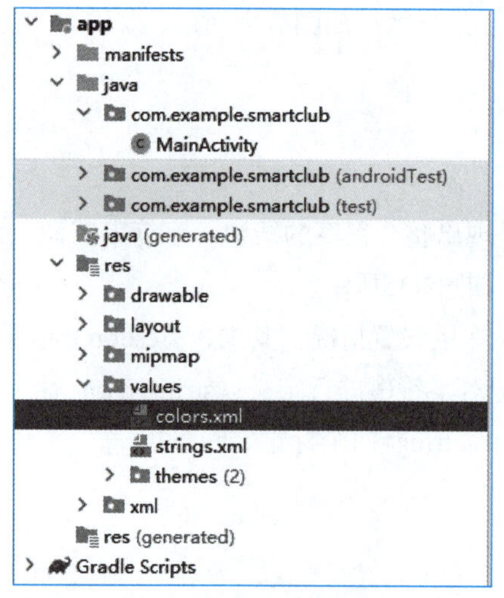

图 3-17 颜色资源文件的结构位置

```
<?xml version="1.0" encoding="utf-8"?>
<resources>
    <color name="black">#FF000000</color>
    <color name="white">#FFFFFFFF</color>
</resources>
```

图 3-18 colors.xml 中的代码编写

视频

尺寸资源

3. 尺寸资源

为了突出重点或者形成等级差异，对于文字、图形、图表等资源的尺寸进行设置是十分便捷的解决方法。在开发App的过程中，尺寸资源的设置与使用是其界面设计中的关键环节。

基于Android环境对App进行开发，常用的尺寸单位见表3-3。

表 3-3 Android 支持的尺寸单位及相关说明

单位表示	单位名称	单位说明
px	像素	屏幕上的真实像素表示
in	英寸	基于屏幕的物理尺寸表示
mm	毫米	基于屏幕的物理尺寸表示
pt	点	基于字体尺寸表示
dp	和精度无关的像素	相对于屏幕物理密度的抽象单位
sp	和精度无关的像素	类似于dp

视频

图片资源

4. 图片资源

在App的开发过程中，图片资源的使用是必不可少的。图像具有的形象性、生动性等特点是文字所无法比拟的。因此，制作一个优秀的App需要提供与其功能和使用方法相匹配的图形图像。

图片资源的来源比较广泛，在一般情况下，可以通过网络进行下载，或者自己绘制出各种格式的图形图像，例如.jpeg、png或gif等常用的格式。

任务小结

通过本任务的开展，可以了解图形用户界面的基本概念，熟练掌握基本的Android控件使用方法，并依托设计制作“当代青年”App的登录界面来实践Android基本UI控件的运用。

任务二　跬步千里——布局管理器的应用

任务描述

在Android开发中，用户界面（UI）的设计是至关重要的。Android Studio提供了多种布局管理器来帮助开发者创建复杂且精美的用户界面。本次任务将带读者深入了解Android Studio中的布局管理器，并学习如何在实际项目中应用它们。

实践任务导引：

（1）线性布局。

（2）网格布局。

知识储备

Android中的布局管理器本身也是一个界面组件，所有的布局管理器都是ViewGroup类的子类，都可以当作容器类来使用。因此，可以在一个布局管理器中嵌套其他布局管理器。Android中布局管理器可以根据运行平台来调整组件的大小，具有良好的平台无关性。Android中用得最多的布局主要有：线性布局、网格布局、表格布局、相对布局、层布局。下面主要介绍线性布局和网格布局。

1. 线性布局

视频

线性布局

线性布局是最常用也是最基础的布局方式。在前面的示例中，就使用到了线性布局，它用LinearLayout类表示，它会将容器里的所有组件一个挨着一个排列。

它提供了水平和垂直两种排列方向，通过android:orientation属性进行设置，默认为垂直排列。

（1）当为水平方向时，不管组件的宽度是多少，整个布局只占一行，当组件宽度超过容器宽度时，超出的部分将不会显示。

（2）当为垂直方向时，整个布局文件只有一列，每个组件占一行，不管该组件宽度有多小。

在线性布局中，除了设置高度和宽度外，主要设置如下属性：

（1）android:gravity：设置布局管理器内组件的对齐方式，可以同时指定多种对齐方式的组合，多个属性之间用竖线隔开，但竖线前后不能出现空格。例如，bottom|center_horizontal代表出现在屏幕底部，而且水平居中。

（2）android:orientation：设置布局管理器内组件的排列方向，可以设置为vertical(垂直排列)或horizontal(水平排列)。

（3）android:id：用于给当前组件指定一个ID属性，在Java代码中可以应用该属性单独引用该组件。为组件指定ID属性后，在R.java文件中，会自动派生一个对应的属性。在Java代码中，可以通过findViewByld()方法获取该属性。

（4）android:background：用于为该组件设置背景，可以是背景图片，也可以是背景颜色。为组件指定背景图片时，可以将准备好的图片复制到目录下，然后使用下面的代码进行设置：

```
android:background="@drawable/ic_launcher_foreground"
```

如果想指定背景颜色时，可以使用颜色值，例如，想要指定背景颜色为白色，可以使用下面的代码：

```
android:background="#FFFFFF"
```

在使用LinearLayout时，子控件可以设置layout_weight。layout_weight的作用是设置子控件在LinearLayout的重要度（控件的大小比重）。如果在一个LinearLayout里面放置两个Button——Button1和Button2，Buttonl的layout_weight设置为1，Button2的layout_weight设置为2，且两个Button的layout_width都设置为fill_parent，则Button1占据屏幕宽度的2/3，而Button2占据1/3。如果两个Button的layout_width都设置成wrap_content，则情况刚好相反，Button1占1/3，Button2占2/3。

视频

网格布局

2. 网格布局

网格布局由GridLayout代表，是Android 4.0新增的布局管理器，因此需要在Android 4.0之后的版本中才能使用该布局管理器。如果希望在更早的Android平台上使用该布局管理器，则需要导入相应的支撑库。GridLayout的作用类似于HTML中的table标签，它把整个容器划分成若干行和若干列个网格，每个网格可以放置一个组件。除此之外，也可以设置一个组件横跨多个列、一个组件纵跨多个行。网格布局和TableLayout（表格布局）有些类似，不过它功能更多，使用更加方便，具有以下优势：

（1）可以自己设置布局中组件的排列方式。

（2）可以自定义网格布局有多少行，多少列。

（3）可以直接设置组件位于某行某列。

（4）可以设置组件横跨几行或者几列。

任务实施

以“当代新青年”App首页面布局为例进行任务实现，对线性布局、网格布局进行嵌套应用学习。

步骤一：在res/layout节点上右击，选择“New”→“Activity”→“Empty Views Activity”选项，如图3-19所示，单击新建一个Android Activity。

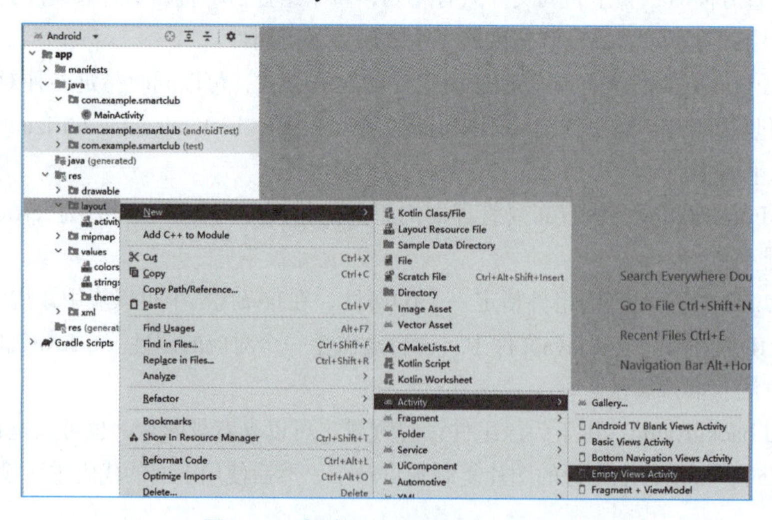

图 3-19 新建 Empty Views Activity

步骤二：在弹出的“New Android Activity”对话框中，设置“Activity Name”为“IndexActivity”，并勾选“Launcher Activity”前的复选框，注册该Activity，其他默认，如图3-20所示，单击“Finish”按钮，新建一个首页Activity页面。

New Android Activity

Empty Views Activity

Creates a new empty activity

Activity Name

IndexActivity

Generate a Layout File

Layout Name

activity_index

Launcher Activity

Package name

com.example.smartclub

Source Language

Java

Previous　Next　Cancel　Finish

图 3-20　命名注册首页 Activity

步骤三：将准备好的App UI素材（见图3-21）复制粘贴到res/drawable目录中。

图 3-21　首页页面部分 UI 素材图片

步骤四：打开activity_index.xml文件，切换为Code模式，修改页面默认布局为垂直线性布局，添加ImageView控件，并设置相关属性，如图3-22所示。

```
<?xml version="1.0" encoding="utf-8"?>
<LinearLayout xmlns:android="http://schemas.android.com/apk/res/android"
    xmlns:tools="http://schemas.android.com/tools"
    android:layout_width="match_parent"
    android:layout_height="match_parent"
    android:orientation="vertical"
    tools:context=".IndexActivity">
    <ImageView
        android:layout_width="match_parent"
        android:layout_height="150dp"
        android:scaleType="centerCrop"
        android:src="@drawable/banner"/>

</LinearLayout>
```

图 3-22　线性布局中添加 ImageView 控件代码

步骤五：在ImageView控件的下方手动添加GridLayout布局，并设置网格布局对外水平居中摆放，组件内部居中显示，网格布局设置5列，控件水平摆放，网格布局设置2行，并在其中加入9个

ImageView控件，并设置相关属性，程序清单如下所示：

```
<?xml version="1.0" encoding="utf-8"?>
<LinearLayout xmlns:android="http://schemas.android.com/apk/res/android"
    xmlns:tools="http://schemas.android.com/tools"
    android:layout_width="match_parent"
    android:layout_height="match_parent"
    android:orientation="vertical"
    tools:context=".IndexActivity">
    <ImageView
        android:layout_width="match_parent"
        android:layout_height="150dp"
        android:scaleType="centerCrop"
        android:src="@drawable/banner"/>
    <GridLayout
        android:layout_width="wrap_content"
        android:layout_height="wrap_content"
        android:layout_gravity="center_horizontal"
        android:columnCount="5"
        android:orientation="horizontal"
        android:gravity="center"
        android:layout_marginTop="15dp">
        <ImageView
            android:layout_width="63dp"
            android:layout_height="63dp"
            android:layout_margin="5dp"
            android:clickable="true"
            android:src="@drawable/icon1"/>
        <ImageView
            android:layout_width="63dp"
            android:layout_height="63dp"
            android:layout_margin="5dp"
            android:clickable="true"
            android:src="@drawable/icon2"/>
        <ImageView
            android:layout_width="63dp"
            android:layout_height="63dp"
            android:layout_margin="5dp"
            android:clickable="true"
            android:src="@drawable/icon3"/>
        <ImageView
            android:layout_width="63dp"
            android:layout_height="63dp"
```

```
        android:layout_margin="5dp"
        android:clickable="true"
        android:src="@drawable/icon4"/>
    <ImageView
        android:layout_width="63dp"
        android:layout_height="63dp"
        android:layout_margin="5dp"
        android:clickable="true"
        android:src="@drawable/icon5"/>
    <ImageView
        android:layout_width="63dp"
        android:layout_height="63dp"
        android:layout_margin="5dp"
        android:clickable="true"
        android:src="@drawable/icon6"/>
    <ImageView
        android:layout_width="63dp"
        android:layout_height="63dp"
        android:layout_margin="5dp"
        android:clickable="true"
        android:src="@drawable/icon7"/>
    <ImageView
        android:layout_width="63dp"
        android:layout_height="63dp"
        android:layout_margin="5dp"
        android:clickable="true"
        android:src="@drawable/icon8"/>
    <ImageView
        android:layout_width="63dp"
        android:layout_height="63dp"
        android:layout_margin="5dp"
        android:clickable="true"
        android:src="@drawable/icon9"/>
    <ImageView
        android:layout_width="63dp"
        android:layout_height="63dp"
        android:layout_margin="5dp"
        android:clickable="true"
        android:src="@drawable/icon10"/>
  </GridLayout>
</LinearLayout>
```

步骤六：在工程目录的IndexActivity节点上右击，选择“Run 'IndexActivity（1）'”选项，如

图3-23所示，运行效果如图3-24所示。

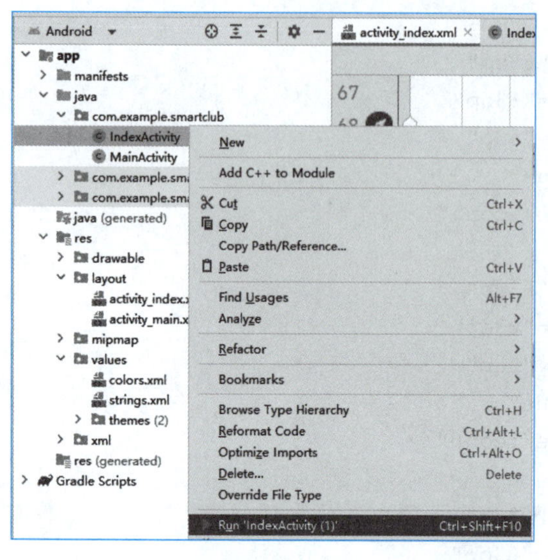

图 3-23　选择单独运行 IndexActivity 页面

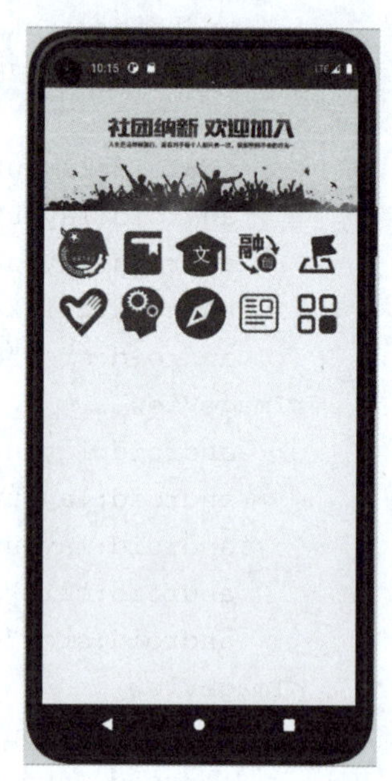

图 3-24　运行 IndexActivity 页面的效果

扩展知识

视　频

表格布局

1. 表格布局

表格布局是指以行和列的形式来管理界面组件，由TableLayout类表示，不必明确声明包含几行几列，而通过添加TableRow来添加行，在TableRow中添加组件来添加列。

TableRow就是一个表格行，本身也是容器，可以不断地添加其他组件，每添加一个组件就是在该行中增加一列，如果直接向TableLayout中添加组件，而没有添加TableRow，那么该组件将会占用一行。

在表格布局中，每列的宽度都是一样的，列的宽度由该列中最宽的那个单元决定，整个表格布局的宽度则取决于父容器的宽度，默认总是占满父容器本身。

TableLayout继承了LinearLayout，因此它完全支持LinearLayout所支持的全部XML属性，另外，TableLayout还增加了自己所特有的属性。

（1）android:collapseColumns：隐藏指定的列，其值为列所在的序号，从0开始，如果需要隐藏多列，可用逗号隔开这些序号。

（2）android:shrinkColumns：收缩指定的列以适合屏幕，使整行能够完全显示，不会超出屏幕，用于当某一行的内容超过屏幕的宽度时，会使该列自动换行，其值为列所在的序号。如果没有该属性，则超出屏幕的部分会自动截取，不会显示。

（3）android:stretchColumns：尽量把指定的列填充空白部分。该属性用于某一行的内容不足以填充整个屏幕，这样指定某一列的内容扩张以填满整个屏幕，其他列的宽度不变。如果某一列有多行，而每行的列数可能不相同，那么可扩展列的宽度是一致的，不会因为某一行有多余的空白而填充整行。也就是说，不管在哪一行，它的宽度都是相同的。

（4）android:layout_column：控件在TableRow中所处的列。如果没有设置该属性，默认情况下，控件在一行中是一列挨着一列排列的。通过设置该属性，可以指定控件所在的列，这样就可以达到中间某一个列为空的效果。

（5）android:layout_span：该控件所跨越的列数，即将多列合并为一列。

2. 层布局

视 频

层布局

层布局也称帧布局，由FrameLayout类表示。帧布局（FrameLayout）是Android中的一种布局方式，它将子视图按照添加的顺序堆叠在一起，后添加的视图会覆盖在前面的视图之上。这种布局方式适用于需要简单叠加视图的场景，比如显示一个图标和文本标签。

在FrameLayout中，子视图的位置可以通过指定margin属性来调整，如果没有指定，则默认位于左上角。FrameLayout通常用于实现浮动操作按钮（floating action button）或者在Activity的背景上叠加一个进度条。

FrameLayout的XML标签是<FrameLayout>，它是一个容器，可以包含多个子视图。下面是一个简单的FrameLayout示例：

```
```xml
<FrameLayout xmlns:android=" http://schemas.android.com/apk/res/android"
    android:layout_width=" match_parent"
    android:layout_height=" match_parent" >
    <TextView
        android:layout_width=" wrap_content"
        android:layout_height=" wrap_content"
        android:text=" Hello World!"
        android:layout_gravity=" center" />
    <ImageView
        android:layout_width=" wrap_content"
        android:layout_height=" wrap_content"
        android:src=" @drawable/icon"
        android:layout_gravity=" top|end" />
</FrameLayout>
```
```

在这个例子中，TextView将显示在FrameLayout的中心位置，而ImageView则显示在右上角。通过使用layout_gravity属性，我们可以控制子视图在FrameLayout中的位置。

任务小结

通过本任务，认知Android中几种常见的布局管理器，包括线性布局、表格布局、相对布局、层布局和网格布局，着重通过实例讲解了线性布局和网格布局。线性布局方便，需使用的属性较少，但不够灵活；网格布局相对表格布局使用更加方便，只需要设置行、列、摆放方向就可以控制控件摆放；表格布局中通过TableRow添加行，每列的宽度一致；相对布局则通过提供一个参照物来准确定义各个控件的具体位置，通常在一个实例中会用到多种布局，把各种布局结合起来达到所要的效果。

自我评测

1. 下列（　　）可作 EditText 编辑框的提示信息。

A. android:inputType　B. android:text　C. android:digits　D. android:hint

2. 为下面控件添加 android:text="Hello" 属性，运行时无法显示文字的控件是（　　）。

A. Button　B. EditText　C. ImageButton　D. TextView

3. 下列选项中，前后两个类不存在继承关系的是（　　）。

A. TextView、EditText　B. TextView、Button

C. Button、ImageButton　D. ImageView、ImageButton

4. 假设手机屏幕宽度为 400 px，现采取水平线性布局放置 5 个按钮，设定每个按钮的宽度为 100 px，那么该程序运行时，界面显示效果为（　　）。

A. 自动添加水平滚动条，拖动滚动条可查看 5 个按钮

B. 只可以看到 4 个按钮，超出屏幕宽度部分无法显示

C. 按钮宽度自动缩小，可看到 5 个按钮

D. 程序运行出错，无法显示

5. 表格布局中，设置某一列是可扩展的正确的做法是（　　）。

A. 设置 TableLayout 的属性：android:stretchColumns="x"，x 表示列的序号

B. 设置 TableLayout 的属性：android:shrinkColumns="x"，x 表示列的序号

C. 设置具体列的属性：android:stretchable=”true”

D. 设置具体列的属性：android:shrinkable=”true”

6. 相对布局中，设置以下属性时，属性值只能为 true 或 false 的是（　　）。

A. android:layout_below　B. android:layout_alignParentLeft

C. android:layout_alignBottom　D. android:layout_toRightOf

7. 布局文件中有一个按钮(Button)，如果要让该按钮在其父容器中居中显示，正确的设置是(　　)。

A. 设置按钮的属性：android:layout_gravity="center"

B. 设置按钮的属性：android:gravity="center"

C. 设置按钮父容器的属性：android:layout_gravity="center"

D. 设置按钮父容器的属性：android:gravity="center"

8. 根据所学的相对布局的知识，设计“智慧社团”的注册社员页面，要求在文本编辑框内只能输入数字，并且输入的内容会以“密码隐藏”的形式显示。

项目四

“底部导航”模块的设计

学习目标

- 理解Activity的功能与作用。
- 创建和配置Activity。
- 在程序中启动、关闭Activity。
- Activity的生命周期和使用场景。
- 不同Activity间的数据传递。
- 理解Fragment的功能与作用。
- 理解Intent的功能与作用。
- 学习如何编写一个App的主界面。
- 开发和编写一个合适的底部栏。

框架要点

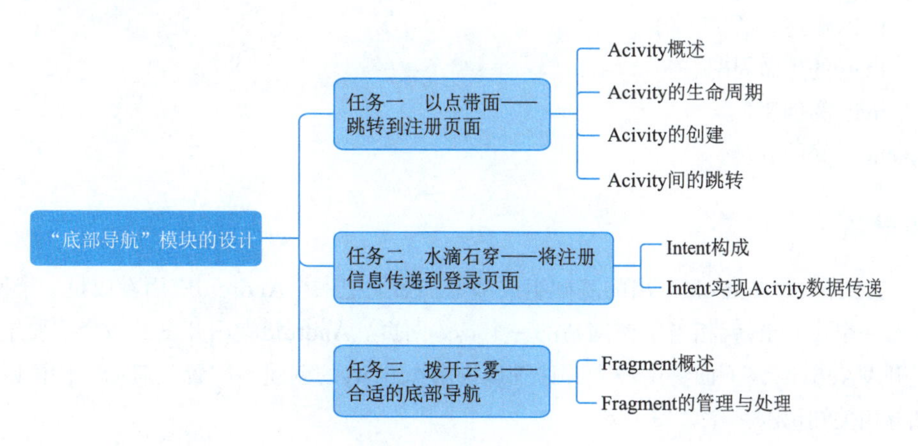

项目描述

Android程序应用是基于四大组件进行架构的，其中，Activity是作为负责界面显示的组件，也就是说，App开发过程中只要用到界面，就一定离不开Activity，它负责加载界面UI及用户的交互流程。Fragment原本是浮在Activity之上的一个块，一般只在App的主界面中使用，这些年随着Android开发新的架构MVP的流行，Fragment也慢慢地从非主流技术升级到了主流技术。可以说，Android中基于Activity和Fragment的开发是非常主要的，也是一个App开发中不可缺少的板块。

渐进任务：

任务一　以点带面——跳转到注册页面。

任务二　水滴石穿——将注册信息传递到登录页面。

任务三　拨开云雾——合适的底部导航。

项目拆解

任务一　以点带面——跳转到注册页面

任务描述

本任务旨在通过实际操作来理解和掌握在Android Studio中创建和实现多页面间跳转的基本技能。在这个任务中，将构建一个包含多个页面的简单Android应用，并实现这些页面之间的跳转。通过此任务，将学习如何在Android应用中管理不同的Activity（活动），以及如何使用Intent（意图）来启动和关闭它们。

页面跳转包含两种：直接跳转和携带数据跳转。本任务重点围绕页面直接跳转实现，而Activity携带数据跳转放在后面的任务中重点讲解。

实践任务导引：

（1）Activity概述。

（2）Activity的生命周期。

（3）Activity的创建。

（4）Activity间的跳转。

知识储备

视频

Activity概述

Activity是Android应用的基础组成部分，如果把一个Android应用看成是一个网站的话，那么一个Activity就相当于该网站的一个具体网页。Android应用开发的一个重要组成部分就是开发Activity，下面将由浅入深详细地讲解Activity的创建、配置、启动、传值以及生命周期等相关知识。

1. Activity概述

Activity是Android的一种应用程序组件，该组件为用户提供了一个屏幕，用户在这个屏幕上进行操作即可完成指定的功能，例如打电话、拍照、发送邮件或查看地图等。每个Activity都有一个用于显示用户界面的窗口。该窗口通常会充满整个屏幕，但有可能比这个屏幕更小或者是漂浮在其他窗口之上。Activity类包含一个setTheme()方法来设置其窗口的主题风格，例如，我们希望窗口不显示标题、以对话框形式显示窗口，都可以通过该方法来实现。

一个应用程序通常是由多个彼此之间松耦合的Activity组成。通常，在一个应用程序中，有一个Activity被指定为主Activity。当应用程序第一次启动的时候，系统会自动运行主Activity，前面的所有例子都只有一个Activity，并且该Activity为主Activity。在Activity中可以启动新的Activity用于执行不同的功能。当一个新的Activity启动后，先前的那个Activity就会停止，但是系统会在堆栈中保存该Activity。新的Activity启动后，将会被压入栈顶，并获得用户焦点。堆栈遵循后进先出的原则。因此，当用户使用完当前的Activity并按Back键时，该Activity将从堆栈中取出并销毁，然后先前的那个Activity将恢复并获取焦点。

当一个Activity因为新的Activity的启动而停止时，系统将会调用Activity的生命周期的回调方法来通知这一状态的改变。Activity类中定义了一系列的回调方法，会根据Activity的状态自动调用，例如创建、停止、回复、销毁等。默认情况下，重写每个回调方法内部是没有任何逻辑代码的，Activity只是告诉开发者在哪个阶段或哪个状态下会调用哪个方法，开发者可以根据自己的用户需求在对应的地方编写相应的业务处理代码。另外，可以将App先放到后台中，当再次打开App回到该界面时，为了保障数据的时效性，需要重新请求和加载数据，这时候就可以在对应的回调方法中编写网络请求和界面数据更新的相关逻辑业务代码。

2. Activity的生命周期

视 频

Activity的生命周期

当一个Activity因为新的Activity的启动而停止时，系统将会调用Activity的生命周期的回调方法来通知这一状态的改变。Activity类中定义了一些回调方法，对于具体Activity对象而言，这些回调方法是否会被调用，主要取决于具体状态的改变——系统是创建、停止、恢复还是销毁该对象。每个回调方法都提供了一个执行适合于该状态变化的具体工作的机会。例如：当Activity停止时，Activity对象应该释放一些比较大的对象，如网络或数据库的连接等；当恢复时，可以获取一些必要的资源以及恢复被中断的操作。所有这些状态的转换就形成了Activity的生命周期。

在一个Activity的生命周期中，表4-1所示为四个重要状态。

表 4-1 Activity 的四个重要状态

状 态	描 述
运行状态	当前的Activity，位于Activity栈顶，用户可见，并且可以获得焦点
暂停状态	失去焦点的Activity，仍然可见，但是在内存低的情况下，不能被系统killed（杀死）
停止状态	该Activity被其他Activity所覆盖，不可见，但是它仍然保存所有的状态和信息。当内存低的情况下，它将会被系统killed（杀死）
销毁状态	该Activity结束，或Activity所在的虚拟器进程结束

在了解了Activity的四个重要状态之后，再来看图4-1（参照Android官方文档），该图显示了一个Activity的各种重要状态，以及相关的回调方法。

在图4-1中，矩形方块表示的内容为可以被回调的方法，而有底色的椭圆形则表示Activity的重要状态。从该图可以看出，在一个Activity的生命周期中有一些方法会被系统回调，这些方法的名称及其描述见表4-2。

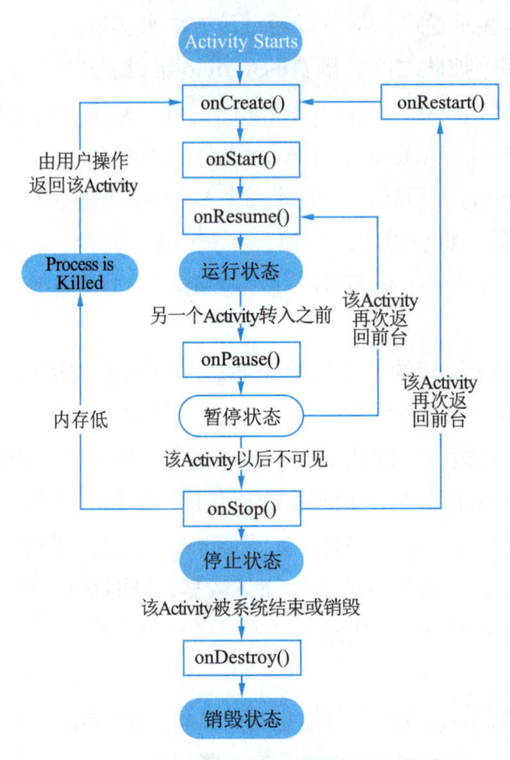

图 4-1　Activity 的生命周期及回调方法

表 4-2　Activity 生命周期中的回调方法

方 法 名	描　述
onCreate()	在创建 Activity 时被回调。该方法是最常见的方法，在 Android Studio 中创建 Android 项目时，会自动创建一个 Activity，在该 Activity 中，默认重写了 onCreate(Bundle savedInstanceState) 方法，用于对该 Activity 执行初始化
onStart()	启动 Activity 时被回调，也就是当一个 Activity 变为可见时被回调
onResume()	当 Activity 由暂停状态恢复为活动状态时调用。调用该方法后，该 Activity 位于 Activity 栈的栈顶。该方法总是在 onPause() 方法以后执行
onPause()	暂停 Activity 时被回调。该方法需要被非常快速的执行，因为直到该方法执行完毕后，下一个 Activity 才能被恢复。在该方法中，通常用于持久保存数据。例如，当我们正在玩游戏时，突然来了一个电话，这时就可以在该方法中将游戏状态持久保存起来
onRestart()	重新启动 Activity 时被回调，该方法总是在 onStart() 方法以后执行
onStop()	停止 Activity 时被回调
onDestroy	销毁 Activity 时被回调

在Activity中，可以根据程序的需要来重写相应的方法。其中，onCreate()和onPause()方法是最常用的，经常需要重写这两个方法。

3. Activity的创建

视频

Activity的创建

在Android中，Activity提供了与用户交互的可视化界面。在使用Activity时，需要先对其进行创建和配置，然后才可以启动或关闭Activity。下面将详细介绍创建、配置、启动和关闭Activity的方法。

使用Android Studio可以很方便的直接就创建一个已经配置的Activity，具体步骤如下：

第一，在Module的包名（如com.example.demo0401）节点上右击，在弹出的快捷菜单中选择New→Activity→Empty Views Activity菜单项，如图4-2所示。

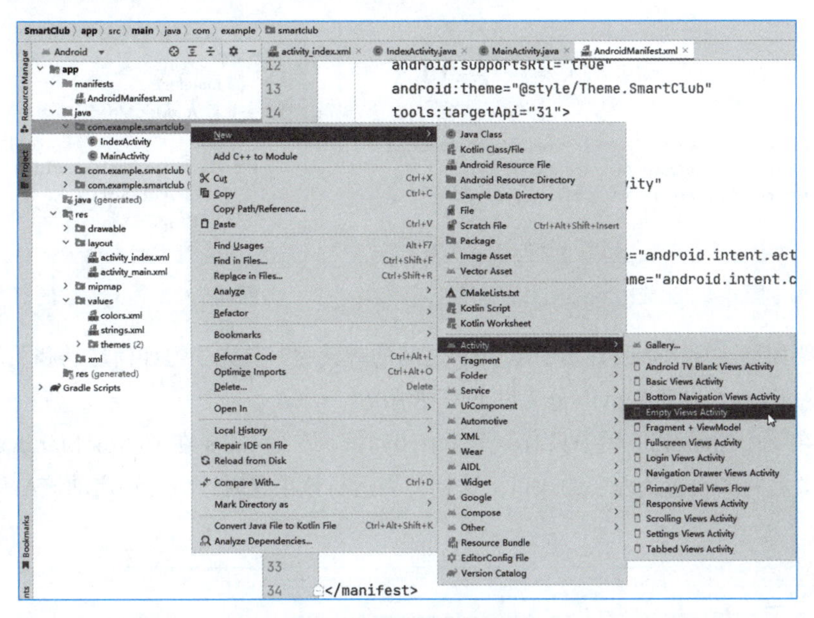

图 4-2　新建 Empty Views Activity

第二，在弹出的对话框中修改Activity的名称，如图4-3所示。

New Android Activity

Empty Views Activity

Creates a new empty activity

Activity Name

NewActivity

Generate a Layout File

Layout Name

activity_new

Launcher Activity

Package name

com.example.smartclub

Source Language

Java

Previous　Next　Cancel　Finish

图 4-3　修改创建的 Activity 名称

视 频

Activity间的跳转

第三，单击“Finish”按钮即可创建一个空的Activity，然后就可以在该类中重写需要的回调方法了，如图4-4所示。

4. Activity间的跳转

经过前面的操作后，会发现工程节点有两个或者以上的Activity了，如图4-5所示。

```
package com.example.smartclub;

import ...

2 usages
public class NewActivity extends AppCompatActivity {

    @Override
    protected void onCreate(Bundle savedInstanceState) {
        super.onCreate(savedInstanceState);
        setContentView(R.layout.activity_new);
    }
}
```

图 4-4 生成的 onCreate() 方法

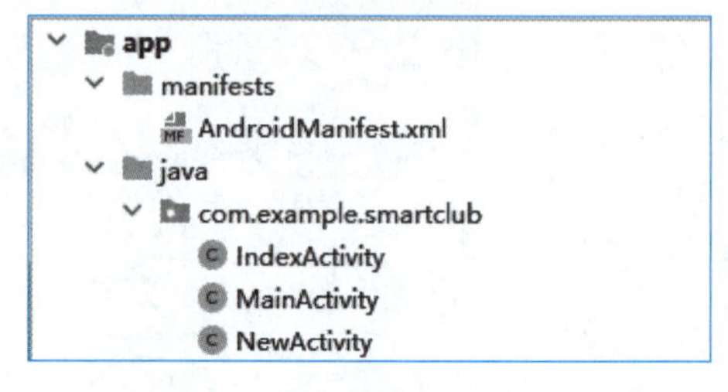

图 4-5 工程文件中的多个 Activity

那么，需要如何实现两个或者多个Activity之间的跳转呢？首先学习如何启动和关闭Activity。

（1）启动Activity。启动Activity分为以下两种情况：

第一种，在一个Android应用中只有一个Activity时，那么只需要在AndroidManifestxml文件中对其进行配置，并且将其设置为程序的入口。这样，当运行该项目时，将自动启动该Activity，如图4-6所示。

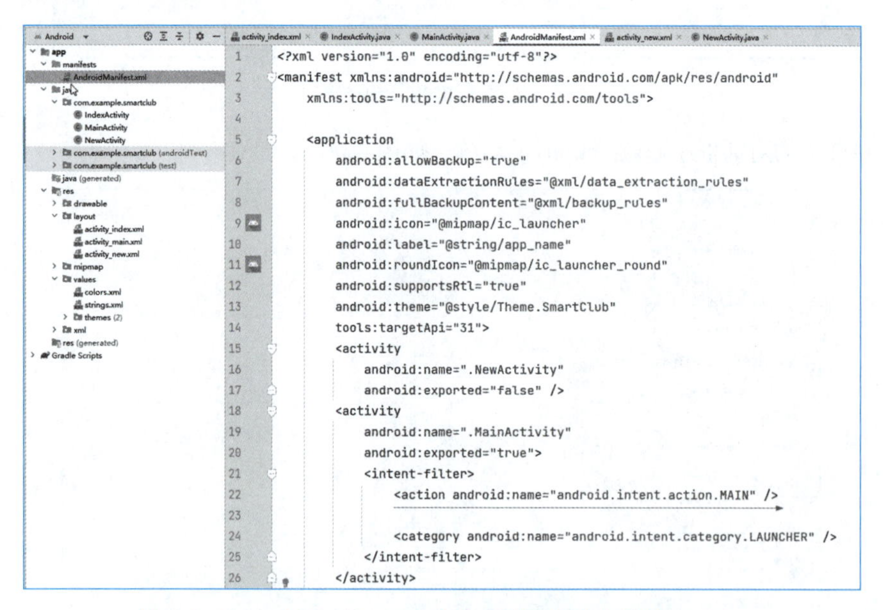

图 4-6 AndroidManifestxml 文件中配置自动启动的 Activity

第二种，在一个Android应用中存在多个Activity时，需要应用startActivity()方法来启动需要的Activity。startActivity()方法的语法格式如下：

```
public void startActivity(Intent intent)
```

该方法没有返回值，只有一个Intent类型的入口参数，Intent是Android应用里各组件之间的通信方式，一个Activity通过Intent来表达自己的“意图”。在创建Intent对象时，需要指定想要被启动的Activity。

例如，要启动一个名称为“MyActivity”的Activity，可以使用下面的代码：

```
Intent intent=new Intent(MainActivity.this,MyActivity.class);
startActivity(intent);
```

（2）关闭Activity。在Android中，如果想要关闭当前的Activity，可以使用Activity类提供的finish()方法。finish()方法的语法格式如下：

```
public void finish()
```

该方法的使用比较简单，既没有入口参数，也没有返回值，只需要在Activity中相应的事件中调用该方法即可。例如，想要在单击按钮时关闭该Activity，可以使用下面的代码：

```
Button button1=(Button)findViewById(R.id.button1);
        button1.setOnClickListener(new View.OnClickListener() {
            @Override
            public void onClick(View view) {
                finish();
            }
        });
```

说明： 如果当前的Activity不是主活动，那么在执行finish()方法后，将返回到调用它的那个Activity；否则，将返回到主屏幕中。

任务实施

根据本任务知识储备可以实现从注册页面跳转到登录页面。本项目需要登录和注册Activity页面和两个Activity对应的布局。然后需要对登录页面的“立即注册”进行监听，实现页面跳转，整体的项目结构如图4-7所示。

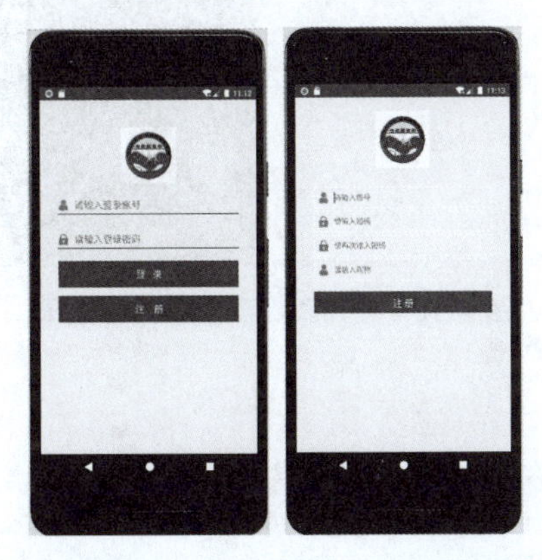

图 4-7 登录页面点击“注册”按钮跳转到注册页面

步骤一：打开名为“Smart Club”的Android Studio项目，根据新建一个空白Activity的步骤，完成名称为“RegisterActivity”的Empty Views Activity的创建，如图4-8所示。

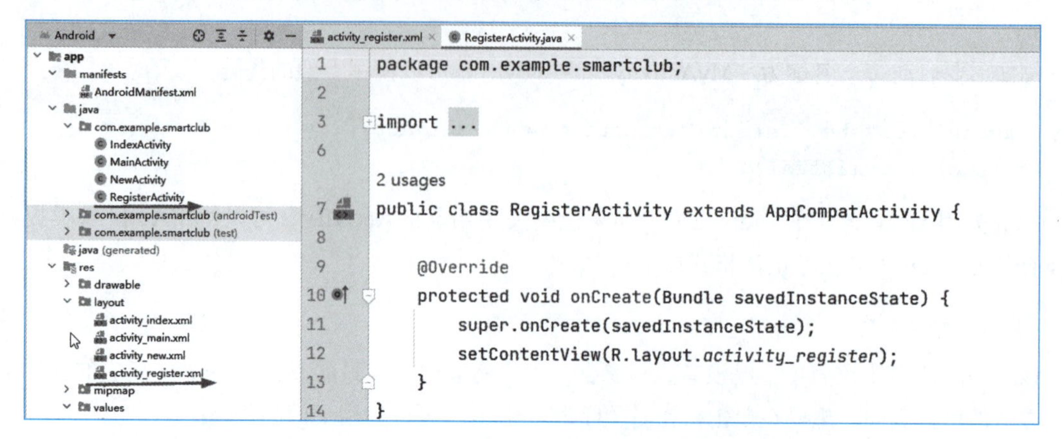

图 4-8　新建名为 RegisterActivity 的注册页 Activity

步骤二：将准备好的UI素材图片复制粘贴到res/drawable目录中，如图4-9所示。

图 4-9　注册页 UI 素材图片

步骤三：打开activity_register.xml文件，设计图4-10所示的效果。

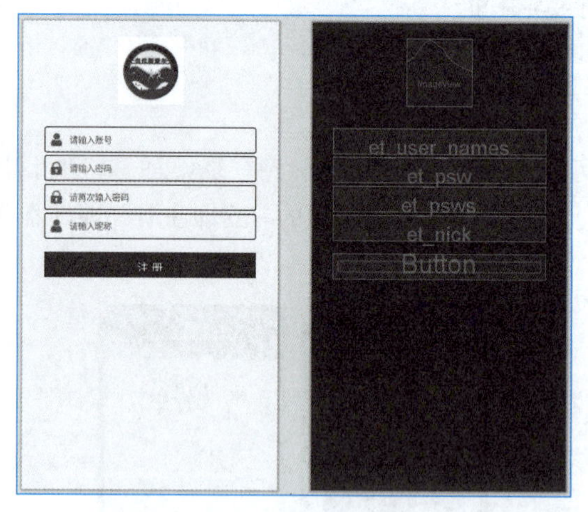

图 4-10　注册页布局文件设计效果

程序清单如下：

```
<?xml version="1.0" encoding="utf-8"?>
<LinearLayout xmlns:android="http://schemas.android.com/apk/res/android"
    xmlns:tools="http://schemas.android.com/tools"
```

```
android:layout_width="match_parent"
android:layout_height="match_parent"
android:orientation="vertical"
tools:context=".RegisterActivity">

<ImageView
    android:layout_width="105dp"
    android:layout_height="105dp"
    android:layout_gravity="center_horizontal"
    android:layout_marginTop="25dp"
    android:src="@drawable/logo" />
<EditText
    android:id="@+id/et_user_names"
    android:layout_width="fill_parent"
    android:layout_height="40dp"
    android:layout_gravity="center_horizontal"
    android:layout_marginLeft="35dp"
    android:layout_marginRight="35dp"
    android:layout_marginTop="35dp"
    android:background="@drawable/textview_borders"
    android:drawableLeft="@drawable/user_name_icon"
    android:drawablePadding="10dp"
    android:gravity="center_vertical"
    android:hint="请输入账号"
    android:paddingLeft="8dp"
    android:singleLine="true"
    android:textColor="#000000"
    android:textColorHint="#a3a3a3"
    android:textSize="14sp" />
<EditText
    android:id="@+id/et_psw"
    android:layout_width="fill_parent"
    android:layout_height="40dp"
    android:layout_gravity="center_horizontal"
    android:layout_marginLeft="35dp"
    android:layout_marginRight="35dp"
    android:layout_marginTop="5dp"
    android:background="@drawable/textview_borders"
    android:drawableLeft="@drawable/psw_icon"
    android:drawablePadding="10dp"
    android:inputType="textPassword"
    android:hint="请输入密码"
    android:paddingLeft="8dp"
```

```
        android:singleLine="true"
        android:textColor="#000000"
        android:textColorHint="#a3a3a3"
        android:textSize="14sp" />
    <EditText
        android:id="@+id/et_psws"
        android:layout_width="fill_parent"
        android:layout_height="40dp"
        android:layout_gravity="center_horizontal"
        android:layout_marginLeft="35dp"
        android:layout_marginRight="35dp"
        android:layout_marginTop="5dp"
        android:background="@drawable/textview_borders"
        android:drawableLeft="@drawable/psw_icon"
        android:drawablePadding="10dp"
        android:hint="请再次输入密码"
        android:inputType="textPassword"
        android:paddingLeft="8dp"
        android:singleLine="true"
        android:textColor="#000000"
        android:textColorHint="#a3a3a3"
        android:textSize="14sp" />
    <EditText
        android:id="@+id/et_nick"
        android:layout_width="fill_parent"
        android:layout_height="40dp"
        android:layout_gravity="center_horizontal"
        android:layout_marginLeft="35dp"
        android:layout_marginRight="35dp"
        android:layout_marginTop="5dp"
        android:background="@drawable/textview_borders"
        android:drawableLeft="@drawable/user_name_icon"
        android:drawablePadding="10dp"
        android:hint="请输入昵称"
        android:paddingLeft="8dp"
        android:singleLine="true"
        android:textColor="#000000"
        android:textColorHint="#a3a3a3"
        android:textSize="14sp" />
    <Button
        android:id="@+id/btn_register"
        android:layout_width="fill_parent"
        android:layout_height="40dp"
```

```
        android:layout_gravity="center_horizontal"
        android:layout_marginLeft="35dp"
        android:layout_marginTop="20dp"
        android:layout_marginRight="35dp"
        android:background="#FF1C33"
        android:text="注 册"
        android:textColor="@android:color/white"
        android:textSize="18sp" />
</LinearLayout>
```

步骤四：打开activity_main.xml文件，修改该登录布局文件的设计效果，增加注册跳转按钮，如图4-11所示。

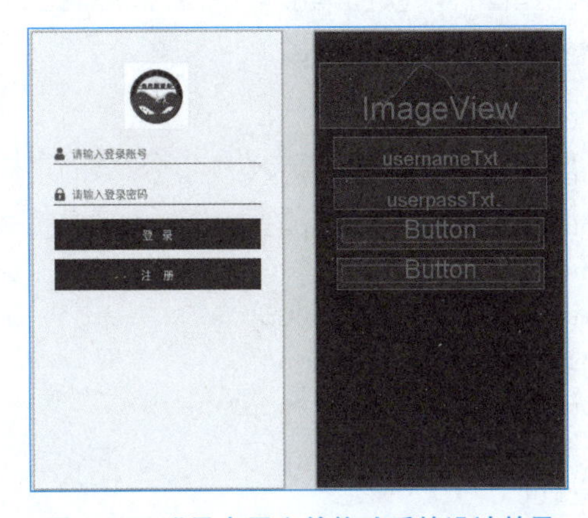

图 4-11 登录布局文件修改后的设计效果

程序清单如下：

```
<?xml version="1.0" encoding="utf-8"?>
<LinearLayout xmlns:android="http://schemas.android.com/apk/res/android"
    xmlns:app="http://schemas.android.com/apk/res-auto"
    xmlns:tools="http://schemas.android.com/tools"
    android:layout_width="match_parent"
    android:layout_height="match_parent"
    android:orientation="vertical"
    tools:context=".MainActivity">
    <ImageView
        android:id="@+id/logoView"
        android:layout_width="match_parent"
        android:layout_height="105dp"
        android:layout_marginLeft="8dp"
        android:layout_marginTop="50dp"
        android:layout_marginRight="8dp"
        android:layout_weight="0"
        app:srcCompat="@drawable/logo" />
```

```
<EditText
    android:id="@+id/usernameTxt"
    android:layout_width="match_parent"
    android:layout_height="50dp"
    android:layout_marginLeft="30dp"
    android:layout_marginTop="15dp"
    android:layout_marginRight="30dp"
    android:layout_weight="0"
    android:ems="10"
    android:inputType="text"
    android:text=""
    android:drawableLeft="@drawable/user_name_icon"
    android:drawablePadding="10dp"
    android:hint="请输入登录账号"/>
<EditText
    android:id="@+id/userpassTxt"
    android:layout_width="match_parent"
    android:layout_height="50dp"
    android:layout_marginLeft="30dp"
    android:layout_marginTop="15dp"
    android:layout_marginRight="30dp"
    android:layout_weight="0"
    android:ems="10"
    android:inputType="textPassword"
    android:drawableLeft="@drawable/psw_icon"
    android:drawablePadding="10dp"
    android:hint="请输入登录密码"/>
<Button
    android:id="@+id/button"
    android:layout_width="match_parent"
    android:layout_height="50dp"
    android:layout_gravity="center"
    android:layout_marginLeft="35dp"
    android:layout_marginTop="15dp"
    android:layout_marginRight="35dp"
    android:layout_weight="0"
    android:background="#FF1C33"
    android:text="登   录"
    android:textSize="18sp" />
<Button
    android:id="@+id/regbutton"
    android:layout_width="match_parent"
    android:layout_height="50dp"
```

```
        android:layout_gravity="center"
        android:layout_marginLeft="35dp"
        android:layout_marginTop="15dp"
        android:layout_marginRight="35dp"
        android:layout_weight="0"
        android:background="#FF1C33"
        android:text="注    册"
        android:textSize="18sp" />
</LinearLayout>
```

步骤五：打开activity_main.xml文件，切换为Design模式，选中“注册”按钮，选择onClick事件，为该按钮添加监听事件，如图4-12所示。

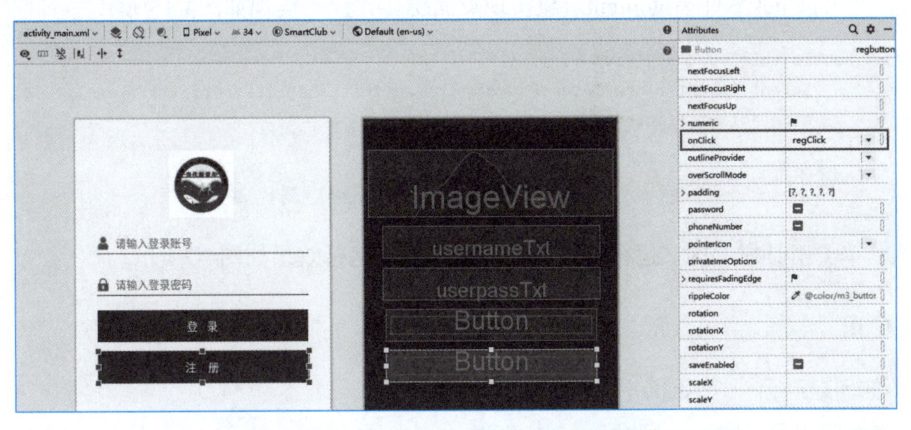

图 4-12　为“注册”按钮添加监听事件

步骤六：打开activity_main.xml文件，切换为Code模式，找到注册按钮的android:onClick="regClick"位置，将鼠标指针移到regClick位置，停留一下，软件会给出在登录Activity中创建该监听事件的提示，如图4-13所示。

```
<Button
    android:id="@+id/regbutton"
    android:layout_width="match_parent"
    android:layout_height="50dp"
    android:layout_gravity="center"
    android:layout_marginLeft="35dp"
    android:layout_marginTop="15dp"
    android:layout_marginRight="35dp"
    android:layout_weight="0"
    android:background="#FF1C33"
    android:onClick="regClick"
    android:text="注    册"    Method 'regClick' is missing in 'MainActivity' or has incorrect signature
    android:textSize="18sp"   Create 'regClick(View)' in 'MainActivity'  Alt+Shift+Enter   More actions...  Alt+Enter
```

图 4-13　系统提示在登录 Activity 中创建监听事件

单击“Create 'regClick(View)' in 'MainActivity'”链接，即可在登录Activity中创建该监听事件，代码如图4-14所示。

```
public class MainActivity extends AppCompatActivity {

    @Override
    protected void onCreate(Bundle savedInstanceState) {
        super.onCreate(savedInstanceState);
        setContentView(R.layout.activity_main);
    }

    1 usage
    public void regClick(View view) {
    }
}
```

图 4-14　系统自动创建的注册按钮监听事件代码

步骤七：在regClick事件借助Intent对象实现页面跳转，代码实现如图4-15所示。

```
public void regClick(View view) {
    Intent intent = new Intent( packageContext: this, RegisterActivity.class);
    startActivity(intent);
}
```

图 4-15　借助 Intent 对象实现页面跳转代码

步骤八：单击工具栏上的“运行”按钮，运行程序，运行效果如图4-7所示。

扩展知识

视 频

如何启动另一个Activity?

如何启动另一个Activity?

1. 利用显式Intent启动另一个Activity

通过调用Context.startActivity()或Context.startActivityForResult()方法都可以向系统传递Intent，启动一个新的Activity。二者的区别是，startActivityForResult()方法可以接收目标Activity返回的数据。这种方式在上述任务中已经使用了，大家可以详细参体会。

2. 利用隐式Intent启动另一个组件

有时需要将想启动的组件描述信息放置到Intent里面，而不明确指定需要打开哪个组件。如一个第三方的组件，它只需要描述自己在什么情况下被执行，如果用户启动组件的描述信息正好和这个组件的IntentFilter描述信息相匹配，那么这个组件就被启动了。此时一般会用Uri对象来描述数据。

例如下面的示例就演示了如何通过Intent来打开指定的网页。系统会自动寻找一个适合接收这个Intent的应用程序，并启动它。相关代码如下：

```
public void regClick(View view) {
    Uri uri = Uri.parse("https://m.baidu.com"); // 定义Uri对象
    Intent intent = new Intent(Intent.ACTION_VIEW,uri); // 定义隐式Intent
                                          // 第1个参数是Action，第2个参数是Data
    startActivity(intent);  // 启动与Intent匹配的Activity
}
```

如果有多个程序的IntentFilter信息与Intent描述的信息匹配，Android系统会弹出选择对话框由用户选择打开的应用程序。

任务小结

通过本任务的开展，可以使读者理解Activity的功能与作用，它是Android应用的基本组件，代表用户可交互的界面。应用通常包含多个Activity，每个Activity都有一个用于显示内容的默认窗口，并能与其他组件交互。Activity的生命周期涵盖创建到销毁的整个过程，包括创建、启动、恢复、暂停、停止和销毁等状态，以及相应的回调方法。Activity的创建在AndroidManifest.xml中声明或通过Intent启动，开发者需在onCreate方法中进行初始化。Activity间的跳转通过Intent实现，包括显式跳转（指定目标Activity类名）和隐式跳转（通过Action、Category等信息匹配Activity）。

任务二 水滴石穿——将注册信息传递到登录页面

任务描述

在App开发过程中，用户注册和登录是两个基本的流程。注册页面用于收集用户的基本信息，如用户名、密码、邮箱等，而登录页面则用于验证用户身份，允许其进入App的特定区域或功能。为了实现这两个流程的无缝衔接，我们需要确保注册页面收集的信息能够准确地传递到登录页面，并用于后续的登录验证。本任务将重点围绕Activity携带数据跳转进行重点讲解。

实践任务导引：

（1）Intent构成。

（2）Intent实现Activity数据传递。

知识储备

“Intent”中文翻译为“意图”，是对一次即将运行的操作的抽象描述，包括操作的动作、动作涉及数据、附加数据等，Android系统则根据Intent的描述负责找到对应的组件，并将Intent传递给调用的组件，完成组件的调用。因此，Intent在这里起着媒体中介的作用，专门提供组件互相调用的相关信息，实现调用者与被调用者之间的解耦。

例如，我们想通过联系人列表查看某个联系人的详细信息，单击某个联系人后，希望能够弹出此联系人的详细信息。为了实现这个目的，联系人Activity需要构造一个Intent，这个Intent用于告诉系统，我们要做“查看”动作，此动作对应的查看对象是“具体的某个联系人”，然后调用startActivity(Intent intent)将构造的Intent传入，系统会根据此Intent中的描述，到AndroidManifest.xml中找到满足此Intent要求的Activity，最终传入Intent，对应的Activity则会根据此Intent中的描述执行相应的操作。

Intent实际上就是一系列信息的集合，既包含对接收该Intent的组件有用的信息，如即将执行的动作和数据，也包括对Android系统有用的信息，如处理该Intent组件的类型以及如何启动一个目标Activity。

视频

Intent构成

1. Intent构成

Intent封装了要执行的操作的各种信息，那么，Intent是如何保存这些信息的呢?事实上，

Intent对象中包含多个属性，每个属性就代表了该信息的某个特征，对于某一个具体的Intent对象而言，各个属性值都是确定的，Android应用就是根据这些属性值去查找符合要求的组件，从而启动合适的组件执行该操作。下面就来详细学习Intent中的各种属性及其作用和典型用法。

1）Component属性

Component属性用于指定Intent的目标组件，其值是一个ComponentName对象，一般由相应组件的包名与类名组合而成。通常系统会根据Intent中包含的其他属性信息，如Action、Data、Type、Category等过滤条件进行查找，最终找到一个与之匹配的目标组件。但是如果Component这个属性有指定值，则将直接使用它指定的组件，而不再执行上述查找过程。调用Intent对象的getComponent()方法，可以获取目标组件名称，调用setComponent()、setClass()、setClassName()或Intent构造方法都可以设置组件目标名称。

2）Action属性

Action属性用来指明要实施的动作是什么，其属性值是Intent即将触发动作名称的字符串。在实际应用中通常使用SDK中预定义的一些标准动作，这些动作由Intent类中定义的常量字符串描述，如Intent.ACTION_MAIN，其对应的字符串为android.intent.action.MAIN。程序开发者也可以根据需要自定义一个字符串来设置Intent对象的Action的值，如edu.hebust.zxm.intent.ACTION_EDIT。自定义的Action值一般会用软件包名称作为前缀，最好能表明其意义以方便使用。调用Intent对象的getAction()方法，可以获取动作字符串；调用setAction()方法，可以设置动作。Action属性值会在很大程度上决定其余Intent属性，特别是Data和Extra中包含的内容。

3）Data属性

Data属性一般是用Uri对象的形式来表示的。Data主要完成对Intent消息中数据的封装，描述Intent动作所操作数据的URI及MIME类型。不同类型的Action会有不同的Data封装，如拨打电话的动作数据会封装成“tel://”格式的URI，而ACTION_VIEW的动作数据则会封装成“http://”格式的URI。正确的Data封装对Intent请求的匹配很重要，Android系统会根据Data的URI和MIME找到能处理该Intent的最佳目标组件。

4）Type属性

Type属性用于显式指定Data属性值的MIME类型。一般Data属性值的数据类型能够根据数据本身进行判定，但是通过设置这个属性，可以强制采用显式指定的类型而不再进行隐式判定，有助于Android系统找到接收Intent的最佳组件。需要注意的是，如果仅设置数据URI，可以调用setData()方法；如果仅设置MIME类型，可以调用setType()方法。但是，如果要同时设置URI和MIME类型，则不能分别调用setData()和setType()方法，因为它们会互相覆盖彼此的值。正确的方法是调用setDataAndType()方法同时设置URI和MIME类型。

5）Category属性

Category属性用于描述目标组件的类别信息，是一个字符串对象。它用于指定将要执行的这个动作的其他一些额外的信息。例如，LAUNCHER_CATEGORY表示Intent的接收者应该在Launcher中作为顶级应用出现，而ALTERNATIVE_CATEGORY表示当前的Intent是一系列的可选动作中的一个，这些动作可以在同一数据上执行。一个Intent中可以包含多个Category描述。Android系统同样定义了一组静态字符串常量来表示Intent的不同类别。如果没有设置Category属性值，Intent与在IntentFilter

中包含android.category.DEFAULT的Activity匹配。调用Intent对象的addCategory()方法可以添加一个Category，调用removeCategory()方法可以删除一个Category，调用getCategories()方法可以得到当前Intent对象上的所有Category属性值。

6）Extra属性

Extra属性是其他所有附加信息的集合。使用Extra可以为组件提供扩展信息，例如，如果要执行发送电子邮件这个动作，可以将电子邮件的标题、正文等保存在Extra属性里，传给电子邮件发送组件。Extra属性值以键-值对形式保存。

Intent通过调用putExtra()方法来添加一个新的键–值对，或调用putExtras()方法添加一个包含所有Extra数据的Bundle对象。而在目标Activity中调用getXxxExtra()或getExtras()方法来获取Extra属性中的键-值对或Bundle对象。在Android系统的Intent类中，对一些常用的Extra键进行了预定义，如EXTRA_EMAIL表示装有邮件发送地址的字符串数组，EXTRA_BCC表示装有邮件密送地址的字符串数组。

利用Intent对象的Extra属性，可以在组件之间传递一些参数或数据，具体用法见后面内容。

7）Flag属性

Flag属性用于指示Android系统如何启动Activity，以及启动之后如何处理，即Activity的启动模式，如新建Activity时的实例创建方式、Activity在任务栈中的顺序等。

从上述这些属性值及其作用可以看出，Intent就是一个动作的完整描述，包含了动作的产生组件、接收组件、特征和传递的消息数据。当一个Intent到达目标组件后，目标组件会执行相关动作。

2. Intent实现Activity数据传递

Activity间数据传递的方法——采用Intent对象。

视 频

Intent实现Activity数据传递

前面学习了Activity的生命周期、Activity间的跳转，实际应用中，仅有跳转还是不够的，往往还需要进行通信，即数据的传递。在Android中，主要是通过Intent对象来完成这一功能的，Intent对象就是它们之间的信使。

数据传递方向有两个：一个是从当前Activity传递到新启动的Activity，另一个是重新启动的Activity返回结果到当前Activity。下面详细讲解这两种情景下数据的传递。

在介绍Activity启动方式时，我们知道Activity提供了一个startActivityForResult(Intent intent,int requestCode)方法来启动其他Activity，该方法可以将新启动的Activity中的结果返回给当前Activity。如果要使用该方法，还必须做以下操作：

（1）在当前Activity中重写onActivityResult(int requestCode,int resultCode,Intentintent)方法，其中，requestCode代表请求码，resultCode代表返回的结果码。

（2）在启动的Activity执行结束前，调用该Activity的setResult(int resultCode,Intentintent)方法，将需要返回的结果写到Intent中。

整个执行过程为：当前Activity调用startActivityForResult(Intent intent,intrequestCode)方法启动一个符合Intent要求的Activity之后，执行它相应的方法，并将执行结果通过setResult(int resultCode,Intent intent)方法写入Intent，当该Activity执行结束后，会调用原来Activity的onActivityResult(int requestCode,int resultCode,Intentintent)，判断请求码和结果码是否符合要求，从而获取Intent里的数据。

请求码和结果码的作用：因为在一个Activity中可能存在多个控件，每个控件都有可能添加相应的事件处理，调用startActivityForResult()方法，从而就有可能打开多个不同的Activity处理不同的业务。但这些Activity关闭后，都会调用原来Activity的onActivityResult(int requestCode,int resultCode,Intent intent)方法。通过请求码，就知道该方法是由哪个控件所触发的，通过结果码，就知道返回的数据来自于哪个Activity。

Intent保存数据的方法：从当前Activity传递数据到新启动的Activity相对来说比较简单，只需要将需要传递的数据存到Intent即可。上面两种传值方式，都需要将数据存入Intent，那么 Intent是如何保存数据的呢?Intent提供了多个重载的方法来存放额外的数据，主要格式如下：

putExtras(String name,Xxx data):其中，Xxx表示数据类型，向Intent中放入Xxx类型的数据，例如int、long、String等。

此外还提供了一个putExtras(Bundle data)方法，该方法可用于存放一个数据包，Bundle类似于Java中的Map对象，存放的是键-值对的集合，可把多个相关数据放入同一个Bundle中，Bundle提供了一系列存入数据的方法，方法格式为putXxx(String key,Xxxdata)，向Bundle中放入int、long、String等各种类型的数据。为了取出Bundle数据携带包中的数据，Bundle还提供了相应的getXxx(String key)方法，从Bundle中取出各种类型的数据。

任务实施

根据知识储备借助Intent实现Activity的页面跳转和数据传递，在“当代新青年”项目中有多个页面需要相互之间传递数据，例如在注册会员信息后返回注册信息到个人中心页面进行显示操作。在整体项目中，会员注册后的数据从服务器中获取，因从服务器获取数据是后面项目内容，在本任务中数据采用用户输入在注册Activity中的内容，然后借助Intent跳转传递到个人中心页面进行操作，效果如图4-16所示。

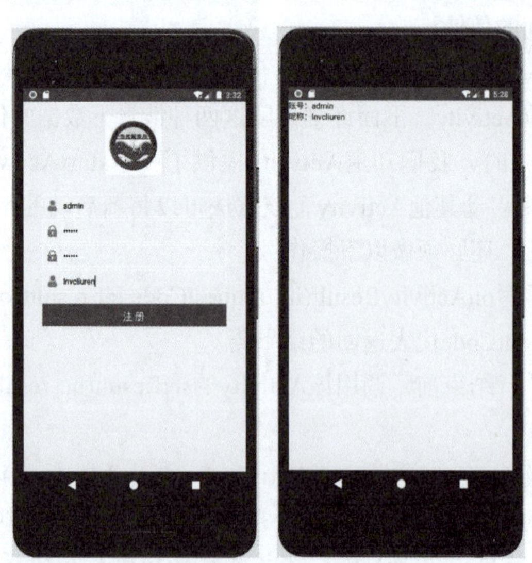

图 4-16 Intent 跳转传递到个人中心页面效果

步骤一：打开RegisterActivity.java文件，在类RegisterActivity中增加全局变量，用于注册控件使用，代码如下所示：

```
private EditText et_user_names;                // 账号
private EditText et_psw;                       // 密码
private EditText et_psws;                      // 确认密码
private EditText et_nick;                      // 昵称
private Button btn_register;
```

步骤二：在onCreate()方法中注册控件，代码如下所示：

```
// 注册控件
et_user_names=(EditText)findViewById(R.id.et_user_names);
et_psw=(EditText)findViewById(R.id.et_psw);
et_psws=(EditText)findViewById(R.id.et_psws);
et_nick=(EditText)findViewById(R.id.et_nick);
btn_register=(Button)findViewById(R.id.btn_register);
```

步骤三：在onCreate()方法中给按钮增加监听事件，代码如下所示：

```
btn_register.setOnClickListener(new View.OnClickListener() {
    @Override
    public void onClick(View view) {

    }
});
```

步骤四：在按钮的监听事件中实现信息传递的关键代码，程序设计如下所示:

```
public void onClick(View view) {
    // 创建一个新的意图
    Intent intent=new Intent(RegisterActivity.this,UserinfoActivity.class);
    Bundle bundle=new Bundle();                // 创建一个新包裹
    //包裹中存入账号信息
    bundle.putString("username",et_user_names.getText().toString());
    //包裹中存入昵称信息
    bundle.putString("usernick",et_nick.getText().toString());
    intent.putExtras(bundle);                  // 把快递包裹塞给意图
    startActivity(intent);                     // 启动意图所向往的活动页面
}
```

步骤五：新建名为UserinfoActivity的Empty Views Activity，并将activity_userinfo.xml的布局设计如下（此处设计仅简单显示用户昵称及个人账号信息）:

```
<?xml version="1.0" encoding="utf-8"?>
<LinearLayout
xmlns:android="http://schemas.android.com/apk/res/android"
    xmlns:app="http://schemas.android.com/apk/res-auto"
```

```
    xmlns:tools="http://schemas.android.com/tools"
    android:layout_width="match_parent"
    android:layout_height="match_parent"
    android:orientation="vertical"
    tools:context=".UserinfoActivity">

<TextView
        android:id="@+id/usernametextView"
        android:layout_width="match_parent"
        android:layout_height="wrap_content" />

<TextView
        android:id="@+id/usernicktextView"
        android:layout_width="match_parent"
        android:layout_height="wrap_content" />
</LinearLayout>
```

步骤六：打开UserinfoActivity.java文件，在onCreate()方法中添加如下关键代码，实现在个人中心页面中显示用户账号和昵称信息：

```
protected void onCreate(Bundle savedInstanceState) {
    super.onCreate(savedInstanceState);
    setContentView(R.layout.activity_userinfo);
    TextView usernameText=findViewById(R.id.usernametextView);
    TextView usernickText=findViewById(R.id.usernicktextView);
    Intent intent=getIntent();                 // 获取前一个页面传来的意图
    Bundle bundle=intent.getExtras();          // 卸下意图里的快递包裹
    String username=bundle.getString("username"); // 从包裹中取出账号
    String usernick=bundle.getString("usernick"); // 从包裹中取出昵称
    usernameText.setText("账号："+username);
    usernickText.setText("昵称："+usernick);
}
```

步骤七：单击工具栏上的“运行”按钮，运行程序，点击登录页面中的“注册”按钮，进入注册页面后，输入相应的账号和昵称等信息后，点击该页面中的“注册”按钮，即可实现任务目标，运行效果如图4-16所示。

视 频

Bundle对象

扩展知识

Bundle对象

使用Bundle对象也可以实现数据的传递。Bundle类在android.os包中，其对象常用于携带数据。它也采用键-值对的形式保存数据，虽然其值的类型有一定限制，但常用的String、int等数据类型都支持。

Bundle类提供了putXxx()和getXxx()方法，putXxx()方法用于向Bundle对象中放入数据，而getXxx()方法用于从Bundle对象里获取数据。在日常编程中，常用到的方法主要有putString()/getString()和putInt()/getInt()。除此之外，clear()方法用于清除bundle中所有保存的数据，remove()方法用于移除指定键的数据。

使用Intent类的putExtras()方法可以将Bundle对象加入Intent对象中。这样，Intent就可以利用Bundle对象实现在Activity之间传递数据。

任务小结

通过本任务的开展，可以使读者了解Activity的生命周期和使用场景，完成在不同Activity间的数据传递，理解Intent的功能与作用。

（1）Intent构成：Intent是Android组件交互机制，包含Action和Data等信息。

（2）Intent实现Activity数据传递：Activity间通过Intent传递数据，使用putExtra添加数据、getIntent获取数据。

任务三　拨开云雾——合适的底部导航

任务描述

在移动应用开发过程中，底部导航栏（bottom navigation bar）是提升用户体验和增强应用功能性的关键元素之一。底部导航栏通常位于应用界面的底部，方便用户快速访问应用的主要功能或页面。本次任务的目标是制作一个功能完善、用户友好的App底部导航栏。

实践任务导引：

（1）Fragment概述。

（2）Fragment的管理与处理。

知识储备

1. Fragment概述

视频

Fragment概述

Fragment中文直译是“碎片”，是Android 3.0开始引入的组件，顾名思义，它就是浮在Activity上的一个碎块，主要是为了便于大屏UI的设计和实现。它有自己的生命周期，但是它的生命周期会受到加载Fragment的Activity的生命周期的约束。在手机App开发中，Fragment多是用来制作主页的一个重要模块。就如市面上下载使用的大多数App，首页一般是有3～5个大的模块，如微信的主页就是由“消息”、“通讯录”、“发现”和“我”四个大模块构成的。为什么开发者要这样设计App呢？因为每个App都是一个公司业务的融合，很多App的业务是非常庞大的，如果每个业务都设计成Activity，那必定是非常多的Activity跳转，然后回到某个界面又要层层地单击返回。其次就是主页是一个App的第一展示界面，这里面应当包含App中所有业务的入口，还有一些广告公示之类的模块，如果设计为一个Activity肯定是不够的，所以综合考虑，现在的

App基本都是主页里用多个Fragment来展示不同大类的业务板块。

Fragment的优点如下：

（1）代码复用。Activity用来管理Fragment。因为一个Fragment可以被多个Activity嵌套，有共同的业务模块就可以复用了。

（2）模块化。Fragment具有自己的生命周期，是模块化UI的良好组件。

（3）可控性。Fragment的生命周期是寄托到Activity中的，Fragment可以被Attach添加和Detach释放。

（4）切换灵活。Fragments是View Controllers，它们包含可测试的、解耦的业务逻辑块，由于Fragments是构建在Views之上的，而Views很容易实现动画效果，因此Fragments在屏幕切换时具有更好的控制效果。

（5）可控性。Fragment可以像普通对象那样自由地创建和控制，传递参数更加容易和方便，也不用处理系统相关的事情，如显示方式、替换，不管是整体还是部分，都可以做到相应的更改。

视 频

Fragment的管理与处理

2. Fragment的管理与处理

使用Fragment实现底部切换的管理和处理需要FragmentManager和FragmentTransaciton结合使用完成。

FragmentManager是用来管理Fragment的容器，通常在Activity中通过接口getSupportFragmentManager或getFragmentManager获得FragmentManager对象，可以认为Activity是FragmentManager的宿主环境类。之前介绍过，Fragment是寄生在Activity之上的一个块，Activity也提供给了这样一个对象用来管理寄生在自己里面的Fragment。

FragmentTransaciton是FragmentManager通过beginTransaciton()方法得到的一个对象，这个对象是直接用来给FragmentManager添加和移除Fragment的工具，也就是说，FragmentManager通过它来控制哪个Fragment展示、哪个Fragment要退到幕后隐藏起来，其主要的API如下：

（1）add(int containerViewld,Fragment fragment,String tag)：向Activity state中添加一个Fragment。参数containerViewld一般会传Activity中某个视图容器的id。如果containerViewld传0，则这个Fragment不会被放置在一个容器中。（不要认为Fragment没添加进来，只是我们添加了一个没有视图的Fragment，这个Fragment可以用来做一些类似于Service的后台工作。）

（2）remove(Fragment fragment)：移除一个已经存在的Fragment。Fragment被remove后，Fragment的生命周期会一直执行完，之后Fragment的实例也会从FragmentManager中移除。

（3）hide(Fragment fragment)：隐藏一个已经存在的Fragment，前提是这个Fragment已经被添加到容器里面了。

任务实施

在该App项目中设计包含四个Fragment页面，其中包括“首页”、“发现”、“目标”和“我的”，这四个Fragment在新建的HomeActivity中实现，其实现方式为BottomNavigationView+Fragment，具体效果如图4-17所示。

图 4-17　底部导航实现效果

步骤一：新建一个名为HomeActivity的Empty Views Activity，并将其配置为启动页，其基本框架结构如图4-18所示。

步骤二：导入图标素材。将准备好的图4-19所示的底部图标素材导入到res/drawable中。

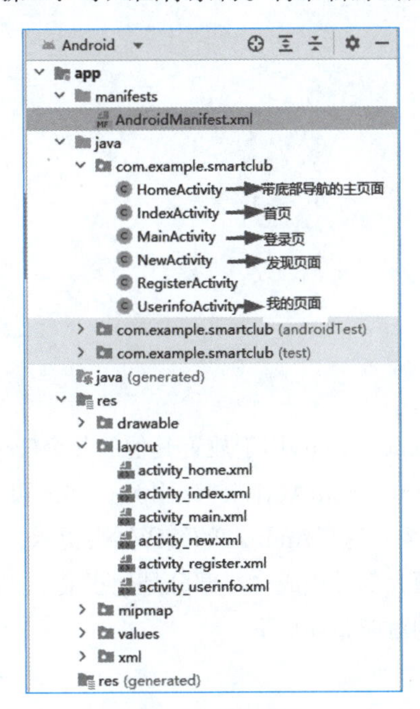

图 4-18　案例项目目录结构（部分）

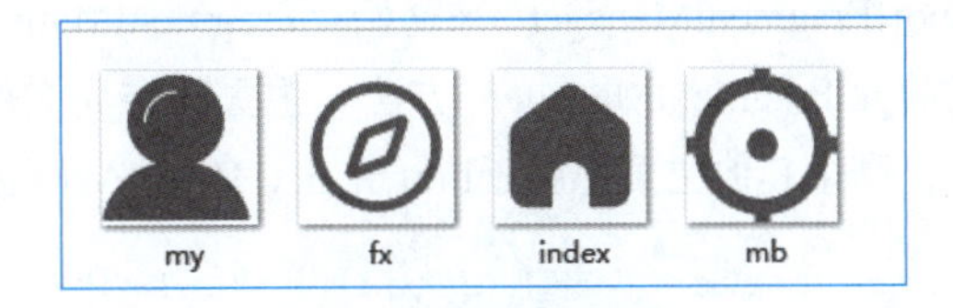

图 4-19　底部图标素材

步骤三：在res节点下新建menu文件夹，然后在menu下新建名为navigation的menu资源文件，并设计menu结构如图4-20所示。

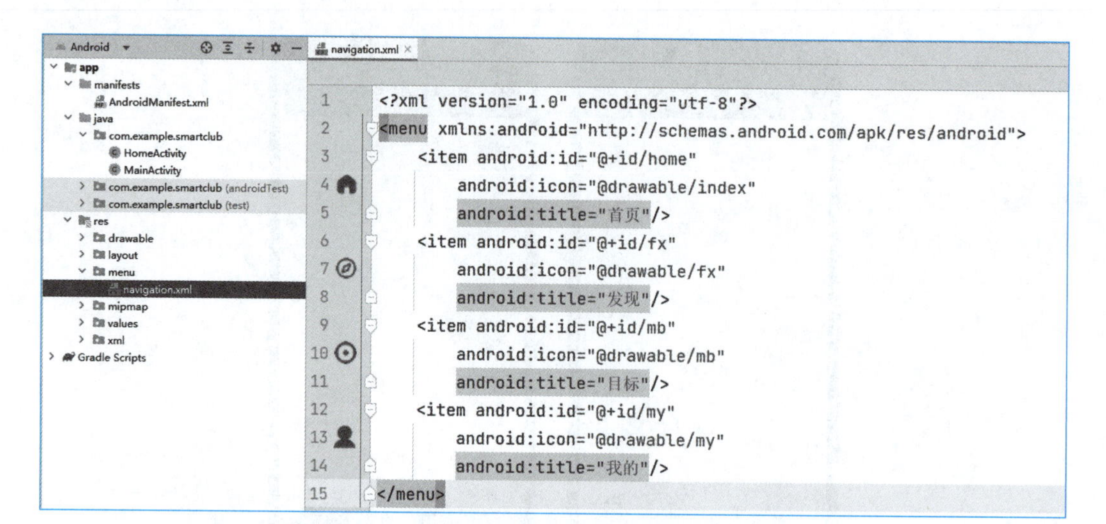

图 4-20 menu 资源设计

程序代码如下：

```
<?xml version="1.0" encoding="utf-8"?>
<menu xmlns:android="http://schemas.android.com/apk/res/android">
    <item android:id="@+id/home"
        android:icon="@drawable/index"
        android:title="首页"/>
    <item android:id="@+id/fx"
        android:icon="@drawable/fx"
        android:title="发现"/>
    <item android:id="@+id/mb"
        android:icon="@drawable/mb"
        android:title="目标"/>
    <item android:id="@+id/my"
        android:icon="@drawable/my"
        android:title="我的"/>
</menu>
```

步骤四：定义HomeActivity布局文件。需要定一个HomeActivity用于放置其他的几个Fragment，这里需要注意的是，需要继承AppCompatActivity或者FragmentActivity，因为这样才可以使用getSupportFragmentManager()来初始化FragmentManager对象。这里Android的编译器会提示，不建议使用老的getFragmentManager()方法。主页的布局文件由两大部分构成，一部分是处于最下方的底部导航栏，剩余其他位置都属于Fragment。HomeActivity中的对应布局如下：

```
<?xml version="1.0" encoding="utf-8"?>
<LinearLayout xmlns:android="http://schemas.android.com/apk/res/android"
    xmlns:app="http://schemas.android.com/apk/res-auto"
    xmlns:tools="http://schemas.android.com/tools"
```

```
    android:layout_width="match_parent"
    android:layout_height="match_parent"
    android:orientation="vertical"
    tools:context=".HomeActivity">
    <!--用户显示底部导航栏剩余部分-->
    <FrameLayout
        android:id="@+id/contentContainer"
        android:layout_width="match_parent"
        android:layout_height="0dp"
        android:layout_weight="1"/>
   <com.google.android.material.bottomnavigation.BottomNavigationView
        android:id="@+id/main_bottom_nav"
        android:layout_width="match_parent"
        android:layout_height="76dp"
        app:labelVisibilityMode="labeled"
        app:menu="@menu/navigation"/>
</LinearLayout>
```

步骤五：定义Fragment类布局文件。四个不同的Fragment页面需要对应的布局，此处可以重建创建图4-18所示的标记页面，缺少部分大家可以自行处理，此处仅仅列出首页的布局文件，其内部仅加入一个TextView显示内容，其他可参考此样例进行。

```
<?xml version="1.0" encoding="utf-8"?>
<androidx.constraintlayout.widget.ConstraintLayout xmlns:android="http://
schemas.android.com/apk/res/android"
    xmlns:app="http://schemas.android.com/apk/res-auto"
    xmlns:tools="http://schemas.android.com/tools"
    android:layout_width="match_parent"
    android:layout_height="match_parent"
    tools:context=".MainActivity">

    <TextView
        android:layout_width="wrap_content"
        android:layout_height="wrap_content"
        android:text="首页"
        app:layout_constraintBottom_toBottomOf="parent"
        app:layout_constraintEnd_toEndOf="parent"
        app:layout_constraintStart_toStartOf="parent"
        app:layout_constraintTop_toTopOf="parent" />

</androidx.constraintlayout.widget.ConstraintLayout>
```

步骤六：定义Fragment类。接下来要定义四个不同的Fragment，这里需要注意的是，继承的Fragment，继承之后需要重写onCreateView()方法，用布局关联器LayoutInflater去关联一个布局文件，作为当前Fragment展示的界面，并通过View对象放置在函数返回值中。因为四个Fragment类比较类似，在此只展示“首页”Fragment的代码。

```
public class IndexActivity extends Fragment {
    @Nullable
    @Override
    public View onCreateView(@NonNull LayoutInflater inflater,@Nullable
ViewGroup container,@Nullable Bundle savedInstanceState) {
        View view = inflater.inflate(R.layout.activity_index,container,false);
        return view;
    }
}
```

步骤七：完成HomeActivity逻辑调用。完成了布局文件的编辑以及每个Fragment类的编辑以后，开始最繁重的工作——HomeActivity类的代码编辑，具体实现逻辑如下：

（1）对BottomNavigationView控件进行监听。

（2）根据用户单击Menu项进行判断。

（3）根据判断结果获取Fragment对象。

（4）通过FragmentManager得到一个FragmentTransaciton对象进行Fragment操作。

（5）最后提交，单击底部导航呈现关联页面，如图4-17所示。

```
public class HomeActivity extends AppCompatActivity {
    private BottomNavigationView main_bottom_nav;
    @Override
    protected void onCreate(Bundle savedInstanceState) {
        super.onCreate(savedInstanceState);
        setContentView(R.layout.activity_home);
        main_bottom_nav = findViewById(R.id.main_bottom_nav);
        // 点击main_bottom_nav进行切换
        main_bottom_nav.setOnNavigationItemSelectedListener(new BottomNavigation
View.OnNavigationItemSelectedListener() {
            Object ob = null;
            @Override
            public boolean onNavigationItemSelected(@NonNull MenuItem item) {
                if (item.getItemId()==R.id.home){
                    ob=new IndexActivity();
                }
                if (item.getItemId()==R.id.fx){
                    ob=new NewActivity();
                }
                if (item.getItemId()==R.id.mb){
                    ob=new TargetActivity();
                }
```

```
                if (item.getItemId()==R.id.my){
                    ob = new MyActivity();
                }
                getSupportFragmentManager().beginTransaction()
                        .replace(R.id.contentContainer, (Fragment) ob).commit();
                return true;
            }
        });
    }
}
```

扩展知识

1. RadioGroup控件

RadioGroup中使用类组单选按钮。如果选中一个单选按钮属于一个单选按钮组，它会自动取消选中同一组内的任何先前选中的单选按钮。

表4-3所示为RadioGroup中控件有关的重要属性。可以查看Android官方文档的属性和相关方法的完整列表，可以用它来改变这些属性在运行时。

视 频

RadioGroup控件

表 4-3 RadioGroup 属性

属 性	描 述
android:checkedButton	指定了组内默认被选中的单选按钮的ID
android:background	可拉伸作为背景
android:contentDescription	定义文本简要描述了视图内容
android:id	对此视图提供一个标识符名称
android:onClick	在本视图的上下文视图被点击时调用的方法的名称
android:visibility	控制视图的初始可视性

2. RadioButton控件

RadioButton 单选按钮，它有两种状态：选中或未选中。这允许用户从一个组中选择一个选项。

表4-4所示为 RadioButton 控件的重要属性。可以查看Android官方文档的属性和相关方法的完整列表，可以用它来改变这些属性在运行时。

视 频

RadioButton控件

表 4-4 RadioButton 控件的重要属性

属 性	描 述
android:autoText	如果设置，指定TextView中有一个文本输入法，并自动纠正一些常见的拼写错误
android:drawableBottom	可拉伸要绘制的文本的下面
android:drawableRight	可拉伸要绘制的文本的右侧
android:editable	如果设置，指定TextView有一个输入法
android:text	要显示的文本

续表

属　性	描　述
android:background	可拉伸作为背景
android:contentDescription	定义文本简要描述了视图内容
android:id	对此视图提供一个标识符名称
android:onClick	在本视图的上下文视图被点击时调用方法的名称
android:visibility	控制视图的初始可视性

在实际应用中，RadioButton和RadioGroup通常配合使用。在没有RadioGroup的情况下，RadioButton可以全部被选中；在多个RadioButton同时被包裹的情况下只可以选择一个RadioButton，以达到单选的目的。RadioButton和RadioGroup的关系体现为以下几点：

（1）RadioButton表示单选按钮，而RadioGroup是可以容纳多个RatioButton的容器

（2）每个RadioGroup中的多个RadioButton，一次只能有一个被选中。

（3）不同的RadioGroup中的RadioButton互不相干，也就是说如果组A中有一个RadioButton选中了，那么组B中依然可以有一个RatioButton被选中。

（4）在大部分场合下，一个RadioGroup中至少有两个RadioButton。

（5）在大部分场合下。一个RadioGroup中的RadioButton默认会有一个被选中，建议将这个被选中的RadioButton放在RadioGroun的起始位置。

那么，我们能使用以上的组合完成一个底部导航栏的制作吗？

通过本任务的开展，可以使读者学习Fragment的生命周期以及Activity是如何对Fragment进行管理的。学习以后可以自己设计一款App的主页并实现，尽量参考市面上的主流App（如微信、淘宝等），用来巩固自己的学习内容。

自我评测

1. 以下方法不属于 Activity 生命周期的回调方法的是（　　）。

   A. onStart()　　B. onCreate()　　C. onPause()　　D. onFinish()

2. 以下方法中，在 Activity 的生命周期中不一定被调用的是（　　）。

   A. onCreate()　　B. onStart()　　C. onPause()　　D. onStop()

3. 对于 Activity 中一些重要资源与状态的保存最好在生命周期的（　　）函数中进行。

   A. onPause()　　B. onCreate()　　C. onResume()　　D. onStart()

4. 配置 Activity 时，下列（　　）是必不可少的。

   A. android:name 属性　　B. android:icon 属性

   C. android:label 属性　　D. <intent-filter…/> 元素

5. 下列选项（　　）不能启动 Activity 的方法。

   A. startActivity　　B. goToActivity

C. startActivityForResult　　D. startActivityFromChild

6. Android 中下列属于 Intent 的作用的是（　　）。

A. 实现应用程序间的数据共享

B. 是一段长的生命周期，没有用户界面的程序，可以保持应用在后台运行，而不会因为切换页面而消失

C. 可以实现界面间的切换，可以包含动作和动作数据，连接四大组件的纽带

D. 处理一个应用程序整体性的工作

7. Intent 的以下（　　）属性通常用于在多个 Action 之间进行数据交换。

A. Category　　B. Component　　C. Data　　D. Extra

8. 简要描述 Activity 的生命周期。

项目五 “个人中心”模块的设计

学习目标

- 掌握图片按钮的功能和用法。
- 掌握自定义XML图片功能和用法。
- 掌握基于监听事件处理。
- 掌握绑定标签事件处理。
- 掌握Handler消息传递机制。
- 掌握消息框的功能和用法。
- 掌握自定义对话框的功能和用法。

框架要点

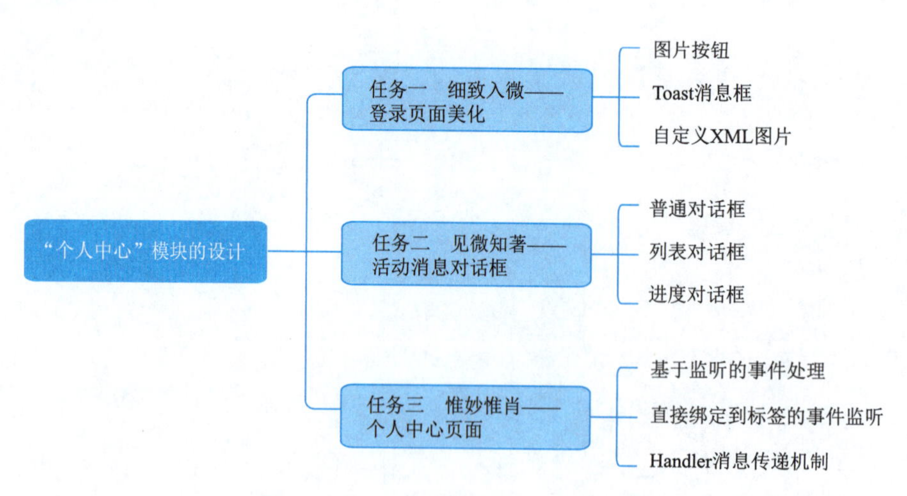

项目描述

在前面的任务学习了Android中一些简单界面组件以及常用布局管理，使这些组件按我们的需求排列在界面上，能够设计出一些简单的界面效果，也可以根据需求设计界面，然而要想设计出一些界面复杂、功能强大的控件，让界面美观还是存在一些困难。Android提供了一些常用的、功能强大的高级组件，如图片组件、图片按钮组件、事件监听机制，本任务将集中讲解。

高级界面控件提供了强大的功能和界面优化机制，所以要开发设计功能强大和美观的项目必须要掌握高级界面控件。本章将结合“当代新青年”项目对高级组件进行分析，学习图片、图片按钮、事件处理机制、对话框等，综合运用高级界面控件实现个人中心、登录注册页面的优化和消息对话框等。

渐进任务：

任务一　细致入微——登录页面美化。

任务二　见微知著——活动消息对话框。

任务三　惟妙惟肖——个人中心页面。

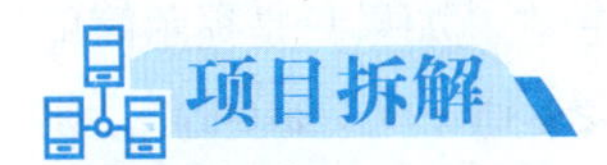

项目拆解

任务一　细致入微——登录页面美化

任务描述

随着移动应用市场的竞争日益激烈，用户体验成为了吸引和留住用户的关键因素之一。登录页面作为用户与App交互的起点，其美观度和易用性直接影响用户对App的第一印象。因此，我们计划对现有的App登录页面进行细致入微的美化设计，以提升用户体验和App的整体吸引力。

实践任务导引：

（1）图片按钮。

（2）Toast消息框。

（3）自定义XML图片。

知识储备

1. 图片按钮

视频

图片按钮

ImageButton的作用与Button的作用类似，主要是用于添加单击事件处理。Button类从TextView继承而来，相应的ImageButton从ImageView继承而来，主要区别是，Button按钮上显示的是文字，而ImageButton按钮上显示的是图片。需要注意的是，在ImageView、ImageButton上是无法显示文字的，即使在XML文件中为ImageButton添加android:text属性，虽然程序运行时不会报错，但运行结果仍无法显示文字。

如果想在按钮上既显示文字又显示图片，应该怎么办呢?一种方法是直接将图片和文字设计成一张图片，然后将其作为ImageButton的src属性的值，但这种方法不够灵活，当需要改变文字或图片时，需重新设计整张图片；另一种方式是直接将图片作为Button的背景，并为Button按钮添加android:text属性，在这种情况下，图片和文字是分离的，可以单独进行设置，灵活性较好，但缺点就是图片作为背景时可能会变形，以适应Button的大小。在ImageButton中，既可以设置background属性也可以设置src属性。这两个属性的值都可以指向一张图片，那么这两个属性有什么区别呢?

src属性表示的是图标，background属性表示的是背景。图标是中间的一块区域，而背景是我们所能看到的控件范围。简单来说，一个是前景图(src)，一个是背景图(background)。这两个属性最大的区别是：用src属性时是原图显示，不会改变图片的大小；用background属性时，会按照ImageButton的大小来放大或者缩小图片。举例来说，如果ImageButton的宽×高是100×100像素，而原图片的大小是80×80像素。如果用src属性来引用该图片，则图片会按80×80像素的大小居中显示在ImageButton上。如果用background属性来引用该图片，则图片会被拉伸成100×100像素。

视 频

Toast消息框

2. Toast消息框

Toast是为了给当前视图显示一个浮动的显示块，它永远不会获得焦点。一般用于提示一些不那么引人注目，但是又希望用户看见的消息，无须用户自己维护它。如果只是提示简单的信息，使用Android为Toast提供的两个静态方法最为方便，它们会返回一个Toast对象，如果需要显示，只需要调用show()方法显示即可，下面是这两个方法的签名：

（1）static Toast makeText(Context context,intresId,int duration)

（2）static Toast makeText(Context context,CharSequence text,int duration)

上面两个方法，参数大致相同，一个上下文对象context，一个显示消息来源，一个设置持续时间。消息来源可以指定String资源，最后的duration参数设置了Toast的持续时间，一般使用Toast自带的两个整型常量：LENGTH_LONG（1，时间稍长），LENGTH_SHORT（0，时间稍短）。针对不同的使用场景，选择不用的持续时间。

视 频

自定义XML图片

3. 自定义XML图片

1）shape XML图片

有时候为了满足特定功能需求，要用shape标签去定义一些背景，shape的用法与图片一样，可以给View设置Android:background="@drawable/shape"，定义的shape文件放在res\shape目录下。通常可以用shape作button的背景选择器、编辑框背景，也可以作切换Tab时底部的下画线。通过shape绘制不同的形状，如矩形、圆形、直线等。下面介绍shape的属性。

（1）android:shape属性值见表5-1。

表 5-1 android:shape 属性值

属 性	说 明
rectangle	矩形，默认的形状，可以画出直角矩形、圆角矩形、弧形等
oval	椭圆形，用得比较多的是画正圆
line	线形，可以画实线和虚线
ring	环形，可以画环形进度条

（2）包含的元素：

① solid:设置形状填充的颜色，只有android:color一个属性，见表5-2。

表 5-2　android:solid 属性值

XML 属性	说　明
android:color	填充的颜色

② padding:设置内容与形状边界的内间距，可分别设置左右上下的距离，见表5-3。

表 5-3　android:padding 属性值

XML 属性	说　明
android.left	左内间距
android:right	右内间距
android:top	上内间距
android:bottom	下内间距

③ gradient:设置形状的渐变颜色，可以是线性渐变、辐射渐变、扫描性渐变，见表5-4。

表 5-4　android:gradient 属性值

XML 属性	说　明
android:type	渐变的类型
android:startColor	渐变开始的颜色
android:endColor	渐变结束的颜色
android:centerColor	渐变中间的颜色
android:angle	渐变的角度，线性渐变时才有效，必须是 45 的倍数，0 表示从左到右，90 表示从下到上
android:centerX	渐变中心的相对 *X* 坐标，放射渐变时才有效，为 0.0 ~ 1.0, 默认为 0.5, 表示正中间
android:centerY	渐变中心的相对 *Y* 坐标，放射渐变时才有效，在 0.0 ~ 1.0, 默认为 0.5, 表示在正中间

④ corners:设置圆角，只适用于rectangle类型，见表5-5。可分别设置四个角为不同半径的圆角，当设置的圆角半径很大时，如200 dp，就变成弧形边了。

表 5-5　android:corners 属性值

XML 属性	说　明
android:radius	圆角半径，会被下面每个特定的圆角属性重写
android:topLeftRadius	左上角的半径
android:topRightRadius	右上角的半径
android:bottomLeftRadius	左下角的半径
android:bottomRightRadius	右下角的半径

⑤ stroke:设置描边，可描成实线或虚线，见表5-6。

表 5-6　android:stroke 属性值

XML 属性	说　明
android:color	描边的颜色

续表

XML属性	说　明
android:width	描边的宽度
android:dashWidth	设置虚线时的横线长度
android:dashGap	设置虚线时的横线之间的距离

2）selector XML图片

给控件不同状态设置背景色时，经常起不到效果，这就需要使用selector标签根据不同的状态加载不同的背景图片。selector集合定义在XML文件里面，View对象背景颜色的选择取决于自身当前的状态，共有pressed、focused、selected、checkable、checked、enabled、window_focused和default八种状态，View对象的每一种状态都可以设置不同的背景色。Android的selector要在drawable下配置，其中，selector可以设置的属性见表5-7。

表 5-7　selector 属性值

XML属性	True	False
android:state_pressed	当被按下时显示该图片	没被按下时显示默认图片
android:state_focused	获得焦点时显示	没获得焦点时显示
android:state_selected	当被选择时显示该图片	当不被选择时显示该图片
android:state_checkable	当CheckBox能使用时显示该图片	当CheckBox不能使用时显示该图片
android:state_checked	当CheckBox选中时显示该图片	当CheckBox不选中时显示该图片
android:state_enabled	当该组件能使用时显示该图片	当该组件不能使用时显示该图片
android:state_window_focused	当此activity获得焦点，在最前面时显示该图片	当组件没在最前面时显示该图片

任务实施

项目的登录页面在项目三中已经初步实现，但是效果还需完善，比如编辑框无边框、“确定”按钮为矩形边框无弯角，如图5-1所示。在单击“登录”按钮时按钮颜色应发生变化。

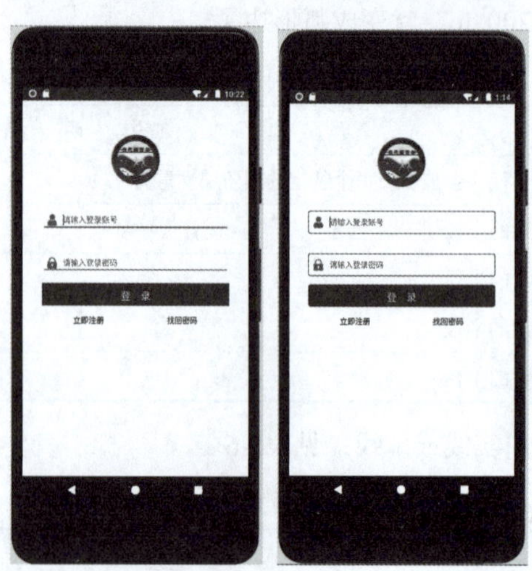

图 5-1　美化前（左）和后（右）的登录页面

登录页面用户名和密码框的边框使用shape自定义XML类型图片作为背景。“登录”按钮实现边角同样使用shape标签自定义XML类型图片作为背景，但不同的是，当单击“登录”按钮时按钮颜色发生变化，该功能使用selector标签自定义XML图片，根据按压状态显示不同的图片。

步骤一：使用shape标签制作账号和密码框圆角效果。在项目的res节点上右击，依次选择“New”→“Android Resource File”选项，在弹出的“New Resource File”对话框中，填写“File Name”为“editer_borders”，修改“Resource type”为“Drawable”，并将“Root element”修改为“shape”，如图5-2所示，单击“OK”按钮完成创建。

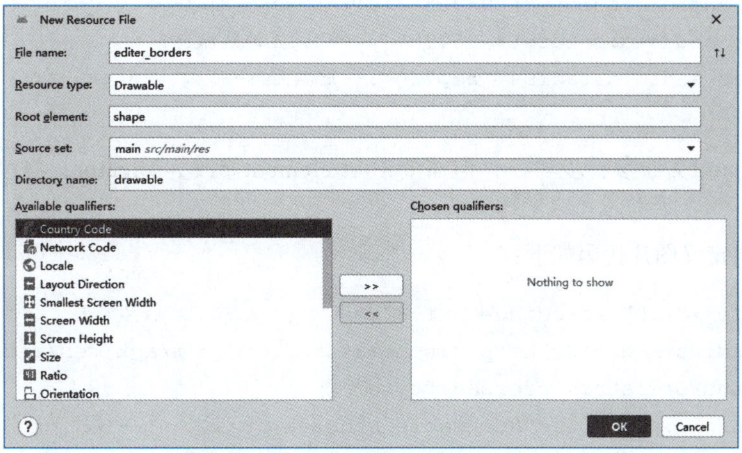

图 5-2　New Resource File 对话框

步骤二：添加相应属性。在打开的editer_borders.xml文件中，添加制作账号和密码框圆角效果属性，代码如下所示：

```
<?xml version="1.0" encoding="utf-8"?>
<shape xmlns:android="http://schemas.android.com/apk/res/android"
    android:shape="rectangle"><!--设置形状为矩形-->
    <corners android:radius="3dp"/><!--设置圆角属性，值为3dp-->
    <stroke android:width="1dp"
        android:color="#3F52B5"/><!--设置线宽1dp，颜色为蓝色-->
</shape>
```

步骤三：自定义图片实现登录按钮动态切换效果。因为“登录”按钮在按下和抬起时背景是两种状态，就需要创建btnback.xml背景图片，采用selector标签设置不同状态对应的图片，不同状态的图片使用shape标签实现：btnback_press.xml和btnback_unpress.xml。

创建btnback_press.xml和btnback_unpress.xml两个文件，参看步骤一完成。

btnback_press.xml自定义图片代码如下：

```
<?xml version="1.0" encoding="utf-8"?>
<shape xmlns:android="http://schemas.android.com/apk/res/android"
    android:shape="rectangle">
    <solid android:color="#6673CA"/><!--设置填充颜色-->
```

```
    <stroke android:color="#6673CA"/><!--设置边线颜色-->
    <corners android:radius="5dp"/><!--设置圆角-->
</shape>
```

btnback_unpress.xml自定义图片代码如下：

```
<?xml version="1.0" encoding="utf-8"?>
<shape xmlns:android="http://schemas.android.com/apk/res/android"
    android:shape="rectangle">
    <solid android:color="#4050B5"/><!--设置填充颜色-->
    <stroke android:color="#4050B5"/><!--设置边线颜色-->
    <corners android:radius="5dp"/><!--设置圆角-->
</shape>
```

创建btnback.xml文件参看步骤一，但需要Root element修改为selector，修改文件名即可完成创建。

btnback.xml自定义图片代码如下：

```
<?xml version="1.0" encoding="utf-8"?>
<selector xmlns:android="http://schemas.android.com/apk/res/android">
    <item android:state_pressed="true"
        android:drawable="@drawable/btnback_press"><!--被按下的状态-->
    </item>
    <item android:state_pressed="false"
        android:drawable="@drawable/btnback_unpress"><!--未被按下的状态-->
    </item>
</selector>
```

步骤四：完成登录页面的整体布局和优化。打开登录布局文件activity_main.xml，在程序中使用以上shape完成设计，代码如下：

```
<?xml version="1.0" encoding="utf-8"?>
<LinearLayout xmlns:android="http://schemas.android.com/apk/res/android"
    xmlns:app="http://schemas.android.com/apk/res-auto"
    xmlns:tools="http://schemas.android.com/tools"
    android:layout_width="match_parent"
    android:layout_height="match_parent"
    android:background="@color/white"
    android:orientation="vertical"
    tools:context=".MainActivity">
    <ImageView
        android:id="@+id/head_image"
        android:layout_width="match_parent"
        android:layout_height="105dp"
        android:layout_weight="0"
```

```
        android:layout_marginTop="50dp"
        android:layout_gravity="center_horizontal"
        android:src="@drawable/logo"/>

    <EditText
        android:id="@+id/usernameText"
        android:layout_width="match_parent"
        android:layout_height="40dp"
        android:layout_gravity="center_horizontal"
        android:layout_marginLeft="35dp"
        android:layout_marginRight="35dp"
        android:layout_marginTop="35dp"
        android:drawablePadding="10dp"
        android:gravity="center_vertical"
        android:hint="请输入登录账号"
        android:textSize="14sp"
        android:paddingLeft="8dp"
        android:drawableLeft="@drawable/user_name_icon"
        android:inputType="text"
        android:text=""
        android:background="@drawable/editer_borders"
        android:textColorHint="#a3a3a4"/>
    <EditText
        android:id="@+id/userpassText"
        android:layout_width="match_parent"
        android:layout_height="40dp"
        android:layout_gravity="center_horizontal"
        android:layout_marginLeft="35dp"
        android:layout_marginRight="35dp"
        android:layout_marginTop="35dp"
        android:drawablePadding="10dp"
        android:gravity="center_vertical"
        android:hint="请输入登录密码"
        android:textSize="14sp"
        android:paddingLeft="8dp"
        android:drawableLeft="@drawable/psw_icon"
        android:inputType="textPassword"
        android:text=""
        android:background="@drawable/editer_borders"
        android:textColorHint="a3a3a4"/>
    <Button
        android:layout_width="match_parent"
        android:layout_height="40dp"
```

```
        android:layout_gravity="center_horizontal"
        android:layout_marginLeft="35dp"
        android:layout_marginRight="35dp"
        android:layout_marginTop="15dp"
        android:background="@drawable/btnback"
        android:textColor="@color/white"
        android:textSize="18sp"
        android:text="登    录" />
    <LinearLayout
        android:layout_width="match_parent"
        android:layout_height="match_parent"
        android:layout_marginLeft="35dp"
        android:layout_marginRight="35dp"
        android:layout_marginTop="8dp"
        android:orientation="horizontal"
        android:gravity="center_horizontal">
        <TextView
            android:layout_width="0dp"
            android:layout_height="wrap_content"
            android:layout_weight="1"
            android:gravity="center_horizontal"
            android:padding="8dp"
            android:textSize="14sp"
            android:text="立即注册"/>
        <TextView
            android:layout_width="0dp"
            android:layout_height="wrap_content"
            android:layout_weight="1"
            android:gravity="center_horizontal"
            android:padding="8dp"
            android:textSize="14sp"
            android:text="找回密码"/>
    </LinearLayout>
</LinearLayout>
```

视 频

res/values文件夹下常用的XML资源文件

步骤五：运行测试登录页面的设计效果，如图5-1右图所示。

扩展知识

res/values文件夹下常用的XML资源文件

1. 文字资源文件——string.xml

为了体现国际化及减小App的体积，降低数据的冗余，在Android开发中会把应用程序中出现的文字单独存放在string.xml中。作为Android应用开发人员，一定要养成良好的编程习惯。

（1）在string.xml文件中添加字符串，具体代码如下：

```
<resources>
    <string name="app_name">SmartClub</string>
</resources>
```

（2）在Java源代码中使用getString(R.string.app_name)。

（3）在UI布局文件中使用android:text="@string/app_name"。

2. 颜色资源文件——colors.xml

colors.xml文件中主要设置应用程序中所需的颜色。Android的文字颜色定义方式类似网页格式的颜色定义方式，即常见的十六进制法。颜色设置语法表见表5-8。

表 5-8　颜色设置语法

颜色语法	语法帮助	示范(采用十六进制)	颜　色
#RGB	无Alpha,8位表示法	#00f	蓝色
#ARGB	有Alpha,8位表示法	#800f	半透明蓝色
#RRGGBB	无Alpha,16位表示法	#0000行	蓝色
#AARRGGBB	有Alpha,16位表示法	#800000f	半透明蓝色

（1）在colors.xml文件中添加颜色配置信息，具体代码如下：

```
<?xml version="1.0" encoding="utf-8"?>
<resources>
<color name="black">#FF000000</color>
<color name="white">#FFFFFFFF</color>
<color name="red">#FFFF0000</color>
</resources>
```

（2）在Java源代码中使用getResources().getColor(R.color.red)。

（3）在UI布局文件中使用android:textColor="@color/red"。

3. 尺寸资源文件——dimens.xml

dimens.xml可用于设置组件的大小及文字大小，它提供了表5-9所示的几种尺寸定义方式。

表 5-9　尺寸定义表

尺寸格式	帮　助	描　述
px	pixel	以像素为单位
in	inches	以英寸为单位
mm	millimeter	以毫米为单位
pt	points	1pt=1/72英寸
dp或dip	density independent pixels	1dp=1/60英寸
sp	scale pixels	通常用于指定字体的大小，当用户修改手机显示的字体时，字体大小会随之改变

（1）在dimens.xml中添加尺寸配置信息，具体代码如下：

```
<?xml version="1.0" encoding="utf-8"?>
<resources>
    <dimen name="btn_width">120dp</dimen>
</resources>
```

（2）在Java源代码中使用getResources().getDimension(R.dimen.btn_width)。

（3）在UI布局文件中使用android:layout_width="@dimen/btn_width"。

还有其他的一些资源，我们可以在后续的学习中逐渐了解并掌握。

任务小结

通过本任务的开展，使读者学习了图片按钮的使用，了解了如何在界面上添加并配置图片按钮，使其响应用户的点击事件。读者可掌握Toast消息框的实现方法，学会如何在用户进行特定操作时显示简短的信息提示。同时，还学习了如何自定义XML图片，包括如何在XML中定义和使用自定义图形资源。

（1）图片按钮：通过XML布局文件添加图片按钮，并通过编程在Activity中为其设置点击事件监听器，实现按钮的点击功能。

（2）Toast消息框：使用Toast类创建消息提示框，可以在用户交互时显示简短的文本信息，如操作成功或错误提示。

（3）自定义XML图片：通过定义drawable资源文件，创建自定义形状或图案的图片，并在XML布局中引用这些图片资源。

任务二 见微知著——活动消息对话框

任务描述

为了提升用户体验和增强用户黏性，许多App都会通过推送活动消息来与用户互动。然而，如何设计一个既美观又实用的活动消息对话框成为了许多开发者面临的挑战。

本次任务的目标是为“当代新青年”App设计一个活动消息对话框，该对话框应能清晰地向用户展示活动内容、时间、地点等重要信息，并能吸引用户的注意力，引导用户参与活动。

实践任务导引：

（1）普通对话框。

（2）列表对话框。

（3）进度对话框。

知识储备

对话框是一个漂浮在Activity之上的小窗口，此时，Activity会失去焦点，对话框获取用户的所有交互。对话框通常用于通知，它会临时打断用户，执行一些与应用程序相关的小任务，例如，任务执行进度或登录提示等。在Android中，提供了丰富的对话框支持，主要分为以下四种：

（1）AlertDialog：警示框，功能最丰富、应用最广的对话框，该对话框可以包含0 ~ 3个按钮，或者是包含复选框或单选按钮的列表。

（2）ProgressDialog：进度对话框，主要用于显示进度信息，以进度环或进度条的形式显示任务执行进度，该类继承于AlertDialog，也可添加按钮。

（3）DatePickerDialog：日期选择对话框，允许用户选择日期。

（4）TimePickerDialog：时间选择对话框，允许用户选择时间。

除此之外，Android也支持用户创建自定义的对话框，只需要继承Dialog基类或者是Dialog的子类，然后定义一个新的布局就可以了。下面着重讲解AlertDialog和自定义Dialog的使用。

1. 普通对话框

视　频

普通对话框

AlertDialog是Dialog的子类，它能创建大部分用户交互的对话框，也是系统推荐的对话框类型。常见的AlertDialog类型主要有普通对话框、单选对话框、多选对话框和进度对话框。

创建AlertDialog对话框的方式有两种：一种是通过AlertDialog的内部类Builder对象创建；另一种是通过Activity的onCreateDialog()方法进行创建，通过showDialog()进行显示，但该方法在4.1版本中已经被废弃了，不推荐使用。

使用AlertDialog创建对话框，大致步骤如下：

（1）创建AlertDialog.Builder对象，该对象是AlertDialog的创建器。

（2）调用AlertDialog.Builder的方法，为对话框设置图标、标题、内容等。

（3）调用AlertDialog.Builder的create()方法，创建AlertDialog对话框。

（4）调用AlertDialog.Builder的show()方法，显示对话框。

在上述步骤中，主要是AlertDialog的内部类Builder在起作用，下面来看看Builder类提供了哪些方法。Builder内部类的主要方法见表5-10。

表 5-10　Builder 类中主要的方法及其作用

方　法　名	作　　用
public BuildersetTitle	设置对话框标题
public BuildersetMessage	设置对话框内容
public BuildersetIcon	设置对话框图标
public BuildersetPositiveButton	添加肯定按钮(Yes)
public BuildersetNegativeButton	添加否定按钮(No)
public BuildersetNeutralButton	添加普通按钮
public BuildersetOnCancelListener	添加取消监听器
public BuildersetCancelable	设置对话框是否可取消
public BuildersetItems	添加列表
public BuildersetMultiChoiceItems	添加多选列表
public Builder setSingleChoiceItems	添加单选列表
publicAlertDialog create()	创建对话框
publicAlertDialog show()	显示对话框

例如，下面的案例就利用提示信息对话框在MainActivity中实现点击按钮时显示普通对话框的功能，其页面布局如图5-3所示。

图 5-3 普通对话框案例布局设计

MainActivity.java的程序设计代码如下：

```
public class MainActivity extends AppCompatActivity {
    private Button button;
    @Override
    protected void onCreate(Bundle savedInstanceState) {
        super.onCreate(savedInstanceState);
        setContentView(R.layout.activity_main);
        button = findViewById(R.id.button);
        button.setOnClickListener(new View.OnClickListener() {
            @Override
            public void onClick(View view) {
                AlertDialog.Builder builder = new AlertDialog.Builder
(MainActivity.this);
                builder.setTitle("普通对话框");  // 设置标题
                builder.setMessage("有新的活动发布，请注意查收");     // 设置对话框内容
                // 为对话框设置取消按钮
                builder.setNegativeButton("取消", new DialogInterface.OnClickListener() {
                    @Override
                    public void onClick(DialogInterface dialogInterface, int i) {
                        Toast.makeText(MainActivity.this, "您取消了本次活动提醒",
Toast.LENGTH_SHORT).show();
                    }
                });
                // 为对话框设置确定按钮
                builder.setPositiveButton("确定", new DialogInterface.OnClickListener() {
                    @Override
```

```
                        public void onClick(DialogInterface dialogInterface, int i) {
                              Toast.makeText(MainActivity.this, "感谢您参与本次活动",
Toast.LENGTH_SHORT).show();
                        }
                    });
                    builder.create().show();     // 使用show()方法显示对话框
                }
            });
        }
    }
```

2. 列表对话框

视 频

列表对话框

AlertDialog.Builder除了提供了setMessage()方法来设置对话框所显示的消息之外，还提供了如下方法来设置对话框显示列表内容：

（1）setItems(int itemsId,DialogInterface.OnClickListener listener):创建普通列表对话框。

（2）setMultiChoiceItems(CharSequence[]items,boolean[]checkedItems,DialogInterface.OnMultiChoiceClickListener listener):创建多选列表对话框。

（3）setSingleChoiceItems(CharSequence[]items,int checkedItem,DialogInterface.OnClickListener listener):创建单选列表对话框。

例如，下面的案例就通过单选列表对话框实现选择性别的功能。界面布局较为简单，此处不在给出，请参看运行效果图5-5所示进行设计，MainActivity.java中的关键实现代码如下：

```
    button_singleDialog = findViewById(R.id.button2);
    button_singleDialog.setOnClickListener(new View.OnClickListener() {
        @Override
        public void onClick(View view) {
            AlertDialog.Builder builder=new AlertDialog.Builder(MainActivity.this);
            builder.setTitle("单选对话框");
            final String[] items={ "男", "女" };// 创建一个存放选项的数组
            final boolean[] checkedItems={ true, false };// 存放选中状态，true为选中，
false为未选中，和setSingleChoiceItems中第二个参数对应
            // 为对话框添加单选列表项
            // 第一个参数存放选项的数组，第二个参数存放默认被选中的项，第三个参数为点击事件
                builder.setSingleChoiceItems(items, 0, new DialogInterface.
OnClickListener() {
                @Override
                public void onClick(DialogInterface dialog, int which) {
                    // TODO Auto-generated method stub
                    for (int i=0;i< checkedItems.length; i++) {
                        checkedItems[i]=false;
                    }
                    checkedItems[which]=true;
```

```
            }
        });
        builder.setNegativeButton("取消", new DialogInterface.OnClickListener() {
            @Override
            public void onClick(DialogInterface dialog, int which) {
                dialog.dismiss();
            }
        });
        builder.setPositiveButton("确定", new DialogInterface.OnClickListener() {
            @Override
            public void onClick(DialogInterface dialog, int which) {
                String str="";
                for (int i=0; i<checkedItems.length; i++) {
                    if (checkedItems[i]) {
                        str=items[i];
                    }
                }
                Toast.makeText(MainActivity.this, "您选择了" + str,Toast.LENGTH_LONG).show();
            }
        });
        builder.create().show();
    }
});
```

运行效果如图5-4所示。

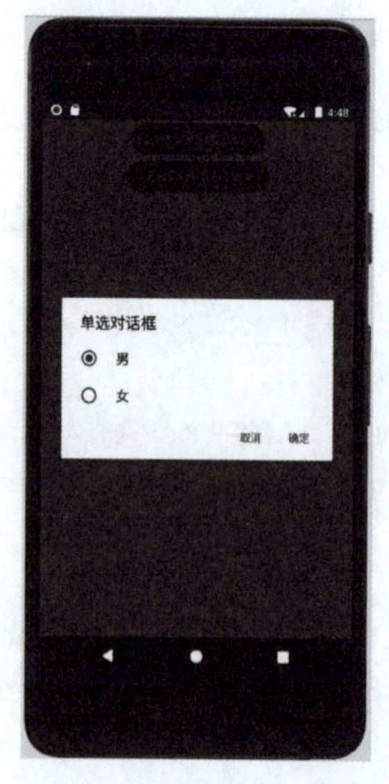

图 5-4　单选对话框运行效果图

其他列表对话框不在此处举例，可以在后续学习中了解和掌握。

3. 进度对话框

视 频

进度对话框

ProgressDialog本身就代表了进度对话框，程序只要创建ProgressDialog实例，并将它显示出来就是一个进度对话框。当然，开发者也可以设置进度对话框里进度条的方法，ProgressDialog包含如下常用的方法：

（1）setIndeterminate(boolean indeterminate)：设置对话框里的进度条不显示进度值。

（2）setMax(int max)：设置对话框里进度条的最大值。

（3）setMessage(CharSequence message)：设置对话框里显示的消息。

（4）setProgress(int value)：设置对话框里进度条的进度值。

（5）setProgressStyle(int style)：设置对话框里进度条的风格。

例如，下面的案例就在MainActivity中实现了带进度条的对话框，程序代码如下：

```
Button progressDialog_button = findViewById(R.id.button3);
progressDialog_button.setOnClickListener(new View.OnClickListener() {
    @Override
    public void onClick(View view) {
        final ProgressDialog progressDialog=new ProgressDialog(MainActivity.this);
        // 设置水平样式
        progressDialog.setProgressStyle(ProgressDialog.STYLE_HORIZONTAL);
        progressDialog.setTitle("带进度条的对话框");
        progressDialog.setMessage("加载中...");
        progressDialog.setMax(200);
        progressDialog.show();
        new Thread(new Runnable() {
            @Override
            public void run() {
                for (int i=0;i<=200;i++){
                    try {
                        Thread.sleep(100);   //休眠0.1s
                    } catch (InterruptedException e) {
                        throw new RuntimeException(e);
                    }
                    progressDialog.setProgress(i);   //设置对话框进度值
                }
            }
        }).start();
    }
});
```

运行效果如图5-5所示。

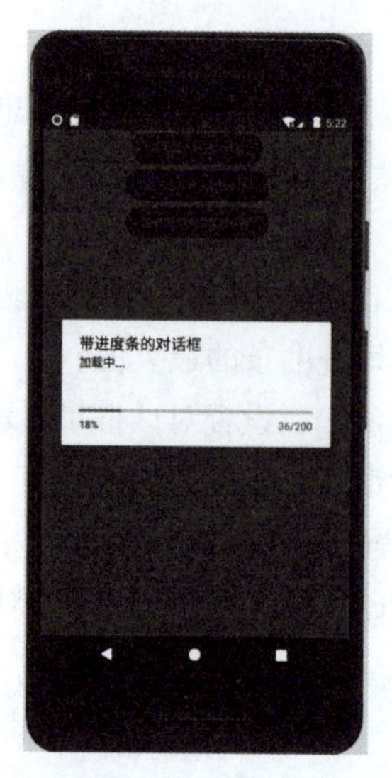

图 5-5　带进度条对话框运行效果图

任务实施

在目标页面进行“参加活动”页面确认时，使用了对话框，该处自定义对话框和普通对话框嵌套使用，在此，从项目中拿出部分代码演示其功能。其中，点击“确认参加活动”按钮弹出活动详情对话框，由于“确认参加活动”按钮较为简单，此处不提供代码。

步骤一：实现自定义对话框需要创建对话框布局文件。对话框布局文件为dialoglayout.xml，代码如下：

```
<?xml version="1.0" encoding="utf-8"?>
<LinearLayout
    xmlns:android="http://schemas.android.com/apk/res/android"
    android:layout_width="match_parent"
    android:layout_height="match_parent"
    android:orientation="vertical">

    <TextView
        android:layout_width="match_parent"
        android:layout_height="wrap_content"
        android:layout_marginVertical="15dp"
        android:layout_marginBottom="8dp"
        android:gravity="center"
        android:text="活动详情"
        android:textSize="30sp" />
    <View
        android:layout_width="match_parent"
        android:layout_height="0.5dp"
```

```
    android:background="#A8A8A8" />
<LinearLayout
    android:layout_width="match_parent"
    android:layout_height="60dp"
    android:layout_marginTop="10dp"
    android:layout_marginBottom="10dp"
    android:orientation="horizontal"
    android:paddingLeft="10dp">
    <ImageView
        android:layout_width="60dp"
        android:layout_height="60dp"
        android:src="@drawable/title" />

    <TextView
        android:layout_width="wrap_content"
        android:layout_height="match_parent"
        android:gravity="center_vertical"
        android:paddingLeft="20dp"
        android:text="标题"
        android:textColor="#A6A6A6"
        android:textSize="25sp" />
</LinearLayout>
<View
    android:layout_width="match_parent"
    android:layout_height="0.5dp"
    android:background="#A8A8A8" />
<LinearLayout
    android:layout_width="match_parent"
    android:layout_height="60dp"
    android:layout_marginTop="10dp"
    android:layout_marginBottom="10dp"
    android:orientation="horizontal"
    android:paddingLeft="10dp">
    <ImageView
        android:layout_width="60dp"
        android:layout_height="60dp"
        android:src="@drawable/fqr" />

    <TextView
        android:layout_width="wrap_content"
        android:layout_height="match_parent"
        android:gravity="center_vertical"
        android:paddingLeft="20dp"
```

```
            android:text="发起人"
            android:textColor="#A6A6A6"
            android:textSize="25sp" />
    </LinearLayout>
    <View
        android:layout_width="match_parent"
        android:layout_height="0.5dp"
        android:background="#A8A8A8" />
    <LinearLayout
        android:layout_width="match_parent"
        android:layout_height="60dp"
        android:layout_marginTop="10dp"
        android:layout_marginBottom="10dp"
        android:orientation="horizontal"
        android:paddingLeft="10dp">
        <ImageView
            android:layout_width="60dp"
            android:layout_height="60dp"
            android:src="@drawable/date" />

        <TextView
            android:layout_width="wrap_content"
            android:layout_height="match_parent"
            android:gravity="center_vertical"
            android:paddingLeft="20dp"
            android:text="时间"
            android:textColor="#A6A6A6"
            android:textSize="25sp" />
    </LinearLayout>
    <View
        android:layout_width="match_parent"
        android:layout_height="0.5dp"
        android:background="#A8A8A8" />
    <LinearLayout
        android:layout_width="match_parent"
        android:layout_height="60dp"
        android:layout_marginTop="10dp"
        android:layout_marginBottom="10dp"
        android:orientation="horizontal"
        android:paddingLeft="10dp">

        <ImageView
            android:layout_width="60dp"
```

```
            android:layout_height="60dp"
            android:src="@drawable/info" />

        <TextView
            android:layout_width="wrap_content"
            android:layout_height="match_parent"
            android:gravity="center_vertical"
            android:paddingLeft="20dp"
            android:text="说明"
            android:textColor="#A6A6A6"
            android:textSize="25sp" />
    </LinearLayout>
    <View
        android:layout_width="match_parent"
        android:layout_height="0.5dp"
        android:background="#A8A8A8" />

    <TextView
        android:id="@+id/sum"
        android:layout_width="match_parent"
        android:layout_height="40dp"
        android:gravity="center_vertical|right"
        android:paddingRight="10dp"
        android:text="尚需10人"
        android:textColor="#A8A8A8"
        android:textSize="20sp" />
    <View
        android:layout_width="match_parent"
        android:layout_height="0.5dp"
        android:background="#A8A8A8" />
</LinearLayout>
```

步骤二：实现自定义提示框显示功能。在应用程序中调用AlertDialog.Builder类中的setView(View view)方法，让对话框显示该输入界面即可。该程序与前面介绍的列表对话框程序比较相似，只是将原来的调用setItems()设置列表项改为现在的调用setView()来设置自定义视图。下面给出该程序的关键代码：

```
Button dialog=(Button)findViewById(R.id.button4);
dialog.setOnClickListener(new View.OnClickListener() {
    @Override
    public void onClick(View v) {
    final AlertDialog.Builder paybuilder=new AlertDialog.Builder (MainActivity.
this);
```

```
            View view=getLayoutInflater().inflate(R.layout.dialoglayout,null);

            TextView text=view.findViewById(R.id.sum);
            text.setText("还需2人开启");
            paybuilder.setView(view);
            paybuilder.setPositiveButton("确认参加", new DialogInterface.OnClickListener() {
                @Override
                public void onClick(DialogInterface dialog, int which) {
                    AlertDialog.Builder sucbuilder =new AlertDialog.Builder
(MainActivity.this);
                    sucbuilder.setTitle("恭喜您参加成功！");
                    sucbuilder.setPositiveButton("确定", new DialogInterface.OnClickListener() {
                        @Override
                        public void onClick(DialogInterface dialog, int which) {
                        }
                    });
                    sucbuilder.create().show();
                }
            });
            paybuilder.create().show();
        }
    });
```

步骤三：运行效果如图5-6所示，点击“确认参加活动”按钮后弹出对话框。

图 5-6 活动消息对话框实现效果

视　频

Android Studio线程实现指南

Android Studio线程实现指南

1. 简介

在Android开发中，线程是非常重要的概念和技术，用于处理耗时操作以及与用户界面的交互。接下来介绍如何在Android Studio中实现线程，以及每个步骤所需的代码和解释。

2. 整体流程

以下是实现Android Studio线程的整体流程，见表5-11。

表 5-11　Android Studio 线程的整体流程

步　骤	描　述
步骤一	创建一个新的线程对象
步骤二	实现线程的运行逻辑
步骤三	启动线程
步骤四	处理线程的结果或取消线程

3. 每个步骤所需代码和说明

步骤一：创建一个新的线程对象。

在Android Studio中，可以使用Java的Thread类来创建一个新的线程对象。以下是创建线程对象的代码示例：

```
Thread thread=new Thread(new Runnable() {
    @Override
    public void run() {
        // 在这里编写线程的运行逻辑
    }
});
```

以上代码创建了一个匿名内部类对象，实现了Runnable接口的run()方法。run()方法是线程的入口点，其中定义了线程的运行逻辑。

步骤二：实现线程的运行逻辑。

在run()方法中，编写线程的运行逻辑。这可能涉及耗时操作，例如网络请求、数据库查询或其他需要在后台执行的任务。以下是一个示例：

```
Thread thread=new Thread(new Runnable() {
    @Override
    public void run() {
        // 在这里编写线程的运行逻辑
        // 这里是耗时操作的示例，可以根据实际需要进行修改
        try {
            Thread.sleep(2000); // 模拟耗时操作，暂停线程2s
        } catch (InterruptedException e) {
```

```
            throw new RuntimeException(e);
        }
        // 线程执行完毕后处理...
    }
});
```

步骤三：启动线程。

创建线程对象后，使用start()方法来启动线程。以下是启动线程的代码示例：

```
thread.start();
```

步骤四：处理线程的结果或取消线程

在线程执行完毕后，可能需要处理线程的结果或取消线程。可以使用Handler来处理线程的结果，并使用interrupt()方法来取消线程的执行。以下是处理线程结果和取消线程的示例代码：

```
Handler handler=new Handler(Looper.getMainLooper()){
    @Override
    public void handleMessage(@NonNull Message msg) {
        super.handleMessage(msg);
        // 在这里处理线程的结果
    }
};
Thread thread=new Thread(new Runnable() {
    @Override
    public void run() {
        // 在这里编写线程的运行逻辑
        // 这里是耗时操作的示例，可以根据实际需要进行修改
        // ...
        // 线程执行完毕后发送消息到Handler
        handler.sendMessage(handler.obtainMessage());
    }
});
thread.interrupt(); //取消线程的执行
```

如果要取消线程的执行，可以使用interrupt()方法来中断执行，至于Handler消息传递机制，我们在后面任务中重点讲解。

以上仅仅是基本的线程实现步骤，具体使用还需要在实践中摸索。

任务小结

通过本任务的开展，可以使读者学习掌握三种类型的对话框：普通对话框、列表对话框和进度对话框。普通对话框用于显示信息或请求用户输入，列表对话框提供一个选项列表供用户选择，进度对话框则用于展示操作的进度信息。同时，还了解基本的线程实现步骤。

任务三 惟妙惟肖——个人中心页面

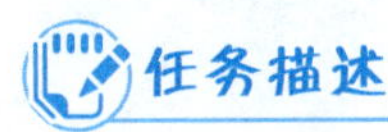

任务描述

为了提升用户体验和增强用户黏性，我们需要在App中设计并开发一个功能丰富、界面友好的个人中心页面。本次任务旨在创建一个“惟妙惟肖”的个人中心页面，该页面需要满足用户查看个人信息、管理账户设置、追踪活动状态等需求，同时保持简洁明了的设计风格，提供流畅的用户体验。

实践任务导引：

（1）基于监听的事件处理。

（2）直接绑定到标签的事件监听。

（3）Handler消息传递机制。

知识储备

1. 基于监听的事件处理

视 频

基于监听的事件处理

Android的基于监听的事件处理模型与Java的AWT、Swing的处理方式几乎完全一样，只是相应的事件监听器和事件处理方法名有所不同。在基于监听的事件处理模型中，主要涉及以下三类对象：

（1）EventSource（事件源）：产生事件的组件即事件发生的源头，如按钮、菜单等。

（2）Event（事件）：具体某一操作的详细描述，事件封装了该操作的相关信息，如果程序需要获得事件源上所发生事件的相关信息，一般通过Event对象来取得。例如，在按键事件中按下的是哪个键、触摸事件发生的位置等。

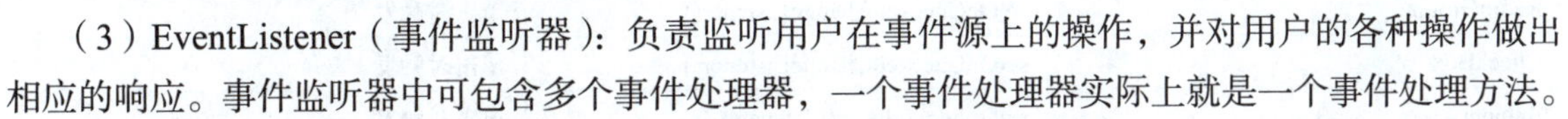

（3）EventListener（事件监听器）：负责监听用户在事件源上的操作，并对用户的各种操作做出相应的响应。事件监听器中可包含多个事件处理器，一个事件处理器实际上就是一个事件处理方法。

那么在基于监听的事件处理中，这三类对象又是如何协作的呢?实际上，基于监听的事件处理是一种委托式事件处理。普通组件（事件源）将整个事件处理委托给特定的对象（事件监听器）；当该事件源发生指定的事件时，系统自动生成事件对象，并通知所委托的事件监听器，由事件监听器相应的事件处理器来处理这个事件。具体的事件处理模型如图5-7所示。当用户在Android组件上进行操作时，系统会自动生成事件对象，并将这个事件对象以参数的形式传给注册到事件源上的事件监听器，事件监听器调用相应的事件处理器来处理。

委托式事件处理非常好理解，就类似于生活中每个人能力都有限，当碰到一些自己处理不了的事情时，就委托给某个机构或公司来处理。我们需要把所遇到的事情和要求描述清楚，这样，其他人才能比较好地解决问题，然后该机构会选派具体的员工来处理这件事。其中，我们自己就是事件源，遇到的事情就是事件，该机构就是事件监听器，具体解决事情的员工就是事件处理器。

基于监听的事件处理模型的编程步骤主要如下：

（1）获取普通界面组件（事件源），也就是被监听的对象。

（2）实现事件监听器类，该监听器类是一个特殊的Java类，必须实现一个XxxListerner接口，并实现接口里的所有方法，每个方法用于处理一种事件。

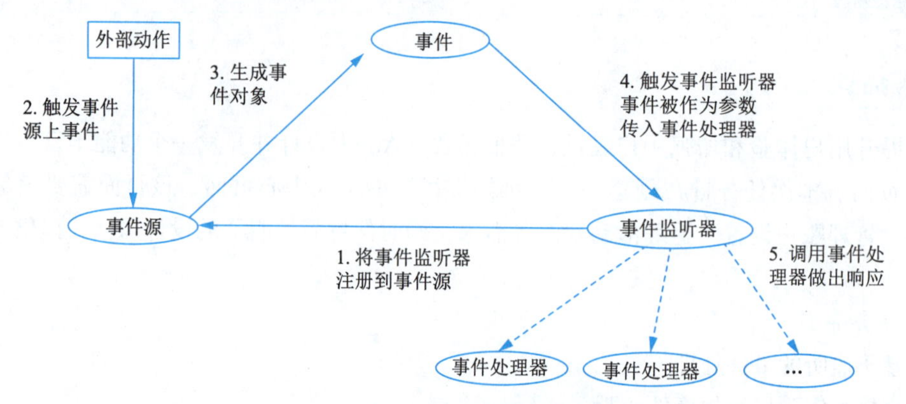

图 5-7 活动消息对话框实现效果

（3）调用事件源的setXxxListener()方法将事件监听器对象注册给普通组件（事件源），即将事件源与事件监听器关联起来，这样，当事件发生时就可以自动调用相应的方法。在上述步骤中，事件源比较容易获取，一般就是界面组件，根据findViewById()方法即可得到；调用事件源的setXxxListener()方法是由系统定义好的，只需要传入一个具体的事件监听器。所以，我们所要做的就是实现事件监听器。

在Android应用开发过程中，常用监听事件方法见表5-12。

表 5-12 常用监听事件方法

事 件 监 听	方 法	说 明
ListView	setOnItemClickListener()	单击时触发
EditText	setOnKeyListener()	获取焦点时触发
RadioGroup	setOnCheckedChangeListener()	单击时触发
CheckBox	setOnCheckedChangeListener()	单击时触发
Spinner	setOnItemSelectedListener()	单击时触发
DatePicker	onDateChangedListener()	日期改变时触发
DatePickerDialog	onDateSetListener()	设置日期时触发
TimePicker	onTimeChangedListener()	时间改变时触发
TimePickerDialog	onTimeSetListener()	设置时间时触发
Button.ImageButton	setOnClickListener()	单击时触发
Menu	onOptionsItemSelected()	单击时触发
Gallery	setOnItemClickListener()	单击时触发
GridView	setOnItemClickListener()	单击时触发

所谓事件监听器，其实就是实现了特定接口的Java类的实例。在程序中实现事件监听器，通常有如下几种形式：

（1）内部类形式：将事件监听器类定义为当前类的内部类。

（2）外部类形式：将事件监听器类定义成一个外部类。

（3）类自身作为事件监听器类：让Activity本身实现监听器接口，并实现事件处理方法。

（4）匿名内部类形式：使用匿名内部类创建事件监听器对象。

下面依次介绍四种事件监听器。

（1）匿名内部类作为事件监听器类。大部分时候事件处理器都没有什么利用价值，因此大部分事件监听器只是临时使用一次，所以使用匿名内部类形式的事件监听器更合适。实际上，这种形式是目前最广泛的事件监听器形式。

程序代码如下：

```
Button button=findViewById(R.id.button5);
button.setOnClickListener(new View.OnClickListener() {
    @Override
    public void onClick(View view) {
        Toast.makeText(Demo2Activity.this, "匿名内部类作为事件监听器", Toast.LENGTH_
SHORT).show();
    }
});
```

（2）内部类作为事件监听器。将事件监听器类定义成当前类的内部类。使用内部类可以在当前类中复用监听器类，因为监听器类是外部类的内部类，所以可以自由访问外部类的所有界面组件，这也是内部类的两个优势。

程序代码如下：

```
public class Demo2Activity extends AppCompatActivity {
    @Override
    protected void onCreate(Bundle savedInstanceState) {
        super.onCreate(savedInstanceState);
        setContentView(R.layout.activity_demo2);
        Button button=findViewById(R.id.button5);
        MyButton myButton=new MyButton();
        button.setOnClickListener(myButton);              // 绑定监听事件
    }
    private class MyButton implements View.OnClickListener{ // 定义内部类事件监听器
        @Override
        public void onClick(View view) {
            Toast.makeText(Demo2Activity.this, "内部类作为事件监听器", Toast.LENGTH_
SHORT).show();
        }
    }
}
```

（3）Activity本身作为事件监听器。使用Activity本身作为监听器类，可以直接在Activity类中定义事件处理器方法，这种形式非常简洁。但这种做法有两个缺点：①这种形式可能造成程序结构混乱。Activity的主要职责应该是完成界面初始化，但此时还需包含事件处理器方法，从而引起混乱；

②如果Activity界面类需要实现监听器接口，会让人感觉比较怪异。

让Activity类实现OnClickListener事件监听接口，从而可以在该Activity类中直接定义事件处理器方法onClick(view v)，当为某个组件添加该事件监听器对象时，直接使用this作为事件监听器对象即可。

程序代码如下：

```
    public class Demo2Activity extends AppCompatActivity implements View.
OnClickListener{
        @Override
        protected void onCreate(Bundle savedInstanceState) {
            super.onCreate(savedInstanceState);
            setContentView(R.layout.activity_demo2);
            Button button=findViewById(R.id.button5);
            button.setOnClickListener(this);     // 绑定监听事件
        }
        @Override
        public void onClick(View view) {
            Toast.makeText(Demo2Activity.this, "类自身作为事件监听器", Toast.LENGTH_
SHORT).show();
        }
    }
```

（4）外部类作为事件监听器。使用顶级类定义事件监听器类的形式比较少见，主要有如下两个原因：

① 事件监听器通常属于特定的GUI界面，定义成外部类不能提高程序的内聚性。

② 外部类形式的事件监听器不能自由访问创建GUI界面的类中的组件，编程不够简洁。但如果某个事件监听器确实需要被多个GUI界面所共享，而且主要是完成某种业务逻辑的实现，则可以考虑使用外部类的形式来定义事件监听器类。

程序代码如下：

```
    public class Demo2Activity extends AppCompatActivity{
        @Override
        protected void onCreate(Bundle savedInstanceState) {
            super.onCreate(savedInstanceState);
            setContentView(R.layout.activity_demo2);
            Button button=findViewById(R.id.button5);
            // 绑定监听事件
            button.setOnClickListener(new MyButtonListener("类自身作为事件监听器"));
        }
        // 定义外部类事件监听器
        private class MyButtonListener implements View.OnClickListener {
            private final String str;
            public MyButtonListener(String str) {
```

```
            super();
            this.str=str;
        }
        @Override
        public void onClick(View view) {
            Toast.makeText(Demo2Activity.this, str, Toast.LENGTH_SHORT).show();
        }
    }
}
```

直接绑定到标签的事件监听

2. 直接绑定到标签的事件监听

Android还有一种简单的绑定事件的方式，即直接在界面布局文件中为指定标签绑定事件处理方法。对于很多Android界面组件标签而言，它们都支持如onClick、onLongClick等属性，这种属性的属性值就是一个形如xxx(View view)方法的方法名。

在布局文件中为组件添加单击事件的处理方法，布局文件如下：

```
<?xml version="1.0" encoding="utf-8"?>
<LinearLayout xmlns:android="http://schemas.android.com/apk/res/android"
    xmlns:tools="http://schemas.android.com/tools"
    android:layout_width="match_parent"
    android:layout_height="match_parent"
    android:orientation="vertical"
    android:gravity="center_horizontal"
    tools:context=".Demo2Activity">
    <TextView
        android:layout_width="wrap_content"
        android:layout_height="wrap_content"
        android:text="测试"
        android:layout_marginLeft="5dp"
        android:id="@+id/textView"
        android:textSize="20sp"/><!--用于显示按钮被单击后内容-->
    <Button
        android:id="@+id/button5"
        android:layout_width="wrap_content"
        android:layout_height="wrap_content"
        android:text="单击我"
        android:onClick="clickButton"/><!--绑定一个事件处理方法-->
</LinearLayout>
```

然后在该界面布局对应的Activity中定义一个void clickButton(View view)方法，该方法将会负责处理该按钮上的单击事件，详细代码如下：

```
public class Demo2Activity extends AppCompatActivity{
    private TextView textView;
```

```
    @Override
    protected void onCreate(Bundle savedInstanceState) {
        super.onCreate(savedInstanceState);
        setContentView(R.layout.activity_demo2);
    }
    // 实现clickButton方法
    public void clickButton(View view) {
        textView = findViewById(R.id.textView);
        textView.setText("按钮被点击了");
    }
}
```

运行效果如图5-8所示。

图 5-8　按钮单击前（左）和按钮单击后（右）

视频

Handler消息传递机制

3. Handler消息传递机制

出于性能优化的考虑，Android的UI操作并不是线程安全的，这意味着如果有多个线程并发操作UI，可能导致线程安全问题。为了解决这个问题，Android制定了一条简单的规则：只允许UI线程修改Activity的UI组件。

当一个程序第一次启动时，Activity会同时启动一条主线程，主线程主要负责处理与UI相关的事件，如用户的按键操作、用户触摸屏幕的事件及屏幕绘制事件，并把相关的事件分发到对应的组件进行处理。所以，主线程通常又称UI线程。

Android的消息传递机制是另一种形式的“事件处理”，这种机制主要为解决Android应用的多线程问题——Android平台只允许UI线程修改Activity里的UI组件，这就会导致新启动的线程无法动态改变界面组件的属性值。但在实际开发中，尤其是涉及动画的游戏开发中，需要让新启动的线程周期性地改变界面组件的属性值，这就需要借助于Handler的消息传递机制。Handler类的常用方法见表5-13。

表 5-13　Handler 类的常用方法

方 法 签 名	描　　述
public voidhandleMessage(Message msg)	通过该方法获取、处理信息
public final booleansendEmptyMessage(int what)	发送一个只含有 what 值的消息
public final booleansendMessage(Message msg)	发送消息到 Handler，通过 handleMessage() 接收
public final booleanhasMessages(int what)	监测消息队列中是否有 what 值的消息
public final boolean post(Runnable r)	将一个线程添加到消息队列

Handler类主要有以下两个作用：

（1）在新启动的线程中发送消息。

（2）在主线程中获取、处理消息。

上面的说法看上去很简单，似乎只分成两步：在新线程中发送消息，然后在主线程中获取并处理消息即可。但过程中涉及一些问题，新启动的线程何时发送消息?主线程又何时处理消息?时机如何控制?

为了解决处理消息问题，只能通过回调的方式来实现，重写Handler类的handleMessage()方法。当新启动的线程发送消息时，消息会发送到与之关联的MessageQueue，而Handler会不断从MessageQueue中获取并处理消息，这将导致Handler中处理消息的方法被回调。

开发带有Handler类的程序步骤如下：

（1）创建Handler类对象，并重写handleMessage()方法。

（2）在新启动的线程中，调用Handler对象的发送消息方法。

（3）利用Handler对象的handleMessage()方法接收消息，然后根据不同的消息执行不同的操作。

任务实施

在项目中多处使用事件监听，下面以个人中心页面作为任务实施进行讲解，其中包括个人头像绑定标签事件监听"我的活动"和"退出登录"使用内部类事件监听器实现完成，如图5-9所示。

图 5-9　个人中心页面事件监听效果

步骤一：规划个人中心页面布局文件。打开activity_main.xml文件，设计布局文件如图5-10所示。

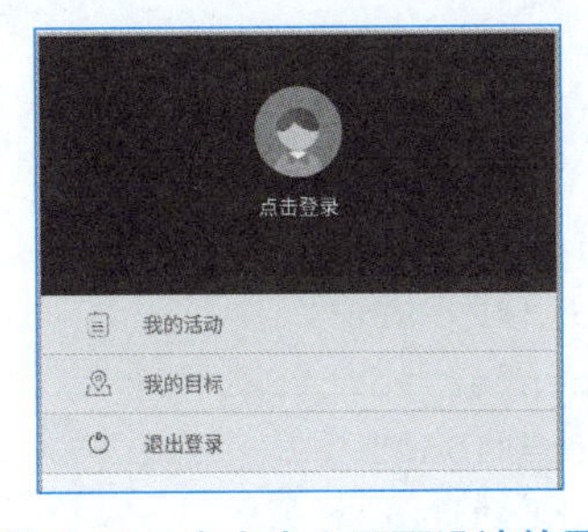

图 5-10　个人中心页面设计效果

程序代码如下：

```
<?xml version="1.0" encoding="utf-8"?>
<LinearLayout xmlns:android="http://schemas.android.com/apk/res/android"
    xmlns:app="http://schemas.android.com/apk/res-auto"
    xmlns:tools="http://schemas.android.com/tools"
    android:layout_width="match_parent"
    android:layout_height="match_parent"
    android:orientation="vertical"
    tools:context=".MainActivity">
    <LinearLayout
        android:id="@+id/ll_head"
        android:layout_width="fill_parent"
        android:layout_height="200dp"
        android:background="#3F51B5"
        android:orientation="vertical">
        <ImageButton
            android:onClick="login"
            android:layout_width="70dp"
            android:layout_height="70dp"
            android:layout_gravity="center_horizontal"
            android:scaleType="centerCrop"
            android:layout_marginTop="40dp"
            android:background="#0000"
            android:src="@drawable/head" />
        <TextView
            android:id="@+id/tv_user_name"
            android:layout_width="wrap_content"
            android:layout_height="wrap_content"
            android:layout_gravity="center_horizontal"
            android:layout_marginTop="10dp"
            android:text="点击登录"
            android:textColor="@android:color/white"
            android:textSize="16sp" />
    </LinearLayout>
    <RelativeLayout
        android:id="@+id/rl_my_order"
        android:layout_width="fill_parent"
        android:layout_height="45dp"
        android:background="#F7F8F8"
        android:gravity="center_vertical"
        android:paddingLeft="10dp"
        android:paddingRight="10dp">
```

```
        <ImageView
            android:id="@+id/iv_my_order"
            android:layout_width="20dp"
            android:layout_height="20dp"
            android:layout_centerVertical="true"
            android:layout_marginLeft="25dp"
            android:src="@drawable/order" />

        <TextView
            android:layout_width="wrap_content"
            android:layout_height="wrap_content"
            android:layout_centerVertical="true"
            android:layout_marginLeft="25dp"
            android:layout_toRightOf="@id/iv_my_order"
            android:text="我的活动"
            android:textColor="#A3A3A3"
            android:textSize="16sp" />
        <ImageView
            android:layout_width="15dp"
            android:layout_height="15dp"
            android:layout_alignParentRight="true"
            android:layout_centerVertical="true"
            android:layout_marginRight="25dp"
            android:src="@drawable/iv_right_arrow" />
    </RelativeLayout>

    <View
        android:layout_width="fill_parent"
        android:layout_height="1dp"
        android:background="#E3E3E3" />

    <RelativeLayout
        android:id="@+id/rl_my_address"
        android:layout_width="fill_parent"
        android:layout_height="45dp"
        android:background="#F7F8F8"
        android:gravity="center_vertical"
        android:paddingLeft="10dp"
        android:paddingRight="10dp">

        <ImageView
            android:id="@+id/iv_my_websit"
            android:layout_width="20dp"
```

```
            android:layout_height="20dp"
            android:layout_centerVertical="true"
            android:layout_marginLeft="25dp"
            android:src="@drawable/address" />

        <TextView
            android:layout_width="wrap_content"
            android:layout_height="wrap_content"
            android:layout_centerVertical="true"
            android:layout_marginLeft="25dp"
            android:layout_toRightOf="@id/iv_my_websit"
            android:text="我的目标"
            android:textColor="#A3A3A3"
            android:textSize="16sp" />

        <ImageView
            android:layout_width="15dp"
            android:layout_height="15dp"
            android:layout_alignParentRight="true"
            android:layout_centerVertical="true"
            android:layout_marginRight="25dp"
            android:src="@drawable/iv_right_arrow" />
    </RelativeLayout>
    <View
        android:layout_width="fill_parent"
        android:layout_height="1dp"
        android:background="#E3E3E3" />
    <RelativeLayout
        android:id="@+id/rl_loginout"
        android:layout_width="fill_parent"
        android:layout_height="45dp"
        android:background="#F7F8F8"
        android:gravity="center_vertical"
        android:paddingLeft="10dp"
        android:paddingRight="10dp">
        <ImageView
            android:id="@+id/iv_loginout_icon"
            android:layout_width="20dp"
            android:layout_height="20dp"
            android:layout_centerVertical="true"
            android:layout_marginLeft="25dp"
            android:src="@drawable/exit" />
        <TextView
```

```
            android:layout_width="wrap_content"
            android:layout_height="wrap_content"
            android:layout_centerVertical="true"
            android:layout_marginLeft="25dp"
            android:layout_toRightOf="@+id/iv_loginout_icon"
            android:text="退出登录"
            android:textColor="#A3A3A3"
            android:textSize="16sp" />
        <ImageView
            android:layout_width="15dp"
            android:layout_height="15dp"
            android:layout_alignParentRight="true"
            android:layout_centerVertical="true"
            android:layout_marginRight="25dp"
            android:src="@drawable/iv_right_arrow" />
    </RelativeLayout>
    <View
        android:layout_width="fill_parent"
        android:layout_height="1dp"
        android:background="#E3E3E3" />
</LinearLayout>
```

步骤二：添加监听事件。在该界面布局对应的Activity中定义一个void login(View view)方法，该方法将会负责处理点击头像进入登录页面的单击事件。“我的活动”、“我的目标”和“退出登录”监听绑定内部类事件监听器relativeListener中，详细代码如下：

```
public class Demo2Activity extends AppCompatActivity{
    private RelativeLayout rl_my_order,rl_my_address,rl_loginout;
    @Override
    protected void onCreate(Bundle savedInstanceState) {
        super.onCreate(savedInstanceState);
        setContentView(R.layout.activity_demo2);
        rl_my_order=findViewById(R.id.rl_my_order);
        rl_my_address=findViewById(R.id.rl_my_address);
        rl_loginout=findViewById(R.id.rl_loginout);
        RelativeListener relativeListener=new RelativeListener();
        rl_my_order.setOnClickListener(relativeListener);
        rl_my_address.setOnClickListener(relativeListener);
        rl_loginout.setOnClickListener(relativeListener);
    }
    public void login(View view) {
        dialog("下一步将跳转到登录页面！");
    }
```

```
    private class RelativeListener implements View.OnClickListener{
        @Override
        public void onClick(View v) {
            if(v.getId()==R.id.rl_my_order){
                dialog("下一步将查询个人活动！");
            }
            if (v.getId()==R.id.rl_my_address){
                dialog("下一步将完成我的目标！");
            }
            if (v.getId()==R.id.rl_loginout){
                dialog("下一步将退出登录！");
            }
        }
    }
    public void dialog(String str){
        AlertDialog.Builder builder=new AlertDialog.Builder(this);
        builder.setMessage(str);
        builder.setPositiveButton("确定", new DialogInterface.OnClickListener() {
            @Override
            public void onClick(DialogInterface dialog, int which) {
            }
        });
        builder.create().show();
    }
}
```

步骤三：运行以上程序，测试效果。运行效果如图5-10所示。

视频

图像切换器（ImageSwitcher）

图像切换器

图像切换器（ImageSwitcher），用于实现带动画效果的图片切换功能。例如，手机相册中滑动查看相片的功能（见图5-11），以及挑选图片界面（见图5-12）。

在使用ImageSwitcher时，必须通过它的setFactory()方法为ImageSwitcher类设置一个ViewFactory，用于将显示的图片和父窗口区分开，对于setFactory()方法的参数，需要通过实例化ViewSwitcher.ViewFactory接口的实现类来指定。在创建ViewSwitcher.ViewFactory接口的实现类时，需要重写makeView()方法，用于创建显示图片的ImageView。makeView()方法将返回一个显示图片的ImageView。另外，在使用图像切换器时，还有一个方法非常重要，那就是setImageResource()方法，该方法用于指定要在ImageSwitcher中显示的图片资源。

图 5-11 手机相册中滑动查看相片

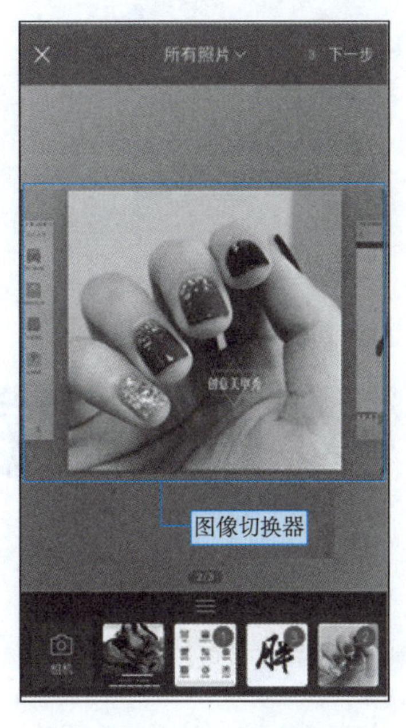

图 5-12 挑选图片

任务小结

学习Android开发，可以使读者掌握基于监听的事件处理，直接绑定到标签的事件监听，以及Handler消息传递机制。这些学习让读者掌握了用户交互和线程间通信的基本方法，为开发复杂应用打下了基础。

自我评测

1. 简单描述 ImageButton 的 src 属性与 background 属性的区别。
2. 如何将 ImageButton 默认的背景去除？
3. 简述 AlertDialog 创建的一般步骤。
4. Android 中事件处理方式主要有哪三种？
5. 基于监听的事件处理模型中，主要包含的三类对象是什么？
6. 简单描述基于监听的事件处理的过程。
7. 实现事件监听器的方式有________、________、________和________。
8. 简要描述 Handler 消息传递机制的步骤。

项目六 “首页”模块的设计

学习目标

- 掌握下拉列表Spinner的功能和用法。
- 掌握普通列表ListView的功能和用法。
- 掌握网格列表GridView的功能和用法。

框架要点

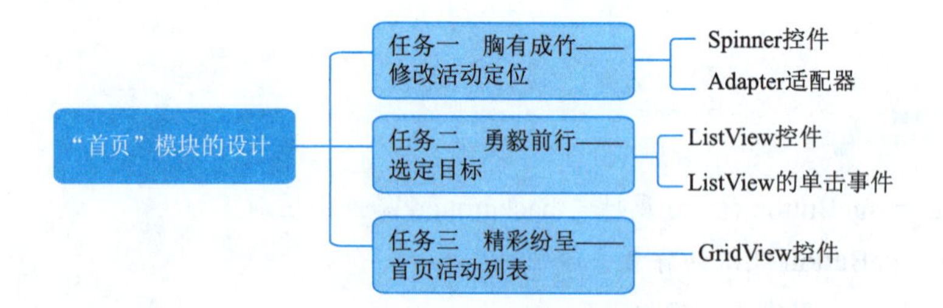

项目描述

在现实生活中，人们经常会使用QQ、微信等应用程序。在这些应用程序中通常会有一个页面展示多个条目，并且每个条目的布局都是一样的。如果利用前面所学习的知识实现这种布局，需要创建大量相同的布局，并且不利于程序维护和扩展。针对上述情况，Android系统提供了功能强大的列表控件，通过列表控件可轻松实现上述需求。

列表控件是Android系统开发中使用最广泛的控件之一，常见的列表控件包括Spinner（下拉列表）、ListView（普通列表）、GridView（网格列表）、RecyclerView（增强列表）等。通过列表控件可展示多项数据，并且开发者可动态配置数据源，列表控件可根据所适配的数据源不同展示不同的内容。Android中主要采用适配器模式帮助建立列表控件和数据源之间的联系。因此在使用列表控件的时候，还需要创建适配器对象并为适配器提供数据源。Adapter（适配器）对象用来指明数据源中的每一项数据在列表控件中如何显示。列表控件调用setAdapter()方法把Adapter对象传递进来，即可将数据显示在列表中。

本项目通过对任务分析与实现，帮助读者学会使用列表控件。通过对不同种类的列表控件综合运用，实现项目中的首页、活动列表、目标列表等页面的功能。

渐进任务：

任务一　胸有成竹——修改活动定位。

任务二　勇毅前行——选定目标。

任务三　精彩纷呈——首页活动列表。

任务一　胸有成竹——修改活动定位

任务描述

在Android开发中，Spinner是一个常用的下拉选择控件，用户可以通过点击Spinner来选择一个项目。然而，Spinner本身并不直接显示数据，它需要通过Adapter来连接数据源，并将数据源中的数据显示在Spinner上。本任务旨在通过实际操作，使开发者熟悉Spinner控件和Adapter适配器的使用。

实践任务导引：

（1）Spinner控件。

（2）Adapter适配器。

知识储备

1. Spinner控件

视频

Spinner控件

下拉列表Spinner类似于下拉菜单，默认情况下展示列表项中的第一项，单击Spinner控件时会弹出一个包含所有数据的下拉列表。Spinner比较节省空间，常用于固定值选择或者条件筛选等。例如，在用户输入地址信息的时候，在选择省份或者地区时通常可以采用Spinner列表控件提供给用户，让用户从中选择，这样可减少用户的输入和避免用户输入错误信息。

使用列表控件的关键步骤如下：

（1）在布局文件中添加列表控件，在Java代码文件中通过id属性获取到列表控件。

（2）准备数据源，数据源可以是数组或者集合。

（3）构建Adapter对象，指定列表中每一项数据的显示样式，并将数据源数据通过构造函数等方式传递给Adapter对象。

（4）列表控件调用setAdapter()方法，关联创建好的Adapter对象，展示数据源中的数据。

下面就以选择编程语言为例，讲解Spinner控件的具体用法。

（1）创建名为Demo0601的应用程序。

（2）设置布局文件，在res/layout/activity_main.xml文件中添加一个TextView用于显示标题，再添加一个Spinner控件用于显示下拉列表。布局文件的核心代码如下：

```
<?xml version="1.0" encoding="utf-8"?>
<LinearLayout xmlns:android="http://schemas.android.com/apk/res/android"
    xmlns:tools="http://schemas.android.com/tools"
    android:layout_width="match_parent"
    android:layout_height="match_parent"
    android:orientation="horizontal"
    android:gravity="center_vertical"
    tools:context=".MainActivity">
    <TextView
        android:layout_width="wrap_content"
        android:layout_height="wrap_content"
        android:text="你学习的编程语言："
        android:textSize="16sp"/>
    <Spinner
        android:layout_width="wrap_content"
        android:layout_height="wrap_content"
        android:id="@+id/languageList"/>
</LinearLayout>
```

（3）Spinner列表由若干Item组成，每个Item显示编程语言的名称，因此需要设置Item选项的布局。在res/layout文件夹中创建一个Item界面的布局文件simple_list_item.xml，在该文件中添加一个TextView用来展示每项的内容。注意：不需要在TextView的外层添加布局，完整的布局文件代码如下：

```
<?xml version="1.0" encoding="utf-8"?>
<TextView xmlns:android="http://schemas.android.com/apk/res/android"
    android:layout_width="wrap_content"
    android:layout_height="wrap_content"
    android:padding="5dp"
    android:textSize="16sp">
</TextView>
```

（4）编写界面交互代码，在MainActivity中定义一个数组programLang，存储Spinner下拉列表中显示的编程名称，并创建ArrayAdapter对象，调用Spinner控件的setAdapter()方法，将Adapter与列表控件关联起来，实现数据适配，具体代码如下：

```
public class MainActivity extends AppCompatActivity {
    private String[] languageList = {"PHP","Java","C#","C++","Python","C"};
    private Spinner spinner;
    @Override
    protected void onCreate(Bundle savedInstanceState) {
```

```
        super.onCreate(savedInstanceState);
        setContentView(R.layout.activity_main);
        spinner = findViewById(R.id.languageList);
        // 创建适配器对象
        ArrayAdapter<String> stringAdp =
                new ArrayAdapter<String>(this,R.layout.simple_list_item,languageList);
        spinner.setAdapter(stringAdp);  // 为Spinner对象绑定适配器
    }
}
```

上述代码中，定义了一个数组languageList，存储Spinner下拉列表中显示的编程语言名称。创建了一个ArrayAdapter对象stringAdp，并传入三个参数：第一个参数表示当前对象，第二个参数表示每个Item的布局文件，第三个参数表示数据源。最后通过setAdapter()方法为Spinner控件设置适配器。

上述代码的运行效果如图6-1所示。

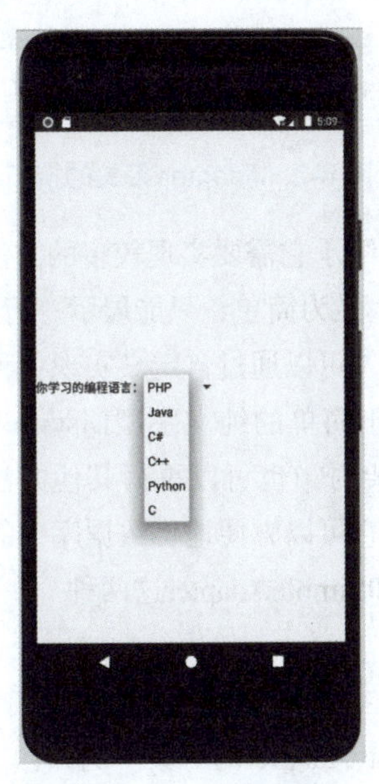

图 6-1　程序运行效果

2. Adapter适配器

视频 Adapter适配器

适配器(Adapter)是数据和界面之间的桥梁。后台数据（如数组、链表、数据库、集合等）通过适配器变成手机页面能够正常显示的数据，可以理解为界面数据绑定，如果将数据、适配器和页面比作MVC模式，那么适配器在这中间充当Controller的角色。

一般来说，Spinner（下拉列表）、ListView（列表视图）、GridView（网格视图）、Gallery（画廊）、ViewPager等组件都需要使用适配器来为其设置数据源。

Android系统中提供了多种适配器，它们之间的关系如图6-2所示。

在图6-2中可以看到在Android中与适配器有关的所有接口、类的完整层级图，在使用过程中可以根据需求对接口或继承类进行相应扩展。比较常用的适配器有BaseAdapter、ArrayAdapter、

SimpleAdapter、SimpleCursorAdapter等。

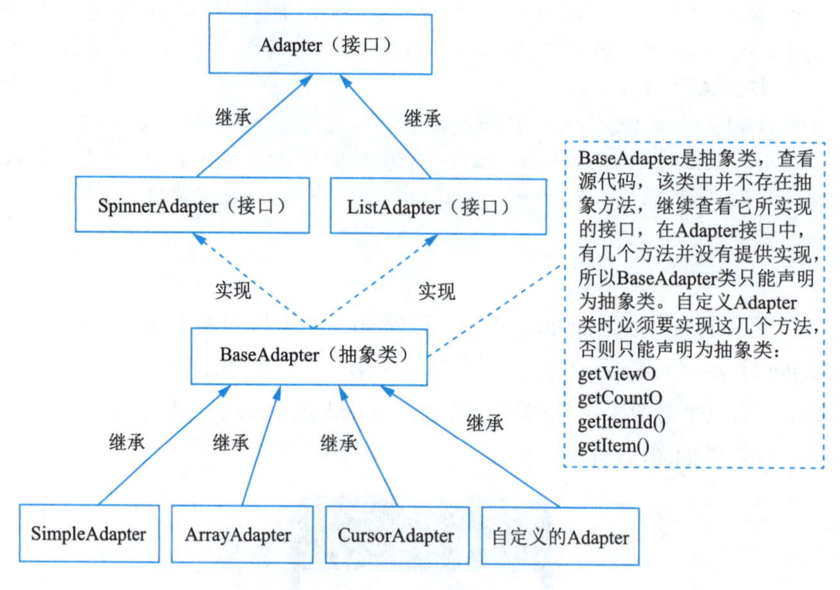

图 6-2 Adapter 相关的接口

（1）BaseAdapter是一个抽象类，继承它需要实现较多的方法，其具有较高的灵活性。

（2）ArrayAdapter支持泛型操作，最为简单，只能展示一行文字。

（3）SimpleAdapter的扩充性较好，可以通过自定义实现各种效果。

（4）SimpleCursorAdapter适用于简单的纯文字型ListView，在使用时需要将Cursor的字段和UI的ID对应起来，若需要实现更复杂的UI也可以重写其他方法。SimpleCursorAdapter可以理解为SimpleAdapter对数据库的简单整合，它可以方便地将数据库中的内容以列表的形式进行展示。

这里重点说明一下ArrayAdapter和SimpleAdapter这两种。

1）ArrayAdapter

ArrayAdapter主要用于将简单的文本字符串在高级组件中进行显示。使用ArrayAdapter的步骤如下：

第一步：使用new运算符创建ArrayAdapter的对象。例如：

```
    ArrayAdapter arrayadapter=new ArrayAdapter(Context context,@layoutresource
int resource,data);
```

第一个参数Context context是上下文，即当前视图所关联的且正在使用的适配器所处的上下文对象。第二个参数@layoutresource int resource是android sdk中内置的一个布局，该布局中只有一个TextView（该参数表明数组中每一条数据的布局是这个View，即将每一条数据都显示在这个View上）。第三个参数data是要显示的数据。ArrayAdapter既可以接收List作为数据源，也可以接收数组作为数据源。如果传入的是一个数组，那么 ArrayAdapter会在构造函数中通过Array.asList()方法将数组转换成List。

第二步：组件调用setAdapter()方法绑定适配器。

2）SimpleAdapter

SimpleAdapter的扩展性较好，其可以定义各种各样的布局，可以适配ImageView（图片）、

Button（按钮）、CheckBox（复选框）等。

SimpleAdapter的构造函数如下：

```
SimpleAdapter(Context context,List<?extends Map<String,?>>data,int
resource,String[]from,int[]to)
```

（1）context：当前视图所关联的且正在使用的适配器所处的上下文对象。

（2）data：一个Map型列表，该列表中的每个条目对应列表中的一行。Map中包含每一行的数据，并且包括所有的条目，data可以理解为要装载的数据。

（3）resource：一个View布局的资源标记，其定义了布局中的列表项，布局文件中至少包含哪些需要展示的视图项、需要展示的布局样式。

（4）from：列名的列表，其在Map中对应每一项数据item，是定义的Map<String,Objecb中的String数组。

（5）to：根据from参数可以得到的数值。to对应的值是根据from参数的列表中的某个值得到的，是定义的Map<String,Object>中的Object数组。

任务实施

通过以上内容和技能的学习，我们可以实现修改活动定位的功能。

步骤一：创建名字为Rw0601的应用程序。

步骤二：设置布局文件。在res/layout/activity_main.xml文件中设计实现修改活动定位的布局代码如下：

```
<?xml version="1.0" encoding="utf-8"?>
<RelativeLayout xmlns:android="http://schemas.android.com/apk/res/android"
    xmlns:app="http://schemas.android.com/apk/res-auto"
    xmlns:tools="http://schemas.android.com/tools"
    android:layout_width="match_parent"
    android:layout_height="match_parent"
    tools:context=".MainActivity">

    <EditText
        android:layout_width="match_parent"
        android:layout_height="wrap_content"
        android:layout_marginTop="5dp"
        android:id="@+id/edit_name"
        android:hint="姓名"/>
    <EditText
        android:layout_width="match_parent"
        android:layout_height="wrap_content"
        android:layout_below="@+id/edit_name"
        android:layout_marginTop="5dp"
```

```
        android:id="@+id/edit_phone"
        android:hint="电话"/>
    <TextView
        android:layout_width="wrap_content"
        android:layout_height="30dp"
        android:layout_below="@id/edit_phone"
        android:layout_marginTop="5dp"
        android:gravity="center"
        android:id="@+id/target_textView"
        android:text="活动目标"/>
    <Spinner
        android:layout_width="wrap_content"
        android:layout_height="30dp"
        android:layout_alignTop="@id/target_textView"
        android:layout_toRightOf="@id/target_textView"
        android:layout_marginLeft="10dp"
        android:id="@+id/target_Spinner"/>

</RelativeLayout>
```

步骤三：设置Item选项的布局。在res/layout文件夹中创建一个Item界面的布局文件simple_list_item.xml，在该文件中添加一个TextView用来展示每项的内容。

程序代码如下：

```
<?xml version="1.0" encoding="utf-8"?>
<TextView xmlns:android="http://schemas.android.com/apk/res/android"
    android:layout_width="match_parent"
    android:layout_height="wrap_content"
    android:padding="5dp"
    android:textSize="14sp">
</TextView>
```

步骤四：编写界面交互代码。在MainActivity中定义一个数组targetList，存储Spinner下拉列表中显示的编程名称，并创建ArrayAdapter对象，调用Spinner控件的setAdapter()方法，将Adapter与列表控件关联起来，实现数据适配，其他关键代码如下：

```
public class MainActivity extends AppCompatActivity {
    private EditText edit_name;
    private EditText edit_phone;
    private Spinner target_Spinner1;
    private Spinner target_Spinner2;
    private String target1,target2;
    private String target2List[];
    // 存储Spinner下拉列表中显示的数据
```

```
    private String[] targetList={"职业技能竞赛","创新创业大赛","团学活动"};
    @Override
    protected void onCreate(Bundle savedInstanceState) {
        super.onCreate(savedInstanceState);
        setContentView(R.layout.activity_main);
        initView(); // 自定义初始化控件方法
        initData(); // 自定义初始数据方法
    }

    private void initData() {
        edit_name.setText("王明");
        edit_phone.setText("14744141144");
        // 创建适配器对象为target_Spinner绑定
          target_Spinner1.setAdapter(new ArrayAdapter<String>(this,R.layout.
simple_list_item,targetList));
        // 为target_Spinner设置项被选择事件
           target_Spinner1.setOnItemSelectedListener(new AdapterView.
OnItemSelectedListener() {
            @Override
            public void onItemSelected(AdapterView<?> adapterView, View view,
int i, long l) {
                // 根据选择不同的方向，确定目标
                target1=targetList[i];
                switch (i){
                    case 0:
                        target2List = new String[]{"移动应用开发","微信小程序开发"};
                        break;
                    case 1:
                        target2List = new String[]{"互联网+创新创业大赛"};
                        break;
                    case 2:
                        target2List = new String[]{"社会实践","暑期培训班"};
                        break;
                }
                target_Spinner2.setAdapter(new ArrayAdapter<String>(MainActiv
ity.this,R.layout.simple_list_item,target2List));
            }

            @Override
            public void onNothingSelected(AdapterView<?> adapterView) {

            }
        });
```

```
    }

    private void initView() {
        edit_name = findViewById(R.id.edit_name);
        edit_phone = findViewById(R.id.edit_phone);
        target_Spinner1 = findViewById(R.id.target_Spinner1);
        target_Spinner2 = findViewById(R.id.target_Spinner2);
    }
}
```

步骤五：调试运行。运行效果如图6-3所示。

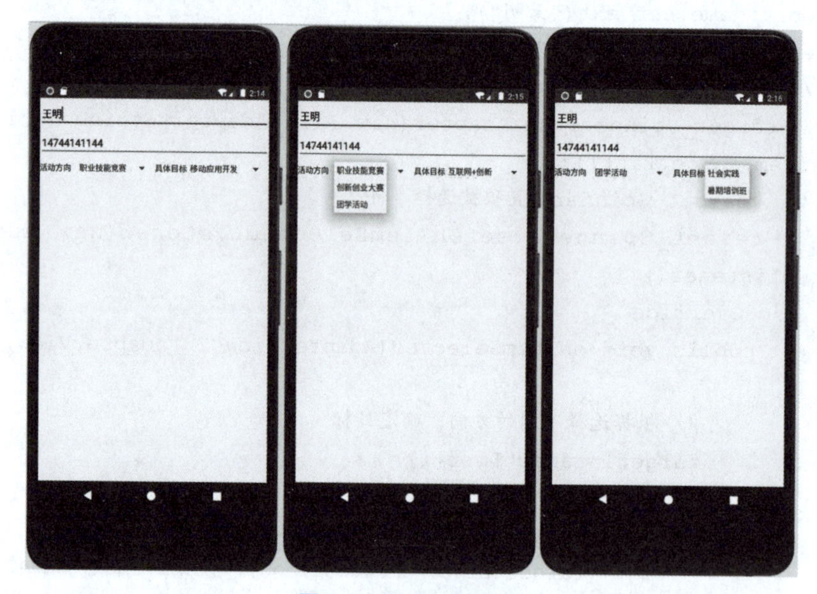

图 6-3 程序运行效果

扩展知识

视 频

自动完成编辑框AutoCompleteTextView

自动完成编辑框AutoCompleteTextView

自动完成编辑框一般用于搜索文本框，如在电商App的搜索框输入商品文字时，下方会自动弹出提示词列表，方便用户快速选择具体商品。AutoCompleteTextView的实现原理是：EditText结合监听器TextWatcher与下拉列表Spinner，一旦监控到EditText的文本发生变化，就自动弹出适配好的文字下拉列表，选中具体的下拉项向EditText填入相应文字。

AutoCompleteTextView新增的几个属性都与下拉列表有关，详细说明见表6-1。

表 6-1 自动完成编辑框的属性和设置方法说明

XML 中的属性	AutoComgleteTextView 类的设置方法	说 明
complctionHin	sctCompleticnHint	设置下拉列表底部的提示文字
completion Threshold	setThreshold	设置至少输入多少个字符才会显示提示

续表

XML 中的属性	AutoComgleteTextView 类的设置方法	说　明
dropDownHorizontalOffset	setDropDownHorizontalOffse	设置下拉列表与文本框之间的水平偏移
dropDown VerticalOffset	setDropDown VerticalOftse	设置下拉列表与文本框之间的重直偏移
dopownHeight	set ropl JownHeight	设置下拉列表的高度
dropDownWidth	setDropDown Width	设置下拉列表的宽度
无	setAdapter	设置下拉列表的数据适配器

下面是使用AutoCompleteTextView的案例：

（1）创建名称为Demo0603的应用程序。

（2）在res/layout/activity_main.xml文件中设计实现布局代码。

```
<?xml version="1.0" encoding="utf-8"?>
<LinearLayout xmlns:android="http://schemas.android.com/apk/res/android"
    xmlns:app="http://schemas.android.com/apk/res-auto"
    xmlns:tools="http://schemas.android.com/tools"
    android:layout_width="match_parent"
    android:layout_height="match_parent"
    android:orientation="vertical"
    tools:context=".MainActivity">

    <AutoCompleteTextView
        android:id="@+id/autoCompleteTextView"
        android:layout_width="match_parent"
        android:layout_height="wrap_content"
        android:text="AutoCompleteTextView" />
</LinearLayout>
```

（3）在res/layout文件夹中创建一个Item界面的布局文件dropdown_item.xml，在该文件中添加一个TextView用来展示每项的内容。

程序代码如下：

```
<?xml version="1.0" encoding="utf-8"?>
<TextView xmlns:android="http://schemas.android.com/apk/res/android"
    android:layout_width="match_parent"
    android:layout_height="wrap_content"
    android:textSize="14sp"
    android:layout_margin="15dp"/>
```

（4）在MainActivity中定义一个数组hintArray，存储提示文本，并创建adapter对象，调用AutoCompleteTextView控件的setAdapter()方法，将Adapter与列表控件关联起来，实现数据适配，其他关键代码如下：

```
public class MainActivity extends AppCompatActivity {
    private String[] hintArray={"java","php","c++","python","javascript"};
    @Override
    protected void onCreate(Bundle savedInstanceState) {
        super.onCreate(savedInstanceState);
        setContentView(R.layout.activity_main);
        // 从布局文件中获取名为ac_text的自动完成编辑框
        AutoCompleteTextView ac_text=findViewById(R.id.autoCompleteTextView);
        // 声明一个自动完成下拉展示的数组适配器
         ArrayAdapter<String> adapter=new ArrayAdapter<String>(this,R.layout.
dropdown_item,hintArray);
        // 设置自动完成编辑框的数组适配器
        ac_text.setAdapter(adapter);
    }
}
```

（5）运行效果如图6-4所示。

图 6-4　程序运行效果

任务小结

通过本任务的开展，可以使读者掌握下拉列表Spinner的功能和用法。Spinner控件用于用户选择，需要适配器(Adapter)提供数据。适配器连接数据和控件，负责数据项映射到视图。实现Spinner包括创建实例、设置适配器和监听器。

任务二 勇毅前行——选定目标

任务描述

本任务旨在帮助用户深入了解并熟练掌握ListView控件在Android开发中的应用。ListView是Android开发中常用的一个UI组件，用于展示一个垂直滚动的列表项。通过本任务，将学习如何在Android应用中添加ListView控件，如何为其设置数据源，并通过适配器（Adapter）将数据与UI界面进行绑定，最终呈现给用户一个功能强大、界面美观的列表展示效果。

实践任务导引：

（1）ListView控件。

（2）ListView的单击事件。

知识储备

1. ListView控件

视频

ListView控件

ListView是使用非常广泛的一种列表控件，它以垂直列表的形式展示所有的数据项，并且能够根据列表的高度自适应屏幕显示，也是早期Android开发中用于列表界面开发最多的控件。早期的开发者为了拓展ListView，对其进行继承和改写，也为其丰富了许多独特的功能，例如，经典的上拉加载新的列表数据、下拉刷新原有的列表数据等。

下面就以展示活动信息为例，讲解ListView控件的具体用法。

（1）创建程序，创建名为Demo0604的应用程序。

（2）导入图片，选中程序中的res/mipmap节点，右击，选择粘贴图片到mipmap-hdpi的文件夹，如图6-5所示，程序所需要的图片资源如图6-6所示。图片导入到文件夹，导入后结构如图6-7所示。

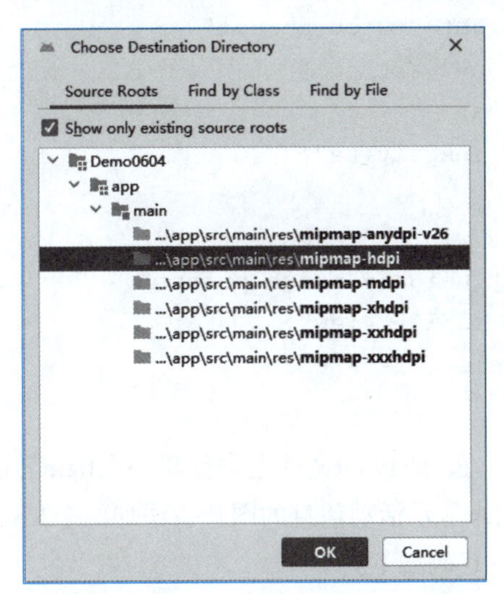

图 6-5 选择存放图片资源的文件夹

icon1

icon2

icon3

icon4

icon5

图 6-6　列表显示所需图片素材

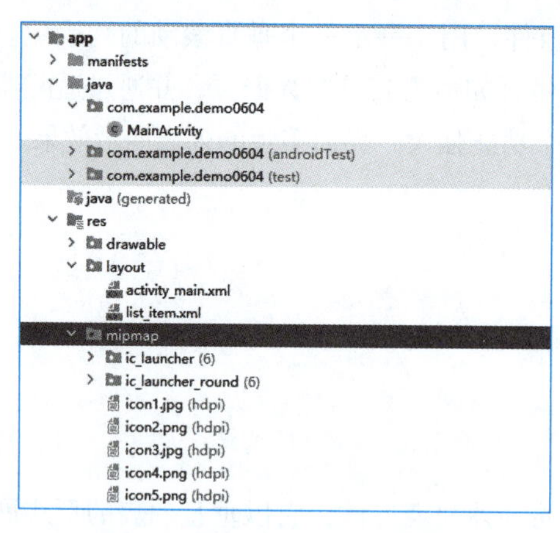

图 6-7　导入图片后的目录结构

（3）设置布局文件，在res/layout/activity_main.xml文件中添加一个ListView控件，并对其相应属性进行设置，布局文件的核心代码如下：

```
<?xml version="1.0" encoding="utf-8"?>
<LinearLayout xmlns:android="http://schemas.android.com/apk/res/android"
    xmlns:tools="http://schemas.android.com/tools"
    android:layout_width="match_parent"
    android:layout_height="match_parent"
    android:orientation="vertical"
    android:padding="5dp"
    tools:context=".MainActivity">
    <ListView
        android:layout_width="match_parent"
        android:layout_height="match_parent"
        android:id="@+id/listView"
        android:listSelector="#B8B8B8"/>
</LinearLayout>
```

（4）设置每个Item的布局，在res/layout文件夹中创建一个Item界面的布局文件list_item.xml，在该文件中添加一个ImageView用来显示活动信息的图片，添加两个TextView分别用于展示活动的名称和活动的描述。完整的布局文件代码如下：

```
<?xml version="1.0" encoding="utf-8"?>
<RelativeLayout xmlns:android="http://schemas.android.com/apk/res/android"
```

```
    android:layout_width="match_parent"
    android:layout_height="match_parent"
    android:padding="5dp">
    <ImageView
        android:id="@+id/hd_imageView"
        android:layout_width="80dp"
        android:layout_height="60dp"
        android:layout_margin="5dp"
        android:scaleType="centerCrop"
        android:background="@drawable/ic_launcher_background"/>
    <TextView
        android:id="@+id/hd_title_TextView"
        android:layout_width="match_parent"
        android:layout_height="wrap_content"
        android:layout_alignTop="@id/hd_imageView"
        android:layout_toRightOf="@id/hd_imageView"
        android:text="活动名称"
        android:textSize="18sp"
        android:textStyle="bold"/>
    <TextView
        android:id="@+id/hd_intro_TextView"
        android:layout_width="match_parent"
        android:layout_height="wrap_content"
        android:layout_below="@id/hd_title_TextView"
        android:layout_marginTop="10dp"
        android:layout_toRightOf="@id/hd_imageView"
        android:text="活动描述"
        android:textSize="16sp"/>
</RelativeLayout>
```

（5）在MainActivity中创建一个内部类MyBaseAdapter继承自BaseAdapter，并且在MyBaseAdapter中实现对ListView控件的适配。完整的代码如下：

```
public class MainActivity extends AppCompatActivity {
    private ListView hdListView;
    // 定义一个存储活动缩略图图片资源的数组icons
    private int[] icons={R.mipmap.icon1,R.mipmap.icon2,R.mipmap.icon3
                        ,R.mipmap.icon4,R.mipmap.icon5};
    // 定义一个存储活动标题的数组titles
    private String[] titles={
            "燃！第十七届青年健身节开幕",
            "十佳歌手总决赛开启",
            "第六届象山杯创新创业大赛成功举办",
```

```
            "2023年暑期社会实践活动通知",
            "暑期集结，志愿者成为学校亮丽“名片”"
    };
    // 定义一个存储活动简介的数组intros
    private String[] intros={
            "今天的活动太精彩了！我很喜欢大家一起锻炼身体的氛围",
            "为提高学生艺术素质，丰富学生课余生活，活跃校园气氛",
            "经创客自荐、组织推荐和校团委审查等环节，现将十大年度创客和十大年度创客提名奖
学生名单公示",
            "“我想为孩子们带去什么？我能给孩子们带去什么？”",
            "在为期6天的志愿服务里，我校学子牢记岗前培训会中农交会志愿服务注意事项，践行
志愿服务礼仪规范"
    };
    @Override
    protected void onCreate(Bundle savedInstanceState) {
        super.onCreate(savedInstanceState);
        setContentView(R.layout.activity_main);
        hdListView=findViewById(R.id.listView);
        // 自定义适配器类
        MyBaseAdpter myBaseAdpter=new MyBaseAdpter();
        hdListView.setAdapter(myBaseAdpter);
    }
    // 继承BaseAdapter并重写其中方法
    private class MyBaseAdpter extends BaseAdapter {
        @Override
        public int getCount() {
            return titles.length;
        }

        @Override
        public Object getItem(int i) {
            return titles[i];
        }

        @Override
        public long getItemId(int i) {
            return i;
        }

        @Override
        public View getView(int i, View view, ViewGroup viewGroup) {
            // 通过inflate()方法将layout.list_item布局转换成视图对象
            View view1=View.inflate(MainActivity.this,R.layout.list_item,null);
```

```
            // 获取layout.list_item布局中的各个控件
            TextView title=view1.findViewById(R.id.hd_title_TextView);
            TextView intro=view1.findViewById(R.id.hd_intro_TextView);
            ImageView image=view1.findViewById(R.id.hd_imageView);
            // 通过setBackgroundResource和setText方法将图片和文本展示出来
            image.setBackgroundResource(icons[i]);
            title.setText(titles[i]);
            intro.setText(intros[i]);
            return view1;
        }
    }
}
```

该程序运行效果如图6-8所示。

图 6-8 程序运行效果图

2. ListView的单击事件

视 频

ListView的单击事件

在使用ListView时，当单击某一个Item的时候，可能还需要进行其他操作。例如，在展示活动信息的时候，ListView可展示活动概要信息，当单击某一活动时，需要跳转到另外一个页面展示活动的详细信息，此时就需要触发ListView中Item的单击事件。在ListView中常用的单击事件分为普通的单击事件和长按单击事件，下面以代码的形式说明如何使用单击事件。

在上面案例的基础上在MainActivity.java中的onCreate()方法中添加以下代码：

```
hdListView.setOnItemClickListener(new AdapterView.OnItemClickListener() {
    @Override
    public void onItemClick(AdapterView<?> adapterView, View view, int i, long l) {
```

```
            String s="活动名称："+titles[i]+" 活动简介："+intros[i];
            Toast.makeText(MainActivity.this, s, Toast.LENGTH_LONG).show();
        }
    });
```

在上述代码中使用了setOnItemClickListener()方法为ListView注册一个项被单击的监听器。当用户单击ListVew中的任意Item的时候就会回调onltemClick()方法，在这个方法中通过i参数判断用户单击的是哪一个子项，然后获取到相应数组对应的项。最后通过Toast将活动的信息展示出来。

代码运行效果如图6-9所示。

图 6-9　点击子项后程序运行效果图

对于ListView中的每个Item，当长按某一个Item的时候可以触发长按事件，下面以代码的形式说明如何使用长按事件。

在onCreate()方法中添加以下代码：

```
    hdListView.setOnItemLongClickListener(new AdapterView.OnItemLongClickListener() {
        @Override
        public boolean onItemLongClick(AdapterView<?> adapterView, View view, int 
i, long l) {
            AlertDialog alertDialog=new AlertDialog.Builder(MainActivity.this)
                    .setMessage("确定删除么？")
                    .setPositiveButton("确定",null)
                    .setNegativeButton("取消",null)
                    .create();
            alertDialog.show();
            return true;
        }
    });
```

在上述代码中使用了setOnItemLongClickListener()方法为ListView注册一个项被长按的监听器。当用户长按ListView中的任意Item的时候就会回调onItemLongClick()方法，在这个方法中通过创建对话框，提示用户是否确定要删除。

代码运行效果如图6-10所示。

图 6-10　长按子项后程序运行效果图

任务实施

通过对ListView控件的学习，我们可以对项目中的选定目标的页面进行实现。

步骤一：创建程序，创建名字为Rw0602的应用程序。

步骤二：设置布局文件。修改布局为相对布局，添加一个ListView控件，并对其相应属性进行设置，布局文件的核心代码如下：

```
<?xml version="1.0" encoding="utf-8"?>
<RelativeLayout xmlns:android="http://schemas.android.com/apk/res/android"
    xmlns:tools="http://schemas.android.com/tools"
    android:layout_width="match_parent"
    android:layout_height="match_parent"
    tools:context=".MainActivity">
    <ListView
        android:id="@+id/targetListView"
        android:layout_width="match_parent"
        android:layout_height="match_parent"/>
</RelativeLayout>
```

步骤三：设置每个Item的布局，在res/layout文件夹中创建一个Item界面的布局文件target_list_item.xml，修改布局文件为相对布局，添加四个TextView控件，用于显示选定的目标信息。完整的布局文件代码如下：

```
<?xml version="1.0" encoding="utf-8"?>
<RelativeLayout xmlns:android="http://schemas.android.com/apk/res/android"
    android:layout_width="match_parent"
    android:layout_height="match_parent">
    <TextView
        android:id="@+id/target_title_TextView"
        android:layout_width="match_parent"
        android:layout_height="wrap_content"
        android:layout_margin="8dp"
        android:text="2023年暑期社会实践"
        android:textSize="15sp"
        android:textStyle="bold"/>
    <TextView
        android:id="@+id/target_status_TextView"
        android:layout_width="wrap_content"
        android:layout_height="wrap_content"
        android:layout_below="@id/target_title_TextView"
        android:layout_marginLeft="5dp"
        android:text="状态：已选定"/>
    <TextView
        android:id="@+id/target_value_TextView"
        android:layout_width="wrap_content"
        android:layout_height="wrap_content"
        android:layout_alignParentRight="true"
        android:layout_below="@id/target_title_TextView"
        android:layout_marginRight="8dp"
        android:text="总人数：10人"/>
    <TextView
        android:id="@+id/target_time_TextView"
        android:layout_width="wrap_content"
        android:layout_height="wrap_content"
        android:layout_below="@id/target_status_TextView"
        android:layout_margin="8dp"
        android:text="创建时间："/>
</RelativeLayout>
```

步骤四：完成适配和交互功能。在MainActivity中创建一个内部类MyBaseAdapter继承自BaseAdapter，并且在MyBaseAdapter中实现对ListView控件的适配。完整的代码如下：

```
public class MainActivity extends AppCompatActivity {
```

```
    private ListView targetListView;
    private String[] titles={"2023年暑期社会实践","2023年寒假志愿服务"};
    private String[] values={"10","25"};
    @Override
    protected void onCreate(Bundle savedInstanceState) {
        super.onCreate(savedInstanceState);
        setContentView(R.layout.activity_main);
        targetListView=findViewById(R.id.targetListView);
        targetListView.setAdapter(new MyListAdapter());
    }
    private class MyListAdapter extends BaseAdapter {
        private ViewHolder viewHolder;
        @Override
        public int getCount() {
            return titles.length;
        }
        @Override
        public Object getItem(int i) {
            return titles[i];
        }
        @Override
        public long getItemId(int i) {
            return i;
        }
        @Override
        public View getView(int i, View view, ViewGroup viewGroup) {
            if (view==null){
                view = View.inflate(MainActivity.this,R.layout.target_list_item,null);
                viewHolder=new ViewHolder();
                viewHolder.targetTitle=view.findViewById(R.id.target_title_TextView);
                viewHolder.targetValue=view.findViewById(R.id.target_value_TextView);
                viewHolder.targetTime=view.findViewById(R.id.target_time_TextView);
                view.setTag(viewHolder);
            }else{
                viewHolder=(ViewHolder) view.getTag();
            }
            SimpleDateFormat df=new SimpleDateFormat("yyyy-mm-dd HH:mm:ss");
            viewHolder.targetTitle.setText(titles[i]);
            viewHolder.targetValue.setText("总人数: "+values[i]+"人");
            viewHolder.targetTime.setText("创建时间: "+df.format(new Date()));
            return view;
        }
    }
```

```
        private class ViewHolder {
            TextView targetTitle;
            TextView targetValue;
            TextView targetTime;
        }
    }
```

步骤五：运行测试程序。运行效果如图6-11所示。

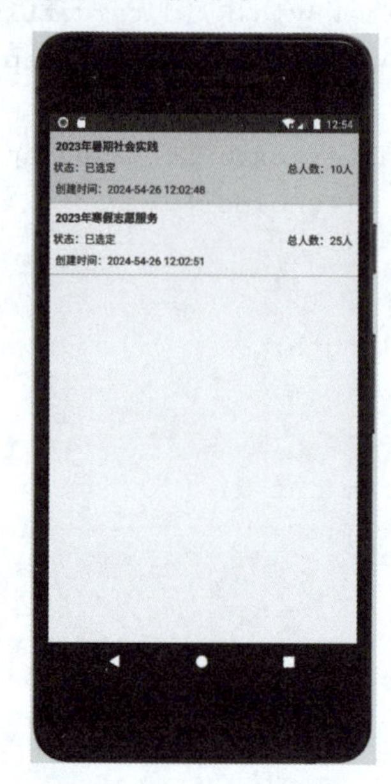

图 6-11　选定目标程序运行效果

视 频

提升ListView运行效率

提升ListView运行效率

在运行上述代码的时候，当ListView上加载的Item过多并且快速滑动ListView控件的时候，界面会出现卡顿。出现此状况的原因如下：

（1）当不断滑动ListView控件时，就会不断创建Item对象。ListView控件在屏幕上显示多少个Item，就会在适配器MyBaseAdapter中的getView()中创建多少个Item对象。当滑动ListView控件时，滑出屏幕的Item对象会被销毁，新加载到屏幕上的Item会创建新的对象，因此在滑动的过程中就是在不断地创建和销毁Item对象。

（2）在getView()中不断执行findViewById()方法初始化控件。每当创建一个Item对象就会加载一个Item布局，在加载布局的过程中会不断调用findViewById()方法初始化控件。这些操作要消耗设备的内存，因此不断滑动ListView就是在不断地初始化控件，当占用内存过多的时候，就会出现程序内存溢出异常。

针对上述问题，需要对ListView控件进行优化，优化的目标是在ListView不断滑动过程中不再重复创建Item对象，减少内存的消耗。具体操作如下：

（1）在MainActivity类中创建ViewHolder类。

```
private class ViewHolder {
    TextView targetTitle;
    TextView targetValue;
    TextView targetTime;
}
```

（2）在MyBaseAdapter的getView()方法中第二个参数view代表滑出屏幕的Item的缓存对象，当第一次加载ListView的时候创建Item对象，当滑动ListView控件的时候，在加载新的Item对象的时候可以复用缓存的view对象。在getView()中进行优化，具体代码如下：

```
public View getView(int i, View view, ViewGroup viewGroup) {
    if (view==null){
        view = View.inflate(MainActivity.this,R.layout.target_list_item,null);
        viewHolder = new ViewHolder();
        viewHolder.targetTitle = view.findViewById(R.id.target_title_TextView);
        viewHolder.targetValue = view.findViewById(R.id.target_value_TextView);
        viewHolder.targetTime = view.findViewById(R.id.target_time_TextView);
        view.setTag(viewHolder);
    }else{
        viewHolder = (ViewHolder) view.getTag();
    }
    SimpleDateFormat df = new SimpleDateFormat("yyyy-mm-dd HH:MM:SS");
    viewHolder.targetTitle.setText(titles[i]);
    viewHolder.targetValue.setText("总人数："+values[i]+"人");
    viewHolder.targetTime.setText("创建时间："+df.format(new Date()));
    return view;
}
```

在上述代码中首先判断view对象是否为null，如果是null表示是第一次加载Item项，需要使用inflate()创建Item对象并通过findViewById()方法找到控件。创建viewHolder对象，并将Item中的界面控件对象赋值给viewHolder对象的属性，最后通过setTag()和getTag()方法获取缓存在view对象中的ViewHolder对象。

任务小结

通过本任务的开展，可以使读者了解ListView控件的基本概念和使用方法。ListView控件用于在界面上显示一个列表，可以包含多列数据，每一列可以包含文本、图标或子项等。还学习了如何为ListView控件添加单击事件处理程序，以便在用户点击列表中的某一项时执行特定的操作。通过编写事件处理代码，我们可以响应用户的交互，实现如数据选择、打开新页面等功能。

任务三 精彩纷呈——首页活动列表

任务描述

在App开发中，数据展示是一个至关重要的环节。如何高效、直观地展示数据，对于提升用户体验和系统的易用性具有重大意义。GridView控件作为一种强大的数据绑定控件，能够灵活地显示和编辑数据源中的数据，成为开发人员在进行数据展示时的得力助手。本任务旨在通过详细介绍GridView控件的使用方法和技巧，帮助App开发人员更好地掌握这一工具，实现精彩纷呈的数据展示。

实践任务导引：

GridView控件。

知识储备

视频

GridView控件

GridView控件

前面所学的Spinner和ListView显示列表数据时，都是以垂直方向显示，每行只显示一个列表项。无法实现一行显示多个列表项的效果。如果要实现多行多列的展示效果，可使用GridView控件。GridView可将界面划分为若干个网格，可以设置每一行所能显示的列表项数量，然后根据总的列表项数来计算一共有多少行。例如，总共有15个列表项，每行存放4个列表项，则包含4行，如果每行存放3个列表项，则包含5行。使用GridView时，关键属性见表6-2。

表 6-2　GridView 关键属性

属 性 名	功 能 描 述
android:numColumns	每行中列的数量
android:horizontalSpacing	设置两个列表项之间的水平间距
android:verticalSpacing	设置两个列表项之间的垂直间距

任务实施

通过对GridView的学习，我们可以对项目中首页进行实现。

步骤一：创建程序。创建名为Rw0603的应用程序。

步骤二：导入图片。选中程序中res/mipmap节点，右击，选择粘贴图6-12所示的图片到mipmap-hdpi文件夹中。

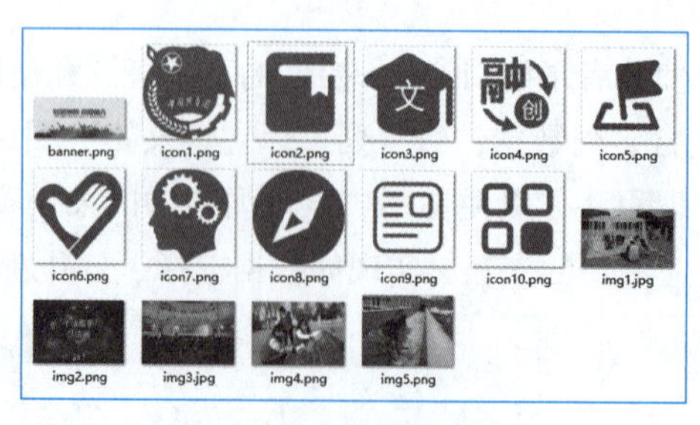

图 6-12　准备好的图片

步骤三：设置布局文件。回顾项目三任务二中所制作首页布局页面的过程，完成首页banner和图标列表的操作，修改其中部分代码，完成如图6-13所示的效果，其关键代码如下：

```
<?xml version="1.0" encoding="utf-8"?>
<LinearLayout xmlns:android="http://schemas.android.com/apk/res/android"
    xmlns:tools="http://schemas.android.com/tools"
    android:layout_width="match_parent"
    android:layout_height="match_parent"
    android:orientation="vertical"
    tools:context=".MainActivity">
    <ImageView
        android:layout_width="match_parent"
        android:layout_height="150dp"
        android:scaleType="centerCrop"
        android:src="@mipmap/banner"/>
    <GridLayout
        android:layout_width="wrap_content"
        android:layout_height="wrap_content"
        android:layout_gravity="center_horizontal"
        android:columnCount="5"
        android:orientation="horizontal"
        android:gravity="center"
        android:layout_marginTop="15dp">
        <ImageView
            android:layout_width="63dp"
            android:layout_height="63dp"
            android:layout_margin="5dp"
            android:clickable="true"
            android:src="@mipmap/icon1"/>
        <ImageView
            android:layout_width="63dp"
            android:layout_height="63dp"
            android:layout_margin="5dp"
            android:clickable="true"
            android:src="@mipmap/icon2"/>
        <ImageView
            android:layout_width="63dp"
            android:layout_height="63dp"
            android:layout_margin="5dp"
            android:clickable="true"
            android:src="@mipmap/icon3"/>
        <ImageView
            android:layout_width="63dp"
```

```
            android:layout_height="63dp"
            android:layout_margin="5dp"
            android:clickable="true"
            android:src="@mipmap/icon4"/>
        <ImageView
            android:layout_width="63dp"
            android:layout_height="63dp"
            android:layout_margin="5dp"
            android:clickable="true"
            android:src="@mipmap/icon5"/>
        <ImageView
            android:layout_width="63dp"
            android:layout_height="63dp"
            android:layout_margin="5dp"
            android:clickable="true"
            android:src="@mipmap/icon6"/>
        <ImageView
            android:layout_width="63dp"
            android:layout_height="63dp"
            android:layout_margin="5dp"
            android:clickable="true"
            android:src="@mipmap/icon7"/>
        <ImageView
            android:layout_width="63dp"
            android:layout_height="63dp"
            android:layout_margin="5dp"
            android:clickable="true"
            android:src="@mipmap/icon8"/>
        <ImageView
            android:layout_width="63dp"
            android:layout_height="63dp"
            android:layout_margin="5dp"
            android:clickable="true"
            android:src="@mipmap/icon9"/>
        <ImageView
            android:layout_width="63dp"
            android:layout_height="63dp"
            android:layout_margin="5dp"
            android:clickable="true"
            android:src="@mipmap/icon10"/>
    </GridLayout>
</LinearLayout>
```

设计效果如图6-13所示。

图 6-13 首页初始设计效果

步骤四：丰富布局文件。通过对GridView的学习，可以对首页进行丰富和实现。在首页中需要使用ScrollView垂直滚动条，但GridView在滚动条中需要重新计算高度才能使用。因此需要自定义一个类继承GridView，重写onMeasure()方法，在子布局中根据组件大小重新计算大小，自定义GridView类代码如下：

```
public class MyGridView extends GridView {
    public MyGridView(Context context) {
        super(context);
    }
    public MyGridView(Context context, AttributeSet attrs) {
        super(context, attrs);
    }
    public MyGridView(Context context, AttributeSet attrs, int defStyleAttr) {
        super(context, attrs, defStyleAttr);
    }
    public MyGridView(Context context, AttributeSet attrs, int defStyleAttr,
int defStyleRes) {
        super(context, attrs, defStyleAttr, defStyleRes);
    }
    // 重写onMeasuref()方法，重新计算高度，达到使GridView适应ScrollView的效果
    @Override
    protected void onMeasure(int widthMeasureSpec, int heightMeasureSpec) {
        // Integer.MAXVALUE:表示int类型能够表示的最大值，值为(2^31)-1
        // >>2:右移N位，相当于除以2的商的N次幂
        // MeasureSpec.AT_MOST:子布局可以根据自己的大小选择任意大小的模式
            int newHeight=MeasureSpec.makeMeasureSpec(Integer.MAX_VALUE>>2,
MeasureSpec.AT_MOST);
        super.onMeasure(widthMeasureSpec, heightMeasureSpec);
    }
}
```

其中，在现有布局页面文件的基础上增加以下关键代码：

```
<ScrollView
    android:layout_width="match_parent"
    android:layout_height="match_parent"
    android:gravity="center">
    <LinearLayout
        android:layout_width="match_parent"
        android:layout_height="match_parent"
        android:orientation="vertical">
        <!--添加自定义GridView-->
        <com.example.rw0603.MyGridView
            android:layout_width="match_parent"
            android:layout_height="wrap_content"
            android:layout_marginTop="5dp"
            android:gravity="center"
            android:horizontalSpacing="5dp"
            android:numColumns="2"
            android:verticalSpacing="5dp"
            android:id="@+id/mygridview">

        </com.example.rw0603.MyGridView>
    </LinearLayout>
</ScrollView>
```

步骤五：设置每个Item的布局。在res/layout文件夹中创建一个Item界面的布局文件grid_item.xml，在该文件中添加一个ImageView用来展示活动图片，添加三个TextView，用于展示活动标题、所需人数和已参加人数。完整的布局文件代码如下：

```
<?xml version="1.0" encoding="utf-8"?>
<RelativeLayout xmlns:android="http://schemas.android.com/apk/res/android"
    android:layout_width="wrap_content"
    android:layout_height="wrap_content">
    <ImageView
        android:id="@+id/hd_ImageView"
        android:layout_width="160sp"
        android:layout_height="160sp"
        android:layout_marginTop="4dp" />
    <TextView
        android:layout_width="160dp"
        android:layout_height="wrap_content"
        android:layout_below="@id/hd_ImageView"
        android:ellipsize="end"
        android:maxLines="1"
```

```
        android:text="标题"
        android:textSize="14sp"
        android:id="@+id/hd_title_TextView"/>
    <TextView
        android:layout_width="wrap_content"
        android:layout_height="wrap_content"
        android:layout_below="@id/hd_title_TextView"
        android:text="总数：10人"
        android:textSize="16sp"
        android:textColor="#f00"
        android:id="@+id/hd_total_TextView"/>
    <TextView
        android:layout_width="wrap_content"
        android:layout_height="wrap_content"
        android:layout_alignBottom="@id/hd_total_TextView"
        android:layout_marginLeft="10dp"
        android:layout_toRightOf="@id/hd_total_TextView"
        android:text="已报：5人"
        android:textSize="16sp"
        android:id="@+id/hd_number_TextView"/>
</RelativeLayout>
```

步骤六：定义一个活动类。创建一个名称为Hd的类，并实现 Serializable接口，便于对活动相关属性和方法的封装，完成代码如下：

```
public class Hd implements Serializable {
    // 定义图片，标题，总数，已报名人数
    private int image;
    private String title;
    private String total;
    private String number;
    public void setImage(int image) {
        this.image=image;
    }
    public int getImage() {
        return image;
    }
    public void setTitle(String title) {
        this.title=title;
    }
    public String getTitle() {
        return title;
    }
```

```
    public void setNumber(String number) {
        this.number=number;
    }
    public String getNumber() {
        return number;
    }
    public void setTotal(String total) {
        this.total=total;
    }
    public String getTotal() {
        return total;
    }
}
```

步骤七：创建ViewHolder类。为提升GridView控件的执行效率，此处创建ViewHolder类，便于使用ViewHolder对象来提升执行效果，其完整代码如下：

```
public class ViewHolder {
    ImageView hdImage;
    TextView hdTitle;
    TextView hdTotal;
    TextView hdNumber;
}
```

步骤八：定义一个适配器类。创建一个继承BaseAdapter类，名称为MyGridViewAdapter的适配器类，为后续绑定实现数据关联做准备，完整代码如下：

```
public class MyGridViewAdapter extends BaseAdapter {
    private Context context;
    private List<Hd> hdsList;
    private ViewHolder viewHolder;
    public MyGridViewAdapter(Context context,List<Hd> hdsList){
        this.context=context;
        this.hdsList=hdsList;
    }
    @Override
    public int getCount() {
        return hdsList.size();
    }
    @Override
    public Object getItem(int i) {
        return hdsList.get(i);
    }
    @Override
```

```
    public long getItemId(int i) {
        return i;
    }
    @Override
    public View getView(int i, View view, ViewGroup viewGroup) {
        if (view==null){
            view = LayoutInflater.from(context).inflate(R.layout.grid_item,viewGroup,false);
            viewHolder=new ViewHolder();
            viewHolder.hdImage=view.findViewById(R.id.hd_ImageView);
            viewHolder.hdTitle=view.findViewById(R.id.hd_title_TextView);
            viewHolder.hdTotal=view.findViewById(R.id.hd_total_TextView);
            viewHolder.hdNumber=view.findViewById(R.id.hd_number_TextView);
            view.setTag(viewHolder);
        }else{
            viewHolder=(ViewHolder) view.getTag();
        }
        viewHolder.hdImage.setBackgroundResource(hdsList.get(i).getImage());
        viewHolder.hdTitle.setText(hdsList.get(i).getTitle());
        viewHolder.hdTotal.setText("总数: "+hdsList.get(i).getTotal()+"人");
        viewHolder.hdNumber.setText("已报: "+hdsList.get(i).getNumber()+"人");
        return view;
    }
}
```

步骤九：实现数据适配。在MainActivity中实现数据定义和初始化，并创建gridView对象，gridView对象通过setAdapter()方法将MyGridViewAdapter对象与gridView控件关联起来，实现数据适配。完整的代码如下：

```
public class MainActivity extends AppCompatActivity {
    private MyGridView myGridView;
    private List<Hd> hds=new ArrayList<Hd>();
    private int[] imgs={R.mipmap.img1,R.mipmap.img2,R.mipmap.img3,R.mipmap.
img4,R.mipmap.img5};
    private String[] titles={
            "第十七届青年健身节",
            "十佳歌手总决赛",
            "第六届象山杯创新创业大赛",
            "2023年暑期社会实践活动",
            "暑期集结，志愿者亮“名片”活动"
    };
    private String[] totals={"100","10","15","80","200"};
    private String[] numbers={"54","8","10","20","164"};
    @Override
```

```
    protected void onCreate(Bundle savedInstanceState) {
        super.onCreate(savedInstanceState);
        setContentView(R.layout.activity_main);
        initView();
    }
    private void initView() {
        for (int i=0;i<5;i++){
            Hd hd = new Hd();
            hd.setImage(imgs[i]);
            hd.setTitle(titles[i]);
            hd.setTotal(totals[i]);
            hd.setNumber(numbers[i]);
            hds.add(hd);
        }
        myGridView = findViewById(R.id.mygridview);
        myGridView.setAdapter(new MyGridViewAdapter(MainActivity.this,hds));
        myGridView.setOnItemClickListener(new AdapterView.OnItemClickListener() {
            @Override
            public void onItemClick(AdapterView<?> adapterView, View view, int i, long l) {
                // 实现后续选择跳转
            }
        });
    }
}
```

步骤十：运行程序。运行程序后，鼠标指针移到活动列表位置，拖动可以滚动活动信息，如图6-14所示。

图 6-14　首页加入活动列表后的效果

扩展知识

Serializable接口

视频

Serializable接口

Serializable接口是一个标记接口，它没有定义任何方法，仅仅起到一个标记作用。当一个类实现了Serializable接口时，表明这个类的对象可以被序列化成字节流，或者从字节流反序列化还原成对象。这意味着，实现了Serializable接口的类的所有非瞬态（transient）字段都会被自动序列化，包括它们的值和类型信息。但是，静态字段和瞬态字段不会被序列化。

Serializable接口的作用是允许Java对象被序列化和反序列化。

通过实现Serializable接口，开发者可以控制对象的序列化和反序列化过程，以便在进行对象传输或持久化时，保留对象的状态和数据。这允许开发者在分布式系统中传递对象，并在不同的环境中使用相同的对象。

任务小结

通过本任务的开展，可以使读者掌握网格列表GridView的功能和用法，主要应用于多行多列的展示，在以后的开发中经常使用。

自我评测

1. BaseAdapter 为什么定义为抽象类？要想实现自定义的 Adapter，必须实现哪些方法？
2. 简述 SimpleAdapter 对象创建时各个参数的含义。
3. 根据所学的 ListView 控件，实现地址列表页面。

项目七 “发现”模块的设计

学习目标

- 掌握RecyclerView的使用方法。
- 掌握菜单资源的使用方法。

框架要点

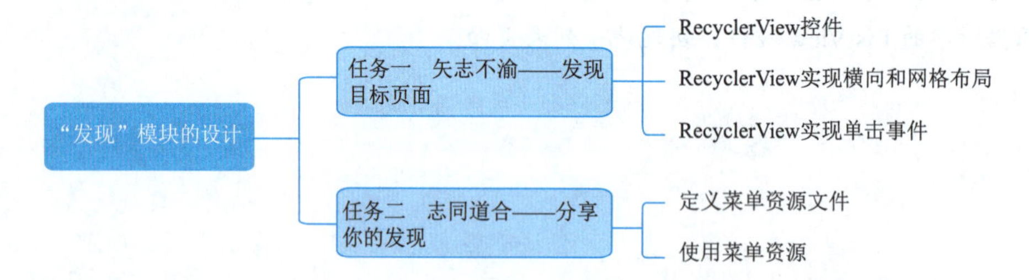

项目描述

列表控件是Android系统开发中使用最广泛的控件之一，在上一个项目中，对列表控件包括Spinner（下拉列表）、ListView（普通列表）、GridView（网格列表）等进行了讲解，这些控件可丰富页面显示效果。但在实际应用中，常常采用功能上更为强大的RecyclerView控件优化以上列表实现中的各种不足之处。

本项目通过对任务分析与实现，帮助读者学会使用RecyclerView列表控件，完成项目的“发现”模块的功能设计。

渐进任务：

任务一　矢志不渝——发现目标页面。

任务二　志同道合——分享你的发现。

项目拆解

任务一 矢志不渝——发现目标页面

任务描述

在Android开发中，列表展示是一个常见的需求。然而，传统的ListView控件在处理大量数据或复杂布局时，性能可能会受到影响。为了解决这个问题，Android引入了RecyclerView控件，它提供了更高效的列表展示方式，并支持更灵活的布局和动画效果。本任务旨在让读者深入了解RecyclerView控件的使用，掌握其基本原理和常见用法。

实践任务导引：

（1）RecyclerView控件。

（2）RecyclerView实现横向和网格布局。

（3）RecyclerView实现单击事件。

知识储备

1. RecyclerView控件

视 频

RecyclerView控件

RecyelerView是Android 5.0以后提供的更为强大的列表控件，不仅可以轻松实现ListView、GridView的效果，还优化了之前列表控件存在的各种不足之处，是目前官方推荐使用的列表控件。

RecyclerView控件可通过LayoutManager类设置列表项的布局管理器，用于控制列表项的整体布局，常见的布局管理器有：LinearLayoutManager（线性布局管理器，可以控制列表项按照水平从左到右摆放，或者垂直从上到下摆放）、GridLayoutManager（网格布局管理器，按照若干行或者若干列来摆放列表项）、StaggeredGridLayoutManager（交错网格布局管理器，可以实现瀑布流效果，网格不是整齐的而是有所偏移）。

RecyclerView控件使用RecyclerView.Adapter适配器，该适配器将BaseAdapter中的getView()方法拆分为onCreateViewHolder()方法和onBindViewHolder()方法，强制使用ViewHolder类，使代码编写更加规范，提高性能。RecyclerView控件复用Item对象是由控件自身完成，提高了灵活性。

视 频

RecyclerView实现横向和网格布局

为了使RecyclerView在所有的Android版本上都可以使用，Android团队将其定义在兼容包中，因此如果想使用RecyclerView控件，首先需要在项目的build.gradle中添加相关的依赖库。其中，RecyclerView的版本可根据本机上安装的Android版本变化。

2. RecyclerView实现横向和网格布局

在使用RecyclerView控件时需要注意在运行之前一定要为RecyclerView指定列表项的布局管理器，否则系统不知道该如何显示，就会报错并强制退出。另外，RecyclerView不仅可以实现纵向布局，还可以实现横向布局。实现横向布局的主要代码如下：

```
    LinearLayoutManager linearLayoutManager = new LinearLayoutManager(MainActivit
y.this,LinearLayoutManager.HORIZONTAL,false);
    recyclerView.setLayoutManager(linearLayoutManager);
```

上述代码中在创建线性布局管理器时传递了三个参数：第一个参数为上下文对象，通常为当前的Activity;第二个参数用于指定方向，默认为垂直的，在此指定为水平的；第三个参数表示列表项的顺序是否反转，对于水平方向来说，列表项默认是从左到右摆放，如果需要从右到左摆放，则表示需要反转，传递true进去即可。

除了LinearLayoutManager之外，RecyclerView还提供了GridLayoutManager和StaggeredGridLayoutManager这两种内置的布局排列方式。GridLayoutManager可以用于实现网格布局，StaggeredGridLayoutManager可以用于实现瀑布流布局。如果要实现网格布局，代码如下：

```
    GridLayoutManager gridLayoutManager = new GridLayoutManager(this,4,GridLayout
Manager.VERTICAL,false);
    recyclerView.setLayoutManager(gridLayoutManager);
```

创建网格布局管理器时需传递四个参数：第一个参数为上下文对象；第二个参数为每行或者每列排列Item个数；第三个参数表示网格的方向，是水平摆放还是垂直摆放，GridLayoutManager.VERTICAL表示纵向排列；第四个参数表示列表项的顺序是否反转，false表示不反转，按照原有次序加载。

视频

RecyclerView实现单击事件

3. RecyclerView实现单击事件

在ListView和GridView中，每个Item都有单击事件，RecyclerView同样也有单击事件，不过不同于ListView，RecyclerView并没有提供类似于setOnItemClickListener()这样的注册监听器方法，需要给Item中具体的View去注册单击事件，看似编写代码变复杂，其实是增加了控件的灵活性，这也是比ListView更强大的地方之一。对于RecyclerView控件的单击事件，需要修改自定义类MyAdapter中的代码，单击事件是定义在onCreateViewHolder()方法中，具体代码如下：

```
    public class MyAdapter extends RecyclerView.Adapter<MyAdapter.MyViewHolder>{
        @NonNull
        @Override
        public MyAdapter.MyViewHolder onCreateViewHolder(@NonNull ViewGroup
parent, int viewType) {
            final MyViewHolder myViewHolder=new MyViewHolder(
                    LayoutInflater.from(MainActivity.this)
                            .inflate(R.layout.item_listview,parent,false));
            myViewHolder.view.setOnClickListener(new View.OnClickListener() {
                @Override
                public void onClick(View view) {
                    int adapterPosition=myViewHolder.getAdapterPosition();
                    Toast.makeText(MainActivity.this,"你选择的活动是:"+titles[adapterPosition],
Toast.LENGTH_SHORT).show();
```

```
            }
        });
        return myViewHolder;
    }
    @Override
    public void onBindViewHolder(@NonNull MyAdapter.MyViewHolder holder, int
position) {
        holder.imageIv.setImageResource(imgs[position]);
        holder.titleTv.setText(titles[position]);
        holder.commentTv.setText(comments[position]);
        holder.praiseTv.setText(praises[position]);
        holder.dateTv.setText(dates[position]);
        holder.authorTv.setText(dates[position]);
    }
    @Override
    public int getItemCount() {
        return titles.length;
    }
    public class MyViewHolder extends RecyclerView.ViewHolder{
        private TextView titleTv;       // 活动标题
        private ImageView imageIv;      // 活动缩略图
        private TextView commentTv;     // 活动评论数
        private TextView praiseTv;      // 活动点赞数
        private TextView dateTv;        // 活动发布日期
        private TextView authorTv;      // 活动发起对象
        private View view;
        public MyViewHolder(@NonNull View itemView) {
            super(itemView);
            view=itemView;
            imageIv=itemView.findViewById(R.id.hd_ImageView);
            titleTv=itemView.findViewById(R.id.hd_title_TextView);
            commentTv=itemView.findViewById(R.id.comment_TextView);
            praiseTv=itemView.findViewById(R.id.praise_TextView);
            dateTv=itemView.findViewById(R.id.date_TextView);
            authorTv=itemView.findViewById(R.id.author_TextView);

        }
    }
}
```

上述代码中，为ImageView控件绑定单击事件，当用户单击Item项中的图片，通过Toast弹出用户单击图片所对应的活动的名称。

任务实施

通过对RecyclerView的学习，可以对项目中活动列表页面进行实现。

步骤一：创建程序。创建名称为Rw0701的应用程序。

步骤二：导入图片。在res/drawable节点中放入“点赞”和“评论”的图标文件，在res/mipmap节点中放入活动图片文件，结构如图7-1所示。

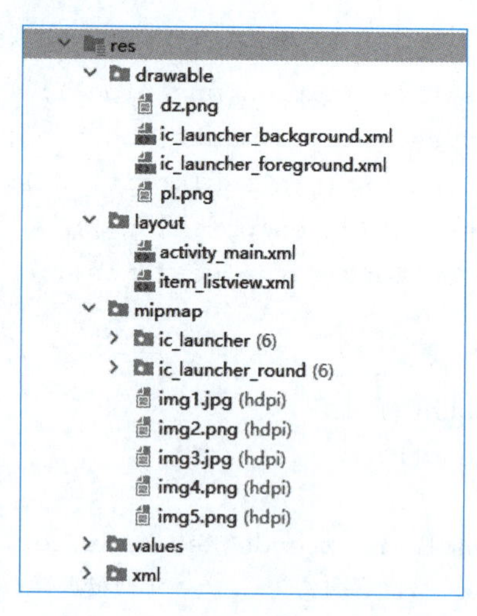

图 7-1 导入图片后的文件结构

步骤三：设置布局文件。在res\layout\activity_main.xml文件中添加一个RecyclerView控件，并设置相应属性，布局文件的核心代码如下：

```
<?xml version="1.0" encoding="utf-8"?>
<LinearLayout xmlns:android="http://schemas.android.com/apk/res/android"
    xmlns:app="http://schemas.android.com/apk/res-auto"
    xmlns:tools="http://schemas.android.com/tools"
    android:layout_width="match_parent"
    android:layout_height="match_parent"
    android:orientation="vertical"
    tools:context=".MainActivity">
    <androidx.recyclerview.widget.RecyclerView
        android:id="@+id/recyclerview"
        android:layout_width="match_parent"
        android:layout_height="match_parent">
    </androidx.recyclerview.widget.RecyclerView>
</LinearLayout>
```

步骤四：设置每个Item的布局。由于每个Item的布局效果和GridView中的显示效果一样，把上一个项目的图片复制过来，新建一个布局文件命名为recyclerview_item_listview.xml，设计布局文件代码如下：

```
<?xml version="1.0" encoding="utf-8"?>
<LinearLayout xmlns:android="http://schemas.android.com/apk/res/android"
    android:layout_width="match_parent"
    android:layout_height="match_parent"
    android:orientation="horizontal"
    android:minHeight="100dp">
    <ImageView
        android:id="@+id/hd_ImageView"
        android:layout_width="120dp"
        android:layout_height="90dp"
        android:layout_marginTop="10dp"
        android:paddingLeft="30dp"
        android:scaleType="fitStart"/>
    <LinearLayout
        android:layout_width="match_parent"
        android:layout_height="wrap_content"
        android:orientation="vertical"
        android:layout_marginLeft="10dp"
        android:layout_marginTop="15dp">
        <TextView
            android:layout_width="wrap_content"
            android:layout_height="wrap_content"
            android:layout_gravity="center_vertical"
            android:maxLines="5"
            android:text="标题"
            android:textColor="#000"
            android:id="@+id/hd_title_TextView"/>
        <LinearLayout
            android:layout_width="match_parent"
            android:layout_height="wrap_content"
            android:orientation="horizontal"
            android:layout_marginTop="15dp">
            <TextView
                android:layout_width="match_parent"
                android:layout_height="wrap_content"
                android:layout_gravity="center_vertical"
                android:text="发起："
                android:layout_weight="1"
                android:textColor="#000"
                android:id="@+id/author_TextView"/>
            <TextView
                android:layout_width="match_parent"
                android:layout_height="wrap_content"
```

```
            android:layout_gravity="center_vertical"
            android:text="日期"
            android:layout_weight="1"
            android:textColor="#000"
            android:id="@+id/date_TextView"/>
    </LinearLayout>
    <LinearLayout
        android:layout_width="match_parent"
        android:layout_height="wrap_content"
        android:orientation="horizontal"
        android:layout_marginTop="15dp">
        <LinearLayout
            android:layout_width="match_parent"
            android:layout_height="wrap_content"
            android:layout_weight="1"
            android:orientation="horizontal">
            <ImageView
                android:id="@+id/comment_ImageView"
                android:layout_width="20dp"
                android:layout_height="20dp"
                android:background="@drawable/pl"/>
            <TextView
                android:id="@+id/comment_TextView"
                android:layout_width="wrap_content"
                android:layout_height="wrap_content"
                android:text="25"
                android:textColor="#000"
                android:layout_marginLeft="5dp"/>
        </LinearLayout>
        <LinearLayout
            android:layout_width="match_parent"
            android:layout_height="wrap_content"
            android:layout_weight="1"
            android:orientation="horizontal">
            <ImageView
                android:id="@+id/praise_ImageView"
                android:layout_width="20dp"
                android:layout_height="20dp"
                android:background="@drawable/dz"/>
            <TextView
                android:id="@+id/praise_TextView"
                android:layout_width="wrap_content"
                android:layout_height="wrap_content"
```

```
                    android:text="100"
                    android:textColor="#000"
                    android:layout_marginLeft="5dp"/>
            </LinearLayout>
        </LinearLayout>
    </LinearLayout>
</LinearLayout>
```

步骤五：定义一个活动信息类。创建一个名称为Hd的类，并实现 Serializable接口，便于对活动相关属性和方法的封装，完成代码如下：

```
public class Hd implements Serializable {
    // 定义图片，标题，点赞数，评论数，发起人，日期
    private int image;
    private String title;
    private String praise;
    private String comment;
    private String author;
    private String date;
    public void setImage(int image) {
        this.image=image;
    }
    public int getImage() {
        return image;
    }
    public void setTitle(String title) {
        this.title=title;
    }
    public String getTitle() {
        return title;
    }
    public void setPraise(String praise) {
        this.praise=praise;
    }
    public String getPraise() {
        return praise;
    }
    public void setAuthor(String author) {
        this.author=author;
    }
    public String getAuthor() {
        return author;
    }
```

```
    public void setDate(String date) {
        this.date=date;
    }
    public String getDate() {
        return date;
    }
}
```

步骤六：创建目标页面。新建一个名为TargetActivity的Activity，作为目标页面，当点击“发现”页面的活动列表时跳转到该页面，在该页面中存储想要参加的活动，类似于购物车，这个内容会在后面的项目中完成。

步骤七：定义一个适配器类。创建一个名为hdListAdapter的类，继承RecyclerView.Adapter适配器，完整代码如下：

```
public class hdListAdapter extends RecyclerView.Adapter<hdListAdapter.ViewHolder> {
    private List<Hd> hdList;
    private Activity hdActivity;
    private Hd hd;
    public hdListAdapter(Activity activity,List<Hd> list){
        hdList=list;
        hdActivity=activity;
    }
    @NonNull
    @Override
    public hdListAdapter.ViewHolder onCreateViewHolder(@NonNull ViewGroup
parent, int viewType) {
        final  ViewHolder viewHolder=new ViewHolder(View.inflate(hdActivity,
                R.layout.recyclerview_item_listview,null));
        viewHolder.fView.setOnClickListener(new View.OnClickListener() {
            @Override
            public void onClick(View view) {
                int adapterPosition=viewHolder.getAdapterPosition();
                Intent intent=new Intent(hdActivity,TargetActivity.class);
                intent.putExtra("hdInfo",hdList.get(adapterPosition));
                hdActivity.startActivity(intent);
            }
        });
        return viewHolder;
    }
    @Override
    public void onBindViewHolder(@NonNull hdListAdapter.ViewHolder holder,
int position) {
        hd=hdList.get(position);
```

```
        holder.hd_image_Iv.setImageResource(hd.getImage());
        holder.hd_title_Tv.setText(hd.getTitle());
        holder.hd_comment_Tv.setText(hd.getComment());
        holder.hd_praise_Tv.setText(hd.getPraise());
        holder.hd_author_Tv.setText(hd.getAuthor());
        holder.hd_date_Tv.setText(hd.getDate());
    }
    @Override
    public int getItemCount() {
        return hdList.size();
    }

    public class ViewHolder extends RecyclerView.ViewHolder{
        ImageView hd_image_Iv;
        TextView hd_title_Tv;
        TextView hd_praise_Tv;
        TextView hd_comment_Tv;
        TextView hd_author_Tv;
        TextView hd_date_Tv;
        View fView;
        public ViewHolder(@NonNull View itemView) {
            super(itemView);
            fView=itemView;
            hd_image_Iv=itemView.findViewById(R.id.hd_ImageView);
            hd_title_Tv=itemView.findViewById(R.id.hd_title_TextView);
            hd_praise_Tv=itemView.findViewById(R.id.praise_TextView);
            hd_comment_Tv=itemView.findViewById(R.id.comment_TextView);
            hd_author_Tv=itemView.findViewById(R.id.author_TextView);
            hd_date_Tv=itemView.findViewById(R.id.date_TextView);
        }
    }
}
```

步骤八：在MainActivity中获取RecyclerView对象并进行数据适配，最终将数据显示在列表界面中。完整的代码如下：

```
public class MainActivity extends AppCompatActivity {
    private RecyclerView recyclerView;
    private LinearLayoutManager linearLayoutManager;
    private List<Hd> hdList=new ArrayList<Hd>();
    private int[] imgs={R.mipmap.img1,R.mipmap.img2,R.mipmap.img3,R.mipmap.img4,R.
mipmap.img5};
    private String[] titles={
```

```
            "第十七届青年健身节",
            "十佳歌手总决赛",
            "第六届象山杯创新创业大赛",
            "2023年暑期社会实践活动",
            "暑期集结，志愿者亮“名片”活动"
    };
    private String[] comments={"100","10","15","80","200"};
    private String[] praises={"54","8","10","20","164"};
    private String[] authors={
            "信息科技学院","信息科技学院","信息科技学院","信息科技学院","信息科技学院"
    };
    private String[] dates={
            "2022年6月","2023年9月","2021年10月","2022年9月","2020年9月"
    };
    @Override
    protected void onCreate(Bundle savedInstanceState) {
        super.onCreate(savedInstanceState);
        setContentView(R.layout.activity_main);
        initView();
    }
    private void initView() {
        for (int i=0; i<5; i++) {
            Hd hd = new Hd();
            hd.setImage(imgs[i]);
            hd.setTitle(titles[i]);
            hd.setComment(comments[i]);
            hd.setPraise(praises[i]);
            hd.setAuthor(authors[i]);
            hd.setDate(dates[i]);
            hdList.add(hd);
        }
        recyclerView = findViewById(R.id.recyclerview);
        linearLayoutManager = new LinearLayoutManager(this);
        recyclerView.setLayoutManager(linearLayoutManager);
        recyclerView.setItemAnimator(new DefaultItemAnimator());
        recyclerView.addItemDecoration(new DividerItemDecoration(this,Divider
ItemDecoration.VERTICAL));
        recyclerView.setAdapter(new hdListAdapter(this,hdList));
    }
}
```

步骤九：运行程序如图7-2所示。

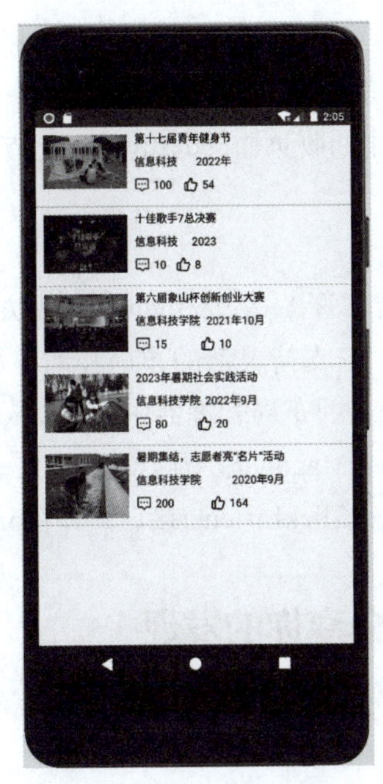

图 7-2 程序运行效果

扩展知识

翻页视图ViewPager

视 频

翻页视图 ViewPager

ViewPager的应用很广，当用户安装一个新的App时，第一次启动大多出现欢迎页面，这个引导页通常要往右翻好几页才会进入App的主页面。启动引导页的效果大多是ViewPager完成的。

下面学习ListView与GridView，一个分行展示，另一个分行又分列，其实都是在垂直方向上下滑动。有没有一种控件允许页面在水平方向左右滑动，就像翻书、翻报纸一样呢?对于这种左右滑动的翻页功能，Android提供了已经封装好的控件，就是翻页视图ViewPager。对于ViewPager来说，一个页面就是一个项(相当于ListView的一个列表项)，许多页面组成ViewPager的页面项。

明确了ViewPager的原理类似ListView和GridView，翻页视图的用法也与它们类似。ListView和GridView的适配器使用BaseAdapter，ViewPager的适配器使用PagerAdapter；ListView和GridView的监听器使用OnItemClickListener，ViewPager的监听器使用OnPageChangeListener，表示监听页面切换事件。

下面是ViewPager三个常用方法的说明：

（1）setAdapter：设置页面项的适配器。适配器用的是PagerAdapter及其子类。

（2）setCurrentItem：设置当前页码，即打开翻页视图时默认显示哪个页面。

（3）addOnPageChangeListener：设置翻页视图的页面切换监听器。该监听器需实现接口OnPageChangeListener下的三个方法，具体说明如下：

① onPageScrollStateChanged：在页面滑动状态变化时触发。

② onPageScrolled：在页面滑动过程中触发。

③ onPageSelected：在选中页面时，即滑动结束后触发。翻页适配器PagerAdapter与基本适配器BaseAdapter的用法相近，需实现构造函数、获取页面个数的getCount()方法、生成单个页面视图的instantiateItem()方法，另外，多了一个回收页面的destroyItem()方法。

任务小结

通过本任务的开展，可以使读者掌握RecyclerView的使用方法。RecyclerView控件是Android开发中用于展示列表数据的强大组件。它支持灵活的布局和动态数据集，可以实现横向和网格布局。实现横向布局时，需要在RecyclerView的布局管理器中设置LinearLayoutManager，并指定其方向为水平。网格布局则需要使用GridLayoutManager。为了实现点击事件，需要为RecyclerView设置一个Item点击监听器，通常通过实现OnItemClickListener接口、并在onItemClick方法中处理点击事件。

任务二 志同道合——分享你的发现

任务描述

在App的开发过程中，为了提升用户体验和操作的便捷性，需要合理地使用菜单资源。菜单资源是App中用于展示选项和操作指令的重要界面元素，它们能够帮助用户快速定位所需功能，并提升操作的直观性和效率。本任务旨在利用菜单资源分享你的发现。

实践任务导引：

（1）定义菜单资源文件。

（2）使用菜单资源。

知识储备

定义菜单资源文件

1. 定义菜单资源文件

菜单资源文件通常放置在res\menu目录下，在Android Studio中创建项目时，默认是不自动创建menu目录的，所以需要手动创建。菜单资源的根元素通常使用<menu></menu>标记，在该标记中可以包含多个<item></item>标记，用于定义菜单项，可以通过表7-1所示的各属性来为菜单项设置标题等内容。

表 7-1 <item></item> 标记的常用属性

属　性	描　述
android:id	用于为菜单项设置ID，也就是唯一标识
android:title	用于为菜单项设置标题
android:alphabeticShortcut	用于为菜单项指定字符快捷键
android:numericShortcut	用于为菜单项指定数字快捷键
android:icon	用于为菜单项指定图标

续表

属性	描述
android:enabled	用于指定该菜单项是否可用
android:checkable	用于指定该菜单项是否可选
android:checked	用于指定该菜单项是否已选中
android:visible	用于指定该菜单项是否可见

2. 使用菜单资源

视频

使用菜单资源

在Android中，定义的菜单资源可以用来创建选项菜单（Option Menu）和上下文菜单（Content Menu）。使用菜单资源创建这两种菜单的方法是不同的，下面分别进行介绍：

1）选项菜单

当用户点击菜单按钮时，弹出的菜单就是选项菜单。使用菜单资源创建选项菜单的具体步骤如下。

（1）重写Activity中的onCreateOptionsMenu()方法。在该方法中，首先创建一个用于解析菜单资源文件的MenuInflater对象，然后调用该对象的inflate()方法解析一个菜单资源文件，并把解析后的菜单保存在menu中，关键代码如下：

```
public boolean onCreateOptionsMenu(Menu menu) {
    MenuInflater inflater=new MenuInflater(this);      //实例化一个MenuInflater对象
    inflater.inflate(R.menu.optionmenu, menu);         //解析菜单文件
    return super.onCreateOptionsMenu(menu);
}
```

（2）重写onOptionsItemSelected()方法，用于当菜单项被选择时，做出相应的处理。例如，当菜单项被选择时，弹出一个消息提示框显示被选中菜单项的标题，可以使用下面的代码：

```
@Override
public boolean onOptionsItemSelected(MenuItem item) {
    Toast.makeText(MainActivity.this, item.getTitle(), Toast.LENGTH_SHORT).show();
    return super.onOptionsItemSelected(item);
}
```

2）上下文菜单

在Android开发中，上下文菜单（Context Menu）是一种在用户长按某个视图（View）时显示的菜单。它提供了一种方式，让用户可以对视图进行操作，而不需要离开当前的活动（Activity）。上下文菜单通常用于对单个视图进行操作，而不是对整个屏幕。

要为一个视图添加上下文菜单，需要重写Activity中的onCreateContextMenu()方法和onContextItemSelected()方法。以下是一个简单的示例：

```
@Override
public void onCreateContextMenu(ContextMenu menu, View v, ContextMenu.
ContextMenuInfo menuInfo) {
```

```
    super.onCreateContextMenu(menu, v, menuInfo);
    MenuInflater inflater=getMenuInflater();
    inflater.inflate(R.menu.context_menu, menu);
}
@Override
public boolean onContextItemSelected(MenuItem item) {
    switch (item.getItemId()) {
        case R.id.menu_item_1:
            // 执行操作
            return true;
        case R.id.menu_item_2:
            // 执行操作
            return true;
        default:
            return super.onContextItemSelected(item);
    }
}
```

在上面的代码中，onCreateContextMenu()方法用于初始化菜单，onContextItemSelected()方法用于处理用户的选择。

要显示上下文菜单，需要调用视图的showContextMenu()方法，或者重写视图的onCreateContextMenu()方法，并在适当的时候调用registerForContextMenu(view)方法来自动注册上下文菜单。

```
...java
// 显示上下文菜单
view.showContextMenu();
// 或者注册上下文菜单
view.setOnLongClickListener(new View.OnLongClickListener() {
    @Override
    public boolean onLongClick(View v) {
        v.showContextMenu();
        return true;
    }
});
...
```

上下文菜单项可以通过XML文件定义，也可以在代码中动态创建。使用XML文件定义菜单项可以更容易地管理菜单项，特别是当菜单项较多时。

```
...xml
<!-- res/menu/context_menu.xml -->
<menu xmlns:android="http://schemas.android.com/apk/res/android">
    <item
```

```
        android:id="@+id/menu_item_1"
        android:title="@string/menu_item_1" />
    <item
        android:id="@+id/menu_item_2"
        android:title="@string/menu_item_2" />
</menu>
...
```

然后在onCreateContextMenu()方法中使用MenuInflater()来加载这个菜单。

请注意，上下文菜单在Android 3.0（API级别11）之后已被操作栏（Action Bar）的上下文操作（Contextual Action Bar）所取代，但在向下兼容旧版本的Android设备时，仍然需要使用上下文菜单。

任务实施

通过对菜单资源的学习，我们可以对项目中活动信息进行分享实现。

步骤一：创建名为Rw0702的应用程序。

步骤二：设置菜单资源文件。在res目录下创建一个menu目录，并在该目录中创建一个名为share_menu.xml的菜单资源文件，在该文件中定义四个菜单项，分别是复制、收藏、分享。菜单项标题通过字符串资源指定，具体代码如下：

share_menu.xml文件程序代码如下：

```
<?xml version="1.0" encoding="utf-8"?>
<menu xmlns:android="http://schemas.android.com/apk/res/android">
    <item android:id="@+id/copy_menu"
        android:title="@string/menu_copy"></item>
    <item android:id="@+id/collect_menu"
        android:title="@string/menu_collect"></item>
    <item android:id="@+id/share_menu"
        android:title="@string/menu_share"></item>
</menu>
```

strings.xml文件程序代码如下：

```
<resources>
    <string name="app_name">Smart Club</string>
    <string name="menu_copy">复制</string>
    <string name="menu_collect">收藏</string>
    <string name="menu_share">分享</string>
</resources>
```

步骤三：设置布局文件。打开默认创建的布局文件activity_main.xml，将默认添加的布局管理器修改为垂直线性布局管理器，然后添加显示一条活动信息的每个组件，完成代码如下：

```
<?xml version="1.0" encoding="utf-8"?>
<LinearLayout xmlns:android="http://schemas.android.com/apk/res/android"
```

```
    xmlns:tools="http://schemas.android.com/tools"
    android:layout_width="match_parent"
    android:layout_height="match_parent"
    android:orientation="vertical"
    android:padding="10dp"
    tools:context=".MainActivity">

    <TextView
        android:id="@+id/title_textView"
        android:layout_width="match_parent"
        android:layout_height="wrap_content"
        android:textSize="24sp"
        android:textStyle="bold"
        android:layout_marginTop="10dp"
        android:text="WPS办公软件能力大赛" />
    <LinearLayout
        android:layout_width="match_parent"
        android:layout_height="wrap_content"
        android:layout_marginTop="20dp"
        android:orientation="horizontal">
        <TextView
            android:layout_width="wrap_content"
            android:layout_height="wrap_content"
            android:layout_weight="1"
            android:text="日期：2023-3-29"/>
        <TextView
            android:layout_width="wrap_content"
            android:layout_height="wrap_content"
            android:layout_weight="1"
            android:text="主办单位：信息科技学院" />
    </LinearLayout>

    <TextView
        android:id="@+id/content_textview"
        android:layout_width="match_parent"
        android:layout_height="wrap_content"
        android:text="@string/content"
        android:layout_marginTop="20dp"
        android:textSize="16sp"
        android:minLines="30"/>
</LinearLayout>
```

步骤四：修改默认创建的MainActivity类。声明TextView组件，然后在onCreate()方法中获取要添加上下文菜单的TextView组件，并为其注册上下文菜单，关键代码如下：

```
private TextView content_tv;
@Override
protected void onCreate(Bundle savedInstanceState) {
    super.onCreate(savedInstanceState);
    setContentView(R.layout.activity_main);
    content_tv = findViewById(R.id.content_textview);
    //为文本框注册上下文菜单
    registerForContextMenu(content_tv);
}
```

步骤五：在MainActivity中重写onCreateContextMenu()方法。在该方法中，创建一个用于解析菜单资源文件的MenuInflater对象，然后调用该对象的inflate()方法解析文本框的菜单资源文件，并把解析后的菜单保存在menu中，关键代码如下：

```
@Override
public void onCreateContextMenu(ContextMenu menu, View v, ContextMenu.
ContextMenuInfo menuInfo) {
    super.onCreateContextMenu(menu, v, menuInfo);
    MenuInflater inflater = new MenuInflater(this);
    inflater.inflate(R.menu.share_menu,menu);
}
```

步骤六：重写onContextItemSelected()方法。在该方法中，通过switch语句判断用户选择的菜单选项来显示所选择的提示信息，具体代码如下：

```
@Override
public boolean onContextItemSelected(@NonNull MenuItem item) {
    switch (item.getItemId()) {
        case R.id.copy_menu:                    //选中内容文字菜单中的“复制”菜单项时
            Toast.makeText(MainActivity.this, "已复制", Toast.LENGTH_SHORT).show();
            break;
        case R.id.collect_menu:                 //选中内容文字菜单中的“收藏”菜单项时
            Toast.makeText(MainActivity.this,"已收藏",Toast.LENGTH_SHORT).show();
            break;
        case R.id.share_menu:                   //选中内容文字菜单中的“分享”菜单项时
            Toast.makeText(MainActivity.this,"已分享",Toast.LENGTH_SHORT).show();
            break;
    }
    return super.onContextItemSelected(item);
}
```

步骤七：运行本程序，将显示图7-3所示的界面。长按文字介绍，将显示图7-4所示的上下文菜单。

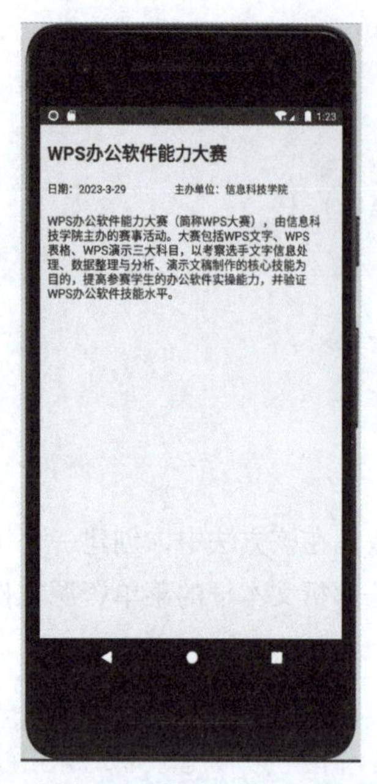

图 7-3　运行后显示的活动信息界面

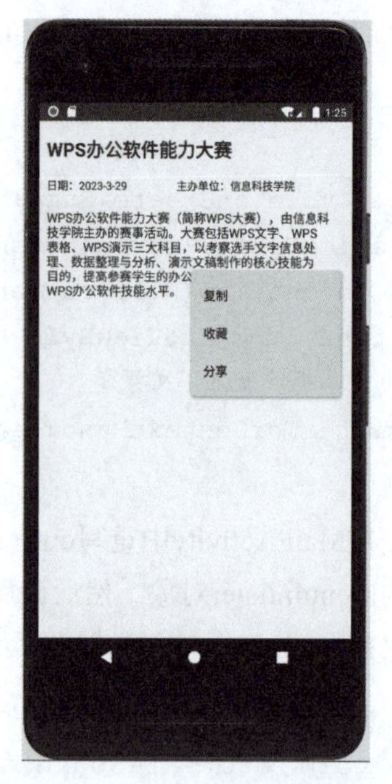

图 7-4　长按信息后弹出的菜单

视 频

Action Bar概述

扩展知识

Action Bar概述

Action Bar是用来代替显示标题和应用图标的传统标题栏的。图7-5就是一个Action Bar，左侧显示了应用的图标和Activity标题，右侧显示了一些主要操作以及overflow菜单。

图 7-5　Action Bar 样例

Action Bar的主要用途如下：

（1）提供一个用来标识应用程序的图标和标题。

（2）显示选项菜单的菜单项。

（3）提供基于下拉的导航方式。

（4）提供基于Tab的导航方式，可以在多个Fragment之间进行切换。

1. Action Bar基本应用

从Android 3.0（API 11）开始，Activity中就默认包含Action Bar组件。如果想要使用Action Bar的全部特性，必须指定minSdkVersion的版本为11或更高，即设置android:minSdkVersion的值为11或更高。例如，在Android Studio中，默认创建的App将包含如图7-6所示的Action Bar。

图 7-6　默认创建应用的 Action Bar

说明：如果不想在Activity上包含Action Bar，可以在AndroidManifest.xml中将android:theme属性设置为后缀带“.NoActionBar”，如“@style/Theme.AppCompat.NoActionBar”。

2. 显示和隐藏Action Bar

在Java代码中，可以控制已经添加的Action Bar的显示和隐藏。如果希望在某个Activity中不使用Action Bar，则可以在Java代码中调用ActionBar 对象的hide()方法来隐藏它，另外，如果想要显示已经隐藏的Action Bar，可以调用ActionBar 对象的show()方法来显示它。例如，使用hide()方法隐藏Action Bar可以使用下面的代码：

```
ActionBar actionbar = getActionBar();
actionbar.hide();
```

说明：在获取Action Bar对象时，如果当前的Activity继承自V7包中的Activity时，需要通过getSupportActionBar()方法来获取Action Bar对象。当隐藏Action Bar时，系统会将Activity的内容填充至整个空间。在实际项目中，推荐使用Java代码的方式来控制Action Bar的显示和隐藏。

任务小结

通过本任务的开展，可以使读者掌握菜单资源的使用方法。通过定义菜单资源文件并在Activity中加载和处理菜单项，可以为Android应用提供用户交互的菜单功能。

自我评测

1. 根据所学的 RecyclerView 控件，实现项目首页中的小图标加载，如图 7-7 所示。
2. 模仿微信实现一个点击按钮弹出菜单的控件，如图 7-8 所示。

图 7-7　首页小图标效果

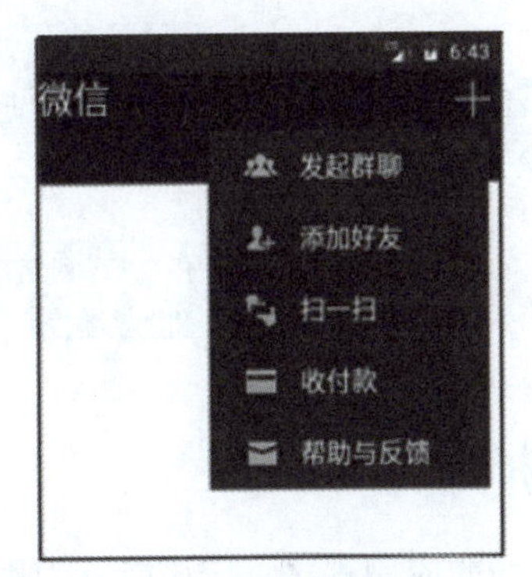

图 7-8　仿微信弹出菜单

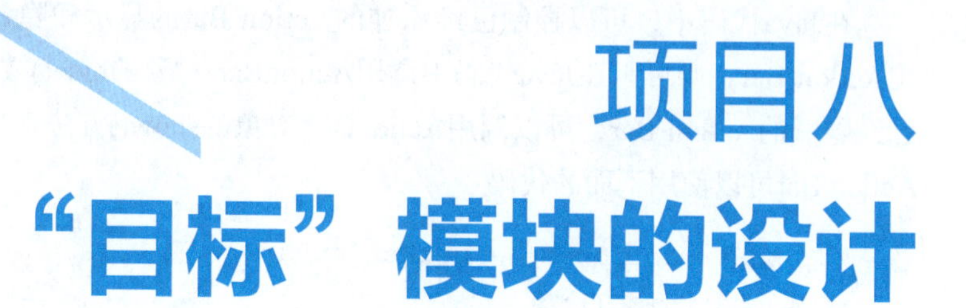

项目八 “目标”模块的设计

学习目标

- 了解五种不同的存储方式，并掌握不同存储方式的特点。
- 掌握如何使用文件存储数据。
- 掌握SharedPreferences的使用，实现数据存储功能。
- 掌握SQLite数据库的使用。

框架要点

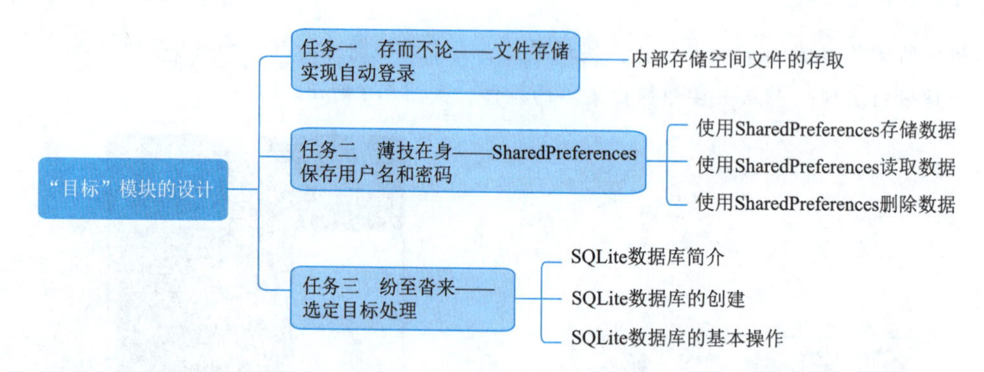

项目描述

一个比较好的应用程序，应该能够为用户提供一些个性化的设置，能够保存用户的使用记录，而这些都离不开数据的存储。Android系统提供了多种数据存储方式，开发者可根据具体情景选择合适的存储方式，比如数据是仅限于本应用程序访问还是允许其他应用程序访问，数据是结构化的还是非结构化的等。针对不同的使用场景，Android系统中数据存储的方式大致分为以下五种：

（1）文件存储：Android提供了openFileOutput()和openFileInput()方法读取设备上的文件，本质上

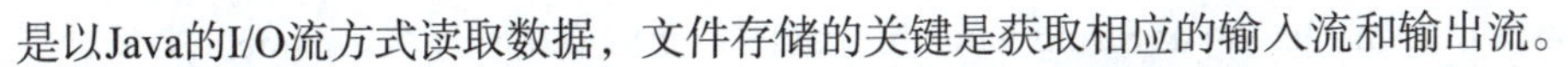

是以Java的I/O流方式读取数据，文件存储的关键是获取相应的输入流和输出流。

（2）SharedPreferences：是Android提供的用来存储简单配置信息的一种方式，它采用键-值对的形式以XML格式将数据存储到设备中。通常使用ShardPeferences存储一些应用程序的配置信息，如用户名、密码等。

（3）SQLite数据库：SQLite是Android自带的一个轻量级的数据库，它没有后台进程，整个数据库对应于一个文件。Android为访问SQLite数据库提供了大量便捷的API，并且支持基本SQL语法，一般使用它作为复杂数据的存储引擎，把相对复杂的结构化数据存储在本地。

（4）ContentProvider（内容提供者）：Android四大组件之一，用于在应用程序间共享数据，它可以将自己的数据共享给其他应用程序使用，是不同应用程序之间进行数据交换的标准API。

（5）网络数据读取：通过网络向服务器发送请求，获取响应数据或者将数据存储到服务器上。

本项目将重点针对文件存储、SharedPreferences、SQLite数据库进行讲解。需要注意的是，上述数据存储方式各有优缺点，因此需要根据开发需求选择合适的数据存储方式。

渐进任务：

任务一　存而不论——文件存储实现自动登录。

任务二　薄技在身——SharedPreferences保存用户名和密码。

任务三　纷至沓来——选定目标处理。

项目拆解

任务一　存而不论——文件存储实现自动登录

任务描述

在当前移动应用开发中，提升用户体验是至关重要的一环。其中，自动登录功能能够显著减少用户的登录步骤，从而为用户提供更加流畅的使用体验。本任务旨在探讨如何通过文件存储技术在App中实现自动登录功能。

实践任务导引：内部存储空间文件的存取。

视频

内部存储空间文件的存取

知识储备

内部存储是指将数据以文件的形式存储到应用程序中。对于Android应用来说，内部存储的数据属于应用程序的私有数据，如果其他应用程序想要操作本应用程序的文件，需要设置权限。当应用卸载以后，内部存储的数据也就清空了。为了保证内存数据的安全，不让用户直接定位访问，Android对内部存储空间中文件的读取进行了封装，用户不需要知道具体的存储路径就可以打开相应的文件输入/输出流。在Context类中提供了两个方法来打开文件I/O流：

（1）FileInputStream openFileInput(String name)：获取应用程序中名为name的文件对应的文件输入流。

（2）FileOutputStream openFileOutput(String name,int mode)：获取应用程序名为name的文件对应的文件输出流。

name参数表示读取或者存入指定文件的文件名，不能包含路径分隔符“\”。如果文件不存在，Android会自动创建该文件。mode参数用于指定操作模式，Context类中定义了四种操作模式常量，分别如下：

（1）Context.MODE_PRIVATE：为默认操作模式，代表该文件是私有数据，只能被应用本身访问，在该模式下写入的内容会覆盖原文件的内容。

（2）Context.MODE_APPEND：附加模式，会检查文件是否存在，存在就往文件后追加内容，否则创建新文件再写入内容。

（3）Context.MODE_WORLD_READABLE：表示当前文件可以被其他应用读取。

（4）Context.MODE_WORLD_WRITEABLE：表示当前文件可以被其他应用写入。提示：如果希望文件既能被其他应用读，也能写，可以传入：Context.MODE_WORLD_READABLE+Contex.MODE_WORLD_WRITEABLE或者直接传入数值3，四种模式中除了Contex.MODE_APPEND会将内容追加到文件末尾，其他模式都会覆盖原文件的内容。

注意：在Android高版本中已经废弃了MODE_WORLD_READABLE和MODE_WORLD_WRITEABLE两种模式，因为让其他应用访问具体的文件是一件很危险的事情，容易导致安全漏洞。建议采用更好的机制，例如，通过ContentProvider暴露访问接口，或者通过服务或广播。

在手机上创建文件和向文件中追加内容的步骤如下：

（1）调用openFileOutput()方法传入文件的名称和操作的模式，该方法将会返回一个文件输出流。

（2）调用文件输出流的write()方法，向文件中写入内容。

（3）调用文件输出流的close()方法，关闭文件输出流。

读取手机上文件的一般步骤如下：

（1）调用openFileInput()方法传入读取数据的文件名，该方法返回一个文件输入流对象。

（2）调用文件输入流的read()方法读取文件的内容。

（3）调用文件输入流的close()方法关闭文件输入流。

下面以一个简单的例子来演示文件读取的操作，界面包括一个EditText、一个TextView和两个Button控件。EditText用于获取用户的输入，TextView用于展示从文件中读取的数据。当用户点击第一个Button按钮时，将数据写入到文件中。当用户点击第二个Button按钮时，获取文件中的内容。

（1）用于控件布局文件的核心代码如下：

```
<?xml version="1.0" encoding="utf-8"?>
<LinearLayout xmlns:android="http://schemas.android.com/apk/res/android"
    xmlns:tools="http://schemas.android.com/tools"
    android:layout_width="match_parent"
    android:layout_height="match_parent"
```

```
    android:orientation="vertical"
    tools:context=".MainActivity">
    <EditText
        android:layout_width="match_parent"
        android:layout_height="wrap_content"
        android:id="@+id/edit_content"
        android:hint="请输入内容"/>
    <Button
        android:layout_width="wrap_content"
        android:layout_height="wrap_content"
        android:id="@+id/save_btn"
        android:text="保存到手机内部存储空间"/>
    <TextView
        android:layout_width="match_parent"
        android:layout_height="wrap_content"
        android:lines="3"
        android:id="@+id/tv_content"
        android:text="读取的内容"/>
    <Button
        android:layout_width="wrap_content"
        android:layout_height="wrap_content"
        android:id="@+id/read_btn"
        android:text="读取文件"/>
</LinearLayout>
```

（2）编写界面交互代码，在MainActivity中为按钮绑定点击事件，实现对数据的保存和读取，代码如下：

```
public class MainActivity extends AppCompatActivity {
    private EditText editText;
    private TextView textView;
    private Button button1;
    private Button button2;
    private String fname="test.txt";
    @Override
    protected void onCreate(Bundle savedInstanceState) {
        super.onCreate(savedInstanceState);
        setContentView(R.layout.activity_main);
        initView();
    }

    private void initView() {
        editText=findViewById(R.id.edit_content);
```

```
        textView=findViewById(R.id.tv_content);
        button1=findViewById(R.id.save_btn);
        button2=findViewById(R.id.read_btn);
        // 保存按钮单击事件
        button1.setOnClickListener(new View.OnClickListener() {
            @Override
            public void onClick(View view){
                String content=editText.getText().toString();
                try {
                    FileOutputStream fp=openFileOutput(fname,MODE_PRIVATE);
                    fp.write(content.getBytes());
                    fp.close();
                } catch(FileNotFoundException e){
                    throw new RuntimeException(e);
                } catch(IOException e){
                    throw new RuntimeException(e);
                }
            }
        });
        // 读取按钮单击事件
        button2.setOnClickListener(new View.OnClickListener(){
            @Override
            public void onClick(View view){
                try {
                    FileInputStream fin=openFileInput(fname);
                    byte[] bytes=new byte[fin.available()];
                    fin.read(bytes);
                    String content=new String(bytes);
                    textView.setText(content);
                    fin.close();
                } catch(FileNotFoundException e){
                    throw new RuntimeException(e);
                } catch(IOException e){
                    throw new RuntimeException(e);
                }
            }
        });
    }
}
```

上述代码中，为“保存到手机内部存储空间”按钮绑定点击事件，在这段代码中首先获取用户的输入，再通过openFileOutput()方法获取到文件输入/输出流对象，并传入两个参数，第一个是文件名称，第二个是操作模式，之后再调用write()方法向文件中写入内容，最后通过close()方法关闭文件。

为“读取文件”按钮绑定点击事件。在上述代码中首先通过openFileInput()方法获取文件输入流对象。然后通过available()方法获取文件的长度并创建相应大小的byte数组，用于存取读入的数据，再通过read()方法将文件内容读取到byte数组中，最后将读取到的内容转换成指定字符串。

当程序运行之后，首先在文本编辑框中输入“I love China”，点击“保存到手机内部存储空间”按钮。系统会首先查找手机上是否存在该文件，如果不存在就创建该文件，应用程序的数据文件默认保存在\data\data\<package name>\files目录下。其中，package name为当前应用程序的包名。

任务实施

通过对文件存储的学习，实现登录页面用户名和密码的自动保存。

步骤一：创建程序。创建名为Rw0801的应用程序。

步骤二：设置布局文件。将前面学习的登录页面的布局文件移植到本次任务中，复制相关图片资源到程序中，以便于完成下面内容。

步骤三：新建工具类实现对账号和密码的保存。创建一个名为saveFile的类，并实现对账号和密码的保存。完整代码如下：

```
public class saveFile {
    public static boolean saveToFile(Context context, String username, String userpass){
        FileOutputStream fop=null;
        try {
            fop=context.openFileOutput("user.txt",Context.MODE_PRIVATE);
            fop.write((username+"&"+userpass).getBytes());
            fop.close();
            return true;
        } catch (Exception e) {
            e.printStackTrace();
            return false;
        }
    }
    public static Map<String,String> getInfoFromFile(Context context){
        FileInputStream fip=null;
        try {
            fip=context.openFileInput("user.txt");
            byte[] bytes=new byte[fip.available()];
            fip.read(bytes);
            String content=new String(bytes);
            String[] splitStr=content.split("&");
            HashMap<String,String> userMap=new HashMap<>();
            userMap.put("username",splitStr[0]);
            userMap.put("usepass",splitStr[1]);
            fip.close();
            return userMap;
```

```
            } catch (Exception e){
                e.printStackTrace();
                return null;
            }
        }
    }
```

在上述代码中，创建一个saveToFile()方法，用于将用户名和密码保存在user.txt文件中，通过调用openFileOutput()方法获取fop对象，之后通过该对象的write()方法将用户名和密码以字节的形式写入到user.txt文件中。

创建一个getInfoFromFile()方法用于读取保存在user.txt文件中的用户名和密码。通过调用openFileInput()方法获取fip对象，之后通过该对象的read()方法将user.txt文件中的内容读取到字节数组中。再将字节数组转换成字符串并对字符串进行分隔，最终获取到用户名和密码。

步骤四：完成逻辑代码页面，实现存储功能。完整代码如下：

```
    public class MainActivity extends AppCompatActivity {
        private TextView usernameTxt;
        private TextView userpassTxt;
        private Button button;
        private Button regbutton;
        private String username;
        private String userpass;
        @Override
        protected void onCreate(Bundle savedInstanceState) {
            super.onCreate(savedInstanceState);
            setContentView(R.layout.activity_main);
            initView();
            button.setOnClickListener(new View.OnClickListener() {
                @Override
                public void onClick(View view) {
                    username=usernameTxt.getText().toString().trim();
                    userpass=userpassTxt.getText().toString();
                    if (username.isEmpty()||userpass.isEmpty()){
                            Toast.makeText(MainActivity.this, "账号或密码不能为空",
Toast.LENGTH_SHORT).show();
                        return;
                    }else{
                            Toast.makeText(MainActivity.this, "登录成功", Toast.
LENGTH_SHORT).show();
                            boolean isSave=saveFile.saveToFile(MainActivity.
this,username,userpass);
                        if (isSave){
                            Toast.makeText(MainActivity.this, "保存成功", Toast.
```

```
LENGTH_SHORT).show();
                        }
                    }
                }
            });
            Map<String,String> userInfo=saveFile.getInfoFromFile(this);
            if (userInfo!=null){
                usernameTxt.setText(userInfo.get("username"));
                userpassTxt.setText(userInfo.get("userpass"));
            }
        }
        private void initView() {
            usernameTxt=findViewById(R.id.usernameTxt);
            userpassTxt=findViewById(R.id.userpassTxt);
            button=findViewById(R.id.button);
            regbutton=findViewById(R.id.regbutton);
        }
    }
```

在上述代码中，首先通过工具类saveFile中的getInfoFromFile()方法获取保存在文件中的用户名和密码，如果之前保存了用户名和密码，则将读取的用户名和密码展示在登录框和密码框中。

为“登录”按钮注册点击事件，在点击事件内部，首先获取用户输入的用户名和密码，如果获取的用户名或者密码为空，则提示用户“账号或密码不能为空”，否则调用saveFile类中的saveToFile()方法将用户名和密码保存在本地文件中，并提示用户“登录成功”和“保存成功”。

步骤五：运行以上程序，在账号和密码框中分别输入“admin”，点击“登录”按钮，弹出“登录成功”和“保存成功”表示用户名和密码已经保存在本地文件中，也可以通过Device File Explorer浏览设备文件，从该应用程序目录中查找该文件。运行结果如图8-1所示。当关闭程序再次打开程序之后，界面上会自动加载出用户名和密码，如图8-2所示。

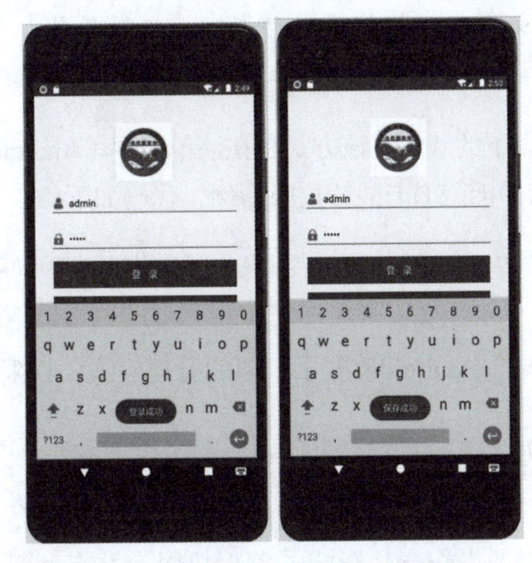

图 8-1　登录成功并保存登录信息

图 8-2　再次登录自动加载信息

扩展知识

视 频

读取SD卡上的文档

读取SD卡上的文档

前面学习了如何读取手机内存中的文件，内存空间直接会影响到手机的运行速度，通常不建议将数据保存到手机内存中，特别是一些比较大的资源，如图片、音频、视频等。而是将这些数据保存在外部存储，如SD卡或者设备内嵌的存储卡中，这种存储属于永久性存储，其中比较常见的就是SD卡。

读取SD卡上的文件和读取手机上的文件类似，都是通过文件操作流的方式进行读取的，Android中没有提供单独的SD卡文件操作类，直接使用Java中的文件操作即可。因为SD卡的可移动性，可能被移除或者丢失。并且不是所有手机都有SD卡，还有可能SD卡损坏或安装不正确等。因此，在访问之前需要验证手机的SD卡的状态，Android提供了Environment类来完成这一操作，当外部设备可用并且具有读写权限时，就可以通过FileInputStream和FileOutputStream对象来读写外部设备中的文件。

SD卡中的数据涉及用户的隐私，访问时需要申请相关的权限，需要使用到运行权限，即在程序运行时时提示用户进行授权。因此，读、写SD卡上文件的主要步骤如下：

（1）调用Environment的getExternalStorageState()方法判断手机上是否插入了SD卡，并且SD卡是否正常读写。Environment.getExternalStorageState()方法用于获取SD卡的状态，如果手机装有SD卡，并且可以进行读写，那么方法返回的状态等于Environment.MEDIA_MOUNTED。

（2）判断用户是否授权，如果没有授权，请求授权，如果已授权则执行下一步操作。

（3）调用Environment的getExternalStorageDirectory()方法来获取外部存储器的目录，也就是SD卡的目录（如果知道SD卡目录，可以使用绝对路径表示，但不提倡，因为不同版本可能路径不同）。

（4）使用FileInputStream、FileOutputStream等读写SD卡的文件。

提示： 为了保证应用程序的安全性，Android系统规定程序访问系统的一些关键信息时，必须申请权限，否则程序运行时会因为没有访问系统信息的权限而直接崩溃。根据程序适配的Android SDK版本的不同，申请权限分为静态申请权限和动态申请权限两种。

第一，静态申请权限。

静态申请权限的方式适用于Android SDK 6.0以下的版本。该方式是在清单文件（AndroidManifest.xml）的<manifest>节点中声明需要申请的权限。以申请SD卡的读权限为例，代码如下。

```
<uses-permission android:name="android.permission.READ_EXTERNAL_STORAGE"/>
```

第二，动态申请权限。

当程序适配的Android SDK版本为6.0及以上时，Android改变了权限的管理模式，权限被分为正常权限和危险权限，具体如下：

（1）正常权限：表示不会直接给用户隐私权带来风险的权限，如请求网络的权限。

（2）危险权限：表示涉及用户隐私的权限，申请了该权限的应用可能涉及用户隐私信息的数据或资源，也可能对用户存储的数据或其他应用的操作产生影响。危险权限一共有九组，分别为位置（LOCATION）、日历（CALENDAR）、照相机（CAMERA）、联系人（CONTACTS）、存储卡（STORAGE）、传感器（SENSORS）、麦克风（MICROPHONE）、电话（PHONE）和短信（SMS）的相关权限。

申请正常权限时使用静态申请权限的方式即可，但是对于一些涉及用户隐私的危险权限需要用户的授权才可以使用，因此危险权限不仅需要在清单文件(AndroidManifest.xml)的<manifest>节点中添加权限，还需要在代码中动态申请权限，以动态申请SD卡的读权限为例说明：

```
    ActivityCompat.requestPermissions(MainActivity.this,new String[]{Manifest.
permission.READ_EXTERNAL_STORAGE},1);
```

requestPermissions()方法中包含三个参数，第一个参数为Context上下文，第二个参数为需要申请的权限，第三个参数为请求码。添加完动态申请权限后，运行程序，界面上会弹出是否允许申请权限的对话框，由用户进行授权。

当用户单击“ALLOW”按钮时，表示允许授权。此时程序会执行动态申请权限的回调方法onRequestPermissionsResult()，在该方法中可以获取用户授权申请权限的结果。

任务小结

通过本任务的开展，可以使读者掌握Android程序开发中内部存储空间文件的存取方式。通过实例演示和详细解释，读者将能够熟练地在Android应用中实现数据的持久化存储，为开发功能丰富、用户体验良好的应用打下坚实的基础。

任务二　薄技在身——SharedPreferences 保存用户名和密码

任务描述

在Android开发中，我们经常需要存储一些轻量级的数据，如用户的偏好设置、登录信息等。SharedPreferences是Android提供的一个轻量级的数据存储类，主要用于存储一些常用的配置信息，如用户名、密码、是否记住密码等。它是以键-值对的形式将数据保存在XML文件中的。

实践任务导引：

（1）使用SharedPreferences存储数据。

（2）使用SharedPreferences读取数据。

（3）使用SharedPreferences删除数据。

知识储备

通常用户在使用Android应用时，都会根据自己的爱好进行简单的设置，例如，设置背景颜色、记录用户名和密码、登录状态等，为了使用户下次打开应用时不需要重复设置，应用程序需要保存这些设置信息。Android提供了一个SharedPreferences接口，来保存配置参数。应用程序使用SharedPreferences接口可以快速而高效地以键-值对的形式保存数据，信息以XML文件的形式存储在

Android设备上。SharedPreferences本身是一个接口，不能直接实例化，但Android的Context类提供了方法可以获取SharedPreferences实例。

视 频

使用Shared Preferences存储数据

1. 使用SharedPreferences存储数据

使用SharedPreferences类存储数据时，首先需要调用getSharedPreferences(Stringname, int mode)方法获取实例对象。在该方法中需要传递两个参数：第一个参数表示保存信息的文件名，不需要后缀，在同一个应用中可以使用多个文件保存不同的信息；第二个参数表示SharedPreferenes的访问权限，和前面项目中读取应用程序的文件类似，包括只能被本应用程序读写和能被其他应用程序读写。由于该对象本身只能获取数据，不能对数据进行存储和修改，因此需要调用SharedPreferences类的edit()方法获取可编辑的Editor对象，最后通过该对象的putXXX()方法存储数据，示例代码如下：

```
SharedPreferences preferences = getPreferences("data",MODE_PRIVATE);
SharedPreferences.Editor editor = preferences.edit();
editor.putString("name","Jone");
editor.putInt("age",20);
editor.commit();
```

上述代码中，通过getSharedPreferences()获取SharedPreferences对象，之后通过该对象的edit()方法获取Editor对象并通过相应的方法存储数据，最后通过commit()方法提交。通过上述代码，Editor对象是以key/value的形式保存数据的，其中value值只能是float、int、long、boolean、String、Set<String>类型数据，并且根据数据类型的不同，会调用不同的方法。需要注意的是，最后一定要调用commit()方法进行数据提交，否则所有操作不生效。

视 频

使用Shared Preferences读取数据

2. 使用SharedPreferences读取数据

读取SharedPreferences中的数据只需要获取SharedPreferences对象，然后通过该对象的getXXX()方法根据相应的key值获取value值。该方法需要传递两个参数：第一个参数为关键字，即保存的时候使用的key值；第二个参数为默认值，即如果根据key值没有找到value值时，返回该默认值。程序所读取的SharedPreferences文件不存在时，程序也会返回默认值，并不会抛出异常。SharedPreferences数据总是保存在data/data/<packagename>/shared_prefs目录下，并且SharedPreferences数据总是以XML格式保存，实例代码如下：

```
SharedPreferences preferences = getPreferences("data",MODE_PRIVATE);
preferences.getString("name","");
preferences.getInt("age",0);
```

视 频

使用Shared Preferences删除数据

上述代码中，通过getSharedPreferences()获取SharedPreferences对象，之后通过该对象的getString()方法和getInt()方法获取用户名和年龄。

3. 使用SharedPreferences删除数据

使用SharedPreferences删除数据的时候，需要先获取SharedPreferences对象，并通过该对象的edit()方法获取Editor对象。通过调用Editor对象的remove(String key)方法删除数据。该方法中的参数为关键字，即键-值对的key值。该方法会删除key相对应的数据。如果要删除所有数据可采用clear()方法。实例代码如下：

```
SharedPreferences preferences=getPreferences("data",MODE_PRIVATE);
SharedPreferences.Editor editor=preferences.edit();
editor.remove("name");
editor.clear();
```

上述代码中，通过getSharedPreferences()获取SharedPreferences对象，之后通过该对象的edit()方法获取Editor对象，通过Editor对象中的remove()和clear()方法删除数据。

任务实施

通过对SharedPreferences的学习，可以对项目中的登录页面进行实现。

步骤一：创建程序。创建名称为Rw0802的应用程序。

步骤二：设置布局文件。创建界面布局与上一任务布局相同，在此不再重复演示。

步骤三：在程序中创建一个工具类spSaveInfo保存用户名和密码。类中创建saveToSp()方法，用于保存用户名和密码到data.xml文件中。在该方法中首先通过getSharedPreferences()方法获取到SharedPreferences对象，并通过该对象的edit()方法获取到Editor对象，并通过该对象将数据保存在文件中。

再创建一个getInfoFromSp()方法用来获取data.xml文件中保存的用户名和密码。在该方法中首先通过getSharedPreferences()方法获取到SharedPreferences对象，通过该对象的getString()方法获取到用户名和密码，并将获取的数据存放在Map集合中。程序代码如下：

```
public class spSaveInfo {
    public static boolean saveToSp(Context context,String username,String
userpass){
        SharedPreferences sharedPreferences=context.getSharedPreferences("dat
a",Context.MODE_PRIVATE);
        SharedPreferences.Editor editor=sharedPreferences.edit();
        editor.putString("username",username);
        editor.putString("userpass",userpass);
        editor.commit();
        return true;
    }
    public static Map<String,String> getInfoFromSp(Context context){
        HashMap<String,String> hashMap=new HashMap<>();
        SharedPreferences sharedPreferences=context.getSharedPreferences("dat
a",Context.MODE_PRIVATE);
        String username=sharedPreferences.getString("username","");
        String userpass=sharedPreferences.getString("userpass","");
        hashMap.put("username",username);
        hashMap.put("userpass",userpass);
        return hashMap;
```

```
    }
}
```

步骤四：完成交互功能设计。MainActivity页面的代码如下：

```
public class MainActivity extends AppCompatActivity {
    private TextView usernameTxt;
    private TextView userpassTxt;
    private Button button;
    private Button regbutton;
    private String username;
    private String userpass;
    @Override
    protected void onCreate(Bundle savedInstanceState) {
        super.onCreate(savedInstanceState);
        setContentView(R.layout.activity_main);
        initView();
        button.setOnClickListener(new View.OnClickListener() {
            @Override
            public void onClick(View view) {
                username=usernameTxt.getText().toString().trim();
                userpass=userpassTxt.getText().toString();
                if (username.isEmpty()||userpass.isEmpty()){
                          Toast.makeText(MainActivity.this, "账号或密码不能为空",
Toast.LENGTH_SHORT).show();
                    return;
                }else{
                          Toast.makeText(MainActivity.this, "登录成功", Toast.
LENGTH_SHORT).show();
                          boolean isSave=spSaveInfo.saveToSp(MainActivity.
this,username,userpass);
                    if (isSave){
                          Toast.makeText(MainActivity.this, "保存成功", Toast.
LENGTH_SHORT).show();
                    }
                }
            }
        });
        Map<String,String> userInfo=spSaveInfo.getInfoFromSp(this);
        if (userInfo!=null){
            usernameTxt.setText(userInfo.get("username"));
            userpassTxt.setText(userInfo.get("userpass"));
        }
    }
```

```
    private void initView() {
        usernameTxt=findViewById(R.id.usernameTxt);
        userpassTxt=findViewById(R.id.userpassTxt);
        button=findViewById(R.id.button);
        regbutton=findViewById(R.id.regbutton);
    }
}
```

步骤五：运行以上程序，在账号和密码框中分别输入“admin”，点击“登录”按钮，弹出“登录成功”和“保存成功”表示用户名和密码已经保存在本地文件中，也可以通过Device File Explorer浏览设备文件，从该应用程序目录中查找该文件。运行结果如图8-1所示。当关闭程序再次打开程序之后，界面上会自动加载出用户名和密码，如图8-2所示。

视 频

验证信息是否保存在SharedPreferences中

扩展知识

验证信息是否保存在SharedPreferences中

为了验证用户信息是否成功保存到了SharedPreferences中，可以在Device FileExplorer视图中找到data\data\com.example.rw0802\shared_prefs目录，然后找到data.xml文件，data.xml文件目录如图8-3所示。

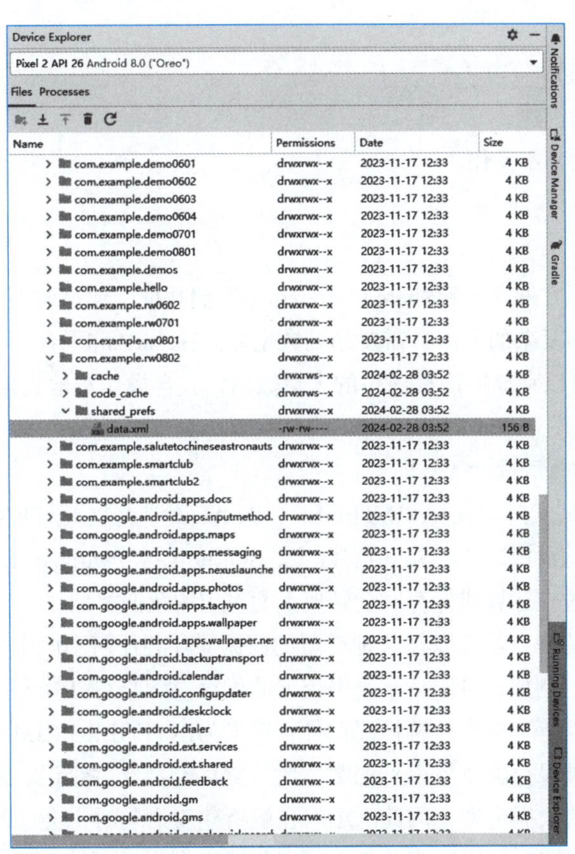

图 8-3 文件保存的位置

打开的data.xml文件：

```
<?xml version='1.0' encoding='utf-8' standalone='yes' ?>
<map>
    <string name="userpass">admin</string>
    <string name="username">admin</string>
</map>
```

任务小结

通过本任务的开展，可以使读者掌握SharedPreferences的使用，实现数据存储功能。

任务三 纷至沓来——选定目标处理

任务描述

SQLite作为一款轻量级的、开源的关系型数据库管理系统，因其简单、快速、可靠和无须独立服务器等特点，在移动应用开发中得到了广泛应用。本次任务旨在让开发者深入了解SQLite在App开发中的使用，掌握其基本操作和高级功能，以应对日益增长的数据管理和存储需求。

实践任务导引：

（1）SQLite数据库简介。

（2）SQLite数据库的创建。

（3）SQLite数据库的基本操作。

知识储备

前面介绍了如何使用文件存储和SharedPreferences存储数据，但这两种方式只适合存储一些简单的数据。如果想存储结构复杂的数据，需要用到数据库。在Android平台上，嵌入了一个轻量级的关系型数据库SQLite，它可以存储应用程序中的大量数据，包含操作本地数据的所有功能，简单易用、反应快。

视频

SQLite数据库简介

1. SQLite数据库简介

SQLite内部只支持NULL、INTEGER、REAL（浮点数）、TEXT（字符文本）和BLOB（二进制对象）这五种数据类型，但实际上，SQLite也接受varchar(n)、char(n)、decimal(p,s)等数据类型，只不过在运算或保存时会转成上面对应的数据类型。

SQLite最大的特点是可以把各种类型的数据保存到任何字段中，而不用关心字段声明的数据类型是什么。例如，可以把字符串类型的值存入INTEGER类型字段中，或者在布尔型字段中存放数值类型等。但有一种情况例外：定义为INTEGER PRIMARYKEY的字段只能存储64位整数，当向这种字段保存除整数以外的数据时，SQLite会产生错误。由于SQLite允许存入数据时忽略底层数据列实际的数据类型，因此SQLite在解析建表语句时，会忽略建表语句中跟在字段名后面的数据类型信息。因此在编写建表语句时可以省略数据列后面的类型声明。SQLite允许开发者使用SQL语句操作数据库中的数据，并且SQLite数据库不需要安装、启动服务进程，其底层只是一个数据库文件。本质上，SQLite的操作方式只是一种更为便捷的文件操作。

2. SQLite数据库的创建

视 频

SQLite数据库的创建

在Android系统中提供了相关的类帮助我们创建数据库，其中，SQLiteOpenHelper是Android提供的管理数据的工具类，主要用于数据库的创建、打开和版本更新。一般用法是创建SQLiteOpenHelper类的子类，并重写父类的onCreate()和onUpgrade()方法(这两个方法是抽象的，必须重写)。

SQLiteOpenHelper包含如下常用方法：

（1）abstract void onCreate(SQLiteDatabase db)：当数据库第一次被创建的时候调用该方法。

（2）abstract void onUpgrade(SQL iDatabre db,int oldVersion,int newVersion):当数据库需要更新的时候调用该方法。

（3）void onOpen(SQLiteDatabase db)：当数据库打开时调用该方法。

（4）SQLiteDatabase getWritableDatabase()：以写的方式打开数据库对应的SQLiteDatabase对象，一旦打开成功，将会缓存该数据库对象。

（5）SQLiteDatabase getReadableDatabase():以读写的方式打开数据库对应的SQLiteDatabase对象，该方法内部调用getWritableDatabase()方法，返回对象与getWritableDatabase()返回对象一致，除非数据库的磁盘空间满了，此时getWritableDatabase()打开数据库就会出错，当打开失败后，getReadableDatabase()方法会继续尝试以只读方式打开数据库。

（6）当调用SQLiteOpenHelper的getWritableDatabase()或者getReadableDatabase()方法获取SQLiteDatabase实例的时候，如果数据库不存在，Android系统会自动生成一个数据库，然后调用onCreate()方法，在onCreate()方法中可以初始化表结构。onUpgrade()方法在数据库版本号发生变化时会被调用，一般在软件升级需要修改表结构的时候需要升级数据库版本号，假设数据库原有版本是1，当要修改表结构时就需要升级版本号，此时可以设置数据库版本号2，并在onUpgrade()方法中实现表结构的更新。onUpgrade()方法在数据库版本号增加时会被调用，并做出相应表结构和数据的更新，如果版本号不增加，则该方法不会被调用。

在项目中新建类SQLiteHelper，用于生成数据库，示例代码如下：

```
    public class SQLiteHelper extends SQLiteOpenHelper {
        public SQLiteHelper(@Nullable Context context, @Nullable String name, @
Nullable SQLiteDatabase.CursorFactory factory, int version) {
            super(context, name, factory, version);
        }
        @Override
        public void onCreate(SQLiteDatabase sqLiteDatabase) {
            sqLiteDatabase.execSQL("create table if not exists userinfo ("+
                    "_id integer primary key autoincrement,"+
                    "username varchar(10),"+
                    "userpass varchar(50),"+
                    "usernick varchar(20))");
```

```
    }
    @Override
    public void onUpgrade(SQLiteDatabase sqLiteDatabase, int i, int i1) {
    }
}
```

由上述代码中，首先创建了一个SQLiteHelper类继承自SQLiteOpenHelper，并重写该类的构造方法SQLiteHelper()，在该方法中通过super()调用父类SQLiteOpenHelper的构造方法，并传入四个参数，分别表示上下文对象、数据库名称、游标工厂（通常是null）、数据库版本。然后重写了onCreate()和onUpgrade()方法，其中，onCreate()方法是在数据库第一次创建时调用，该方法通常用于初始化表结构。MainActivity.java中的代码如下：

```
public class MainActivity extends AppCompatActivity {
    @Override
    protected void onCreate(Bundle savedInstanceState) {
        super.onCreate(savedInstanceState);
        setContentView(R.layout.activity_main);
        SQLiteHelper sqLiteHelper=new SQLiteHelper(this,"userinfo.db",null,1);
        SQLiteDatabase database=sqLiteHelper.getWritableDatabase();
    }
}
```

在上述代码中，首先生成SQLiteHelper对象，调用该对象的getWritableDatabase()生成数据库。程序运行后，在Device File Explorer视图中找到数据库文件所在的路径data/data/com.example.demo0802/databases/userInfo.db，如图8-4所示。

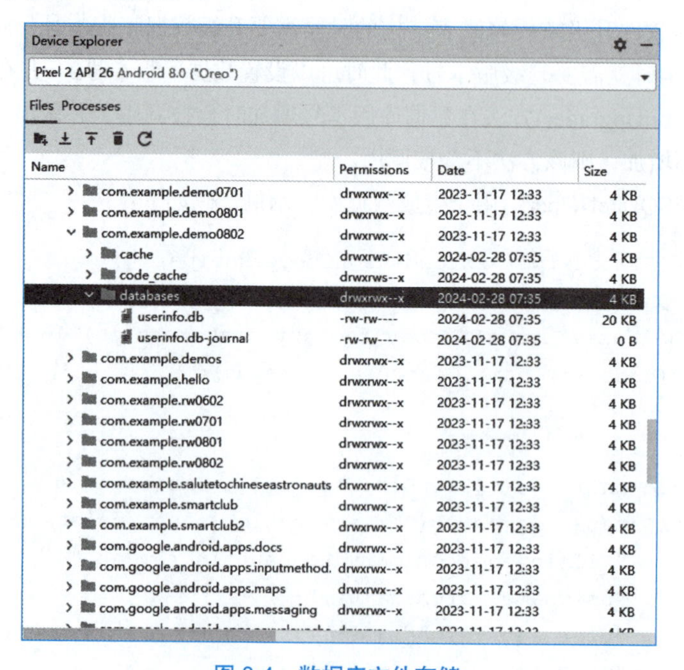

图 8-4 数据库文件存储

右击数据库文件userlnfo.db，选择Save as可以将数据库文件保存在本地磁盘上。如果要查看数据库中的数据，可以使用SQLite Expert Personal可视化工具。可在官网http://www.sqliteexpert.com/download.html下载SQLite Expert Personal工具并进行安装，安装完成运行程序，结果如图8-5所示。

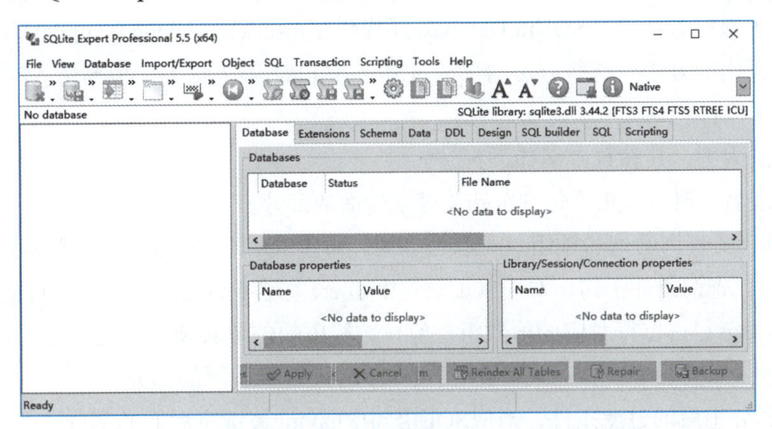

图 8-5　SQLite Expert Personal 界面

在SQLite Expert Personal工具中单击File→Open Database选项，选择需要查看的数据库文件，结果如图8-6所示。

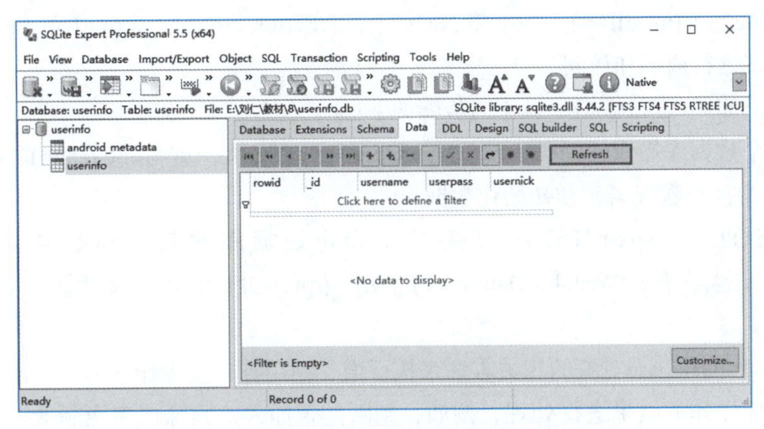

图 8-6　userinfo 表结构

由图8-6可知，创建的数据库userInfo.db中的各个字段已经展示出来，当数据库中有新添加的数据时，也可通过SQLite Expert Personal可视化工具可以进行查看。

3. SQLite数据库的基本操作

视　频

SQLite数据库的基本操作

实现对数据的增删改查功能主要依赖于SQLiteDatabase类。该类提供了一系列操作数据库的API，允许用户执行添加（Create）、查询（Retrieve）、更新（Update）和删除（Delete）等操作。在掌握该类时，应重点了解execSQL()和rawQuery()这两个方法。execSQL()方法能够执行包括insert、delete、update和createTable等具有修改行为的SQL语句，而rawQuery()方法则专门用于执行查询语句。

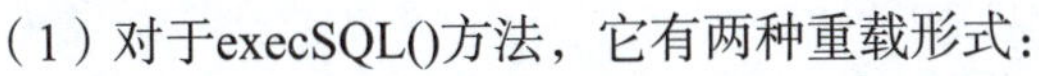

（1）对于execSQL()方法，它有两种重载形式：

① execSQL(String sql, Object[] bindArgs)：执行带有占位符的SQL语句。如果SQL语句中不包含

占位符，则第二个参数可以传递null。

② execSQL(String sql)：直接执行给定的SQL语句。

（2）rawQuery(String sql, String[] selectionArgs)方法则用于执行带有占位符的SQL查询语句。

除了上述两个核心方法外，SQLiteDatabase还提供了insert()、delete()、update()和query()等直接对应于增删改查操作的方法。这些方法内部通过StringBuilder等工具类，根据传入的参数动态拼接成完整的SQL语句并执行。

以query()方法为例，其参数含义如下：

（1）table：表名，对应SQL语句中from关键字后面的部分。

（2）columns：要查询的列名数组，可以是多列，对应SQL语句中select关键字后面的部分。

（3）selection：查询条件子句，对应SQL语句中where关键字后面的部分，允许使用占位符“?”。

（4）selectionArgs：占位符对应的值数组，值在数组中的位置必须与占位符在语句中的位置一致。

（5）groupBy：分组条件，对应SQL语句中group by关键字后面的部分。

（6）having：分组后的过滤条件，对应SQL语句中having关键字后面的部分。

（7）orderBy：排序条件，对应SQL语句中order by关键字后面的部分。

（8）limit：指定查询结果的偏移量和记录数，对应SQL语句中limit关键字后面的部分。

Cursor接口是SQLiteDatabase查询操作返回结果集的主要载体。它提供了多种方法来移动查询结果的记录指针，如move(int offset)、moveToNext()、moveToPrevious()、moveToFirst()和moveToLast()等，以便对结果集进行遍历和访问。

使用SQLiteDatabase进行数据库操作的步骤如下：

（1）定义一个数据库操作辅助类，从SQLiteOpenHelper继承，重写onCreate()和onUpdate()方法，在onCreate()方法中执行建表语句和初始化数据。

（2）创建SQLiteOpenHelper类对象，指定数据库的名称和版本后，调用该类的getReadableDatabase()或者getWritableDatabase()方法，获取SQLiteDatabase对象，该对象代表了与数据库的连接。

（3）调用SQLiteDatabase对象的相关方法来执行增、删、查、改操作。

（4）对数据库操作的结果进行处理，例如，判断是否插入、删除或者更新成功，将查询结果记录转换成列表显示等。

（5）关闭数据库连接，回收资源。

操作1：添加数据。

接下来以userInfo表为例，介绍如何使用SQLiteDatabase对象的insert()方法向表中插入一条数据，实例代码如下：

```
public class MainActivity extends AppCompatActivity {
    @Override
    protected void onCreate(Bundle savedInstanceState) {
        super.onCreate(savedInstanceState);
        setContentView(R.layout.activity_main);
        SQLiteHelper sqLiteHelper=new SQLiteHelper(this,"userinfo.db",null,1);
```

```
        SQLiteDatabase database=sqLiteHelper.getWritableDatabase();
    }
    public void insert(String uname,String upass,String unick){
        SQLiteHelper sqLiteHelper=new SQLiteHelper(this,"userinfo.db",null,1);
        SQLiteDatabase database=sqLiteHelper.getWritableDatabase();
        ContentValues values=new ContentValues();
        values.put("username",uname);
        values.put("userpass",upass);
        values.put("usernick",unick);
        long id = database.insert("userinfo",null,values);
        database.close();
    }
}
```

在上述代码中，首先通过sqLiteHelper的getWritableDatabase()获取SQLiteDatabase对象，之后获取ContentValues对象并将数据添加到ContentValues对象中。最后调用insert()方法将数据添加到userInfo表中，返回值代表新行的ID。其中，insert()方法接收三个参数，第一个参数是表名，第二个参数表示如果发现将要插入的行为空行时，会将这个列名的值设为null，第三个参数为ContentValues对象。其中，ContentValues类类似Map类，通过键-值对的形式存入数据，这里的key表示插入数据的列名，value表示要插入的数据。

需要注意的是，使用完SQLiteDatabase对象后一定要调用close()方法关闭数据库连接，否则数据库连接会一直存在，不断消耗内存，当系统内存不足时将获取不到SQLiteDatabase对象，并且会报出数据库未关闭异常。

操作2：修改数据。

SQLitDatabase类中存在一个update()方法，用于修改数据库表中的数据，以userInfo表为例，如果想要修改该表中的某一条数据时，可直接调用SQLiteDatabase对象的update()方法，示例代码如下：

```
public int update(String uname,String upass,String unick){
    SQLiteHelper sqLiteHelper = new SQLiteHelper(this,"userinfo.db",null,1);
    SQLiteDatabase database = sqLiteHelper.getWritableDatabase();
    ContentValues values = new ContentValues();
    values.put("userpass",upass);
    values.put("usernick",unick);
    int num = database.update("userinfo",values,"user_name=?",new String[]{uname});
    database.close();
    return num;
}
```

上述代码中，首先通过sqLiteHelper的getWritableDatabase()获取SQLiteDatabase对象。之后调用该对象的update()方法，其中，update()方法接收三个参数：第一个参数是表名，第二个参数表示查询条件的子句，第三个参数为查询条件子句中对应的值。该方法的返回值表示受影响的行数。

操作3：删除数据。

SQLiteDatabase类中提供了一个delete()方法，用于删除数据库表中的数据。以userInfo表为例说明，示例代码如下：

```
public int delete(String uname){
    SQLiteHelper sqLiteHelper=new SQLiteHelper(this,"userinfo.db",null,1);
    SQLiteDatabase database=sqLiteHelper.getWritableDatabase();
    int num=database.delete("userinfo","username=?",new String[]{uname});
    database.close();
    return num;
}
```

上述代码中，首先通过sqLiteHelper的getWritableDatabase()获取SQLiteDatabase对象。之后调用该对象的delete()方法，其中，delete()方法接收三个参数：第一个参数是表名，第二个参数表示查询条件的子句，第三个参数为查询条件子句中对应的值。该方法的返回值表示受影响的行数。

操作4：查询数据。

在进行数据查询时使用的是query()方法，该方法返回的是一个行数集合Cursor,Cursor是一个游标接口，提供了遍历查询结果的方法。需要注意的是，在使用完Cursor对象后，一定要及时关闭，否则会造成内存泄漏。以userInfo表为例说明，示例代码如下：

```
public List<UserInfo> query(String uname){
    List<UserInfo> infoList=new ArrayDeque<UserInfo>();
    SQLiteHelper sqLiteHelper=new SQLiteHelper(this,"userinfo.db",null,1);
    SQLiteDatabase database=sqLiteHelper.getWritableDatabase();
    Cursor cursor=database.query("userinfo",null,"username=?",
            new String[]{uname},null,null,null);
    if (cursor!=null && cursor.getCount()>0){
        while (cursor.moveToNext()){
            UserInfo userInfo = new UserInfo();
            userInfo.setUsername(cursor.getString(1));
            userInfo.setUserpass(cursor.getString(2));
            userInfo.setUsernick(cursor.getString(3));
            infoList.add(userInfo);
        }
    }
    cursor.close();
    database.close();
    return infoList;
}
```

上述代码中，封装一个查询表userInfo的方法，其中返回为一个集合，集合中每个对象的类型为UserInfo。UserInfo是根据userInfo表封装的实体类。

其中，代码中首先通过sqLiteHelper的getWritableDatabase()获取SQLiteDatabase对象，再通过

SQLiteDatabase对象的query()方法查询userInfo表中的数据，并返回Cursor对象。query()方法包含七个参数，第一个参数表示表名称，第二个参数指明查询哪几列，如果不指明，用null表示则表示查询所有列，第三个参数表示的是接收查询条件的子句，第四个参数接收查询子句对应的条件值，如果第三、四个参数不指明，用null表示则表示查询所有行，第五个参数表示分组方式，第六个参数接收having条件，即对group By之后的数据再添加过滤器，第七个参数表示排序方式，如果不指明则按照默认的排序方式。

通过getCount()方法获取到查询结果的总数，然后循环取出每一列的值，通过moveToNext()方法不断移动游标到下一行数据，通过为getString()方法传入列索引获取对应的数据，并将数据存入到UserInfo对象中，把UserInfo对象存入到集合中，最后关闭Cursor和SQLiteDatabase对象，并将集合数据返回。

任务实施

通过对SQLite数据库的学习，可以对项目中目标页面进行实现。

步骤一：创建程序。创建名为Rw0803的应用程序。

步骤二：设置布局文件。由于在项目中的活动数据是在别的页面添加到数据库中的，涉及页面跳转等内容。这里在页面中添加两个按钮：一个是添加数据按钮，模拟在其他页面向数据库里面添加数据：一个是加载数据按钮，模拟在当前页面启动的时候加载活动目标表中的所有数据。布局文件完整代码如下：

```
<?xml version="1.0" encoding="utf-8"?>
<LinearLayout xmlns:android="http://schemas.android.com/apk/res/android"
    xmlns:app="http://schemas.android.com/apk/res-auto"
    xmlns:tools="http://schemas.android.com/tools"
    android:layout_width="match_parent"
    android:layout_height="match_parent"
    android:orientation="vertical"
    android:padding="10dp"
    tools:context=".MainActivity">
    <Button
        android:id="@+id/addbutton"
        android:layout_width="match_parent"
        android:layout_height="wrap_content"
        android:text="添加数据"
        android:layout_marginTop="5dp"/>
    <Button
        android:id="@+id/listbutton"
        android:layout_width="match_parent"
        android:layout_height="wrap_content"
        android:text="加载数据"
        android:layout_marginTop="5dp"/>
```

```
    <ListView
        android:id="@+id/target_ListView"
        android:layout_width="match_parent"
        android:layout_height="match_parent"
        android:layout_marginTop="5dp"/>
</LinearLayout>
```

步骤三：设置Item选项的布局。创建一个名为hd_target_list_items的布局文件，完整代码如下：

```
<?xml version="1.0" encoding="utf-8"?>
<RelativeLayout xmlns:android="http://schemas.android.com/apk/res/android"
    android:layout_width="match_parent"
    android:layout_height="match_parent">
    <TextView
        android:id="@+id/target_title_TextView"
        android:layout_width="match_parent"
        android:layout_height="wrap_content"
        android:layout_margin="8dp"
        android:text="目标标题"
        android:textSize="15sp"
        android:textStyle="bold"/>
    <TextView
        android:id="@+id/target_status_TextView"
        android:layout_width="wrap_content"
        android:layout_height="wrap_content"
        android:layout_below="@id/target_title_TextView"
        android:layout_marginLeft="5dp"
        android:text="状态：已选定"/>
    <TextView
        android:id="@+id/target_value_TextView"
        android:layout_width="wrap_content"
        android:layout_height="wrap_content"
        android:layout_alignParentRight="true"
        android:layout_below="@id/target_title_TextView"
        android:layout_marginRight="8dp"
        android:text="需要：10人"/>
    <TextView
        android:id="@+id/target_time_TextView"
        android:layout_width="wrap_content"
        android:layout_height="wrap_content"
        android:layout_below="@id/target_status_TextView"
        android:layout_marginStart="5dp"
        android:layout_marginTop="8dp"
        android:layout_marginEnd="8dp"
```

```
        android:layout_marginBottom="8dp"
        android:text="创建时间：" />
    <TextView
        android:id="@+id/target_number_TextView"
        android:layout_width="wrap_content"
        android:layout_height="wrap_content"
        android:layout_alignParentRight="true"
        android:layout_below="@id/target_value_TextView"
        android:layout_marginTop="8dp"
        android:layout_marginRight="8dp"
        android:text="报名：6人" />
</RelativeLayout>
```

步骤四：封装活动实体类。创建一个TargetInfo类，示例代码如下：

```
public class TargetInfo implements Serializable {
    private String id;
    private String title;
    private String status;
    private String total;
    private String datetime;
    private String number;
    public TargetInfo(String title,String status,String total,String datetime,String
number){
        this.title=title;
        this.status=status;
        this.total=total;
        this.datetime=datetime;
        this.number=number;
    }
    public void setId(String id) {
        this.id=id;
    }
    public String getId() {
        return id;
    }
    public void setTitle(String title) {
        this.title=title;
    }
    public String getTitle() {
        return title;
    }
    public void setStatus(String status) {
        this.status=status;
```

```
    }
    public String getStatus() {
        return status;
    }
    public void setDatetime(String datetime) {
        this.datetime=datetime;
    }
    public String getDatetime() {
        return datetime;
    }
    public void setNumber(String number) {
        this.number=number;
    }
    public String getNumber() {
        return number;
    }
    public void setTotal(String total) {
        this.total=total;
    }
    public String getTotal() {
        return total;
    }
}
```

步骤五：定义一个SQLiteHelper类，用于生成数据库。代码如下：

```
public class SQLiteHelper extends SQLiteOpenHelper {
    private static final int DB_VERSION=1;
    private static final String DB_NAME="targetinfo.db";
     public SQLiteHelper(@Nullable Context context, @Nullable String name, @
Nullable SQLiteDatabase.CursorFactory factory, int version) {
        super(context, DB_NAME, null, DB_VERSION);
    }
    @Override
    public void onCreate(SQLiteDatabase sqLiteDatabase) {
        sqLiteDatabase.execSQL("create table if not exists targetinfo ("+
                "_id integer(11) primary key autoincrement,"+
                "title varchar(50),"+
                "status varchar(10),"+
                "total varchar(30),"+
                "datetime varchar(50),"+
                "number varchar(30))");
    }
```

```
    @Override
    public void onUpgrade(SQLiteDatabase sqLiteDatabase, int i, int i1)  {
        onCreate(sqLiteDatabase);
    }
}
```

在上述代码中，创建了一个SQLiteHelper类继承自SQLiteOpenHelper,并重写该类的构造方法SQLiteHelper(),在该方法中通过super()调用父类SQLiteOpenHelper的构造方法，并传入四个参数，分别表示上下文对象、数据库名称、游标工厂（通常是null）、数据库版本。然后重写了onCreate()和onUpgrade()方法，其中，onCreate()方法是在数据库第一次创建时调用，用于初始化表结构。

步骤六：定义一个DBUtils类，封装对表数据的增、删、查功能。实例代码如下：

```
public class DBUtils {
    private static SQLiteHelper helper;
    private static SQLiteDatabase db;
    private static DBUtils instance = null;
    public DBUtils(Context context){
        helper=new SQLiteHelper(context);
        db=helper.getWritableDatabase();
    }

    public static DBUtils getInstance(Context context) {
        if (instance==null){
            instance=new DBUtils(context);
        }
        return instance;
    }
    public boolean saveTargetInfo(TargetInfo targetInfo){
        ContentValues values=new ContentValues();
        values.put("title",targetInfo.getTitle());
        values.put("status",targetInfo.getStatus());
        values.put("total",targetInfo.getTotal());
        values.put("datetime",targetInfo.getDatetime());
        values.put("number",targetInfo.getNumber());
        long i = db.insert("targerinfo",null,values);
        if (i>0){
            return true;
        }else{
            return false;
        }
    }
    @SuppressLint("Range")
    public List<TargetInfo> getTargetInfoList(){
```

```
        List<TargetInfo> targetInfoList=new ArrayList<TargetInfo>();
        TargetInfo targetInfo=null;
        Cursor cursor=db.query("targetinfo",null,null,null,null,null,null);
        if (cursor.getCount()>0 && cursor!=null){
            while (cursor.moveToNext()){
                targetInfo=new TargetInfo();
                targetInfo.setId(cursor.getString(cursor.getColumnIndex("_id")));
                targetInfo.setTitle(cursor.getString(cursor.getColumnIndex
("title")));
                targetInfo.setStatus(cursor.getString(cursor.getColumnIndex
("status")));
                targetInfo.setTotal(cursor.getString(cursor.getColumnIndex
("total")));
                targetInfo.setDatetime(cursor.getString(cursor.getColumnIndex
("datetime")));
                targetInfo.setNumber(cursor.getString(cursor.getColumnIndex
("number")));
                targetInfoList.add(targetInfo);
            }
            cursor.close();
            return targetInfoList;
        }else{
            return null;
        }
    }
    public void deleteTargetInfo(String id){
        db.delete("targetinfo","_id=?",new String[]{id+""});
    }
}
```

在上述代码中定义一个DBUtils类，实现对表orderInfo的增删改查。其中，定义的getInstance()方法实现单例模式。定义的saveTargetInfo()方法实现向数据库中添加一条记录。定义的getTargetInfoList()方法实现查询orderInfo表中的记录。定义的deleteTargetInfo()方法实现根据id删除orderInfo表中的某条记录。

步骤七：完成主体功能。MainActivity页面的代码如下：

```
public class MainActivity extends AppCompatActivity {
    private ListView target_ListView;
    private List<TargetInfo> targetInfoList=new ArrayList<TargetInfo>();
    private myListAdapter adapter;
    private Button addbutton;
    private Button listbutton;
    @Override
```

```
    protected void onCreate(Bundle savedInstanceState) {
        super.onCreate(savedInstanceState);
        setContentView(R.layout.activity_main);
        target_ListView=findViewById(R.id.target_ListView);
        addbutton=findViewById(R.id.addbutton);
        listbutton=findViewById(R.id.listbutton);
        addbutton.setOnClickListener(new View.OnClickListener() {
            @Override
            public void onClick(View view) {
                addData(view);
            }
        });
        listbutton.setOnClickListener(new View.OnClickListener() {
            @Override
            public void onClick(View view) {
                loadData(view);
            }
        });
    }
    public void addData(View view) {
        TargetInfo Info1=new TargetInfo("第二十一届职业院校技能大赛", "开启", "15","2024-
2-28","10");
        TargetInfo Info2=new TargetInfo("原创话剧《创造太阳》三场连演", "开启", "10","2023-
9-15","9");
        DBUtils.getInstance(this).saveTargetInfo(Info1);
        DBUtils.getInstance(this).saveTargetInfo(Info2);
    }
    public void loadData(View view) {
        targetInfoList=DBUtils.getInstance(this).getTargetInfoList();
        adapter=new myListAdapter();
        target_ListView.setAdapter(adapter);
           target_ListView.setOnItemLongClickListener(new AdapterView.
OnItemLongClickListener() {
            @Override
              public boolean onItemLongClick(AdapterView<?> adapterView, View
view, int i, long l) {
                new AlertDialog.Builder(MainActivity.this).setMessage("确定要删除吗？")
                        .setPositiveButton("确定", new DialogInterface.OnClickListener() {
                            @Override
                            public void onClick(DialogInterface dialogInterface,
int i) {
                                        DBUtils.getInstance(MainActivity.this).
```

```
deleteTargetInfo(targetInfoList.get(i).getId());
                                    targetInfoList.remove(targetInfoList.get(i));
                                    adapter.notifyDataSetChanged();
                                }
                            })
                            .setNegativeButton("取消", new DialogInterface.OnClickListener() {
                                @Override
                                public void onClick(DialogInterface dialogInterface,
int i) {
                                    dialogInterface.dismiss();
                                }
                            }).create().show();
                    return true;
                }
            });
        }

        private class myListAdapter  extends BaseAdapter {
            @Override
            public int getCount() {
                return targetInfoList!=null ? targetInfoList.size() : 0;
            }
            @Override
            public Object getItem(int i) {
                return targetInfoList.get(i);
            }
            @Override
            public long getItemId(int i) {
                return i;
            }
            @Override
            public View getView(int i, View view, ViewGroup viewGroup) {
                View  inflate=View.inflate(MainActivity.this,R.layout.hd_target_
list_items,null);
                TextView title=inflate.findViewById(R.id.target_title_TextView);
                TextView status=inflate.findViewById(R.id.target_status_TextView);
                TextView total=inflate.findViewById(R.id.target_value_TextView);
                TextView datetime=inflate.findViewById(R.id.target_time_TextView);
                TextView number=inflate.findViewById(R.id.target_number_TextView);
                title.setText(targetInfoList.get(i).getTitle());
                status.setText(targetInfoList.get(i).getStatus());
                total.setText("总数: "+targetInfoList.get(i).getTotal());
```

```
                datetime.setText(targetInfoList.get(i).getDatetime());
                number.setText("已报: "+targetInfoList.get(i).getNumber());
                return inflate;
            }
        }
    }
```

在上述代码中，“添加数据”按钮的点击事件添加逻辑操作，首先生成四个对象，并将每个对象逐一添加到数据库targetinfo表中。“加载数据”按钮的单击事件添加代码,使用DBUtils类中的getTargetInfoList()方法查询数据库中orderInfo表中的数据并将其保存到targetInfoList集合中。之后为ListView控件绑定适配器。ListView中每一项绑定长按的点击事件，当用户长按每一项的时候，首先弹出对话框提示用户“确定要删除吗?”，当用户选择“确定”时，调用DBUtils类中的deleteTargetInfo()方法将该条记录从数据库中删除，并同时在targetInfoList集合中删除该对象，并实时更新ListView的适配器对象。

代码定义一个类myListAdapter类继承自BaseAdapter类，并重写了BaseAdapter类中的getCount()、getItem()、getItemId()和getView()方法。在getView()方法中通过inflate()方法将layout.hd_target_list_items布局转换成视图对象，并通过findViewById()获取到layout.hd_target_list_items布局中的各个控件，最后通过setText()方式将各类信息展示出来。

步骤八：运行上述程序，先点击“添加数据”按钮，将数据添加到数据库，然后点击“加载数据”将数据库表中的数据读取出来并展示在ListView上，当长按某一项的时候弹出对话框，提示用户“确定要删除吗?”，如图8-7所示，当用户点击“确定”按钮时该项从列表项里面删除。

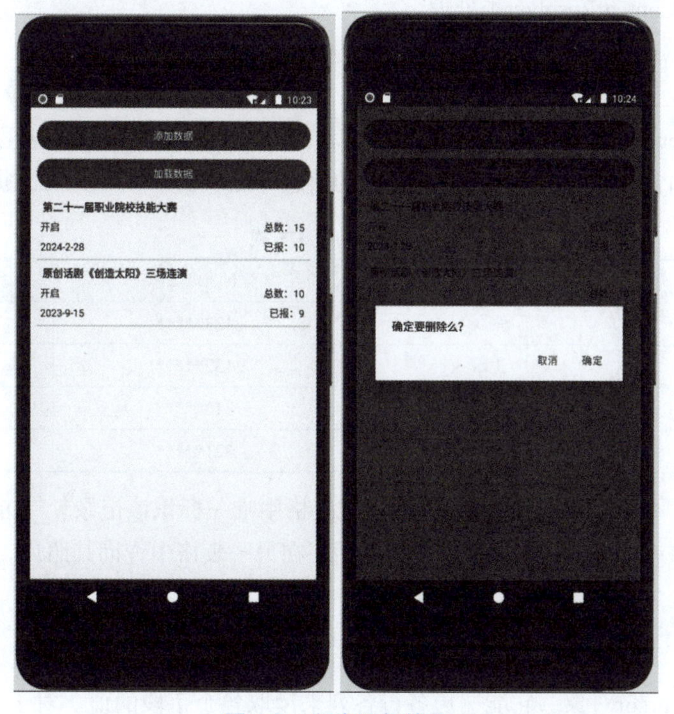

图 8-7　程序运行结果

扩展知识

视 频

使用Content Provider实现数据共享

使用Content Provider实现数据共享

Content Provider主要用于在不同的应用程序之间实现数据共享。它提供了一套完整的机制，允许一个程序访问另一个程序中的数据，同时还能保证被访问数据的安全性。

在Android程序中，共享数据的实现需要继承自ContentProvider基类，该基类为其他应用程序使用和存储数据实现了一套标准方法，然而应用程序并不直接调用这些方法，而是使用一个ContentResolver对象去操作指定数据。

Content Provider内部如何保存数据由其设计者决定，但是所有的Content Provider都实现一组通用的方法，用来提供数据的增、删、改、查功能。

客户端通常不会直接使用这些方法，而是通过ContentResolver对象实现对Content Provider的操作。开发人员可以通过调用Activity或者其他应用程序组件的实现类中的getContentResolver()方法来获得ContentResolver对象，例如：

```
ContentResolver cr = getContentResolver();
```

使用ContentResolver提供的方法可以获得Content Provider中任何想要的数据。

当开始查询时，Android系统确认查询的目标Content Provider并确保它正在运行。系统会初始化所有ContentProvider类的对象，开发人员不必完成此类操作，实际上，开发人员根本不会直接使用ContentProvider类的对象。通常，每个类型的ContentProvider仅有一个单独的实例。但是该实例能与位于不同应用程序和进程的多个ContentResolver类的对象通信。不同进程之间的通信由ContentProvider类和ContentResolver类处理。

使用Content Provider时，通常会用到以下两个概念：

1. 数据模型

Content Provider使用基于数据库模型的简单表格来提供其中的数据，这里每行代表一条记录，每列代表特定类型和含义的数据。例如，联系人的信息可能以表8-1所示的方式提供。

表 8-1 联系方式

_ID	NAME	NUMBER	EMAIL
001	张 × ×	123*****	123**@163.com
002	王 × ×	132*****	132**@google.com
003	李 × ×	312*****	312**@qq.com
004	赵 × ×	321*****	321**@126.com

每条记录包含一个数值型的_ID字段，用于在表格中唯一标识该记录。_ID能用于匹配相关表格中的记录，例如，在一个表格中查询联系人的电话，在另一表格中查询其照片。

注意： _ID字段前还包含了一条下画线，在编写代码时不要忘记。

查询返回一个Cursor对象，它能遍历各行各列来读取各个字段的值。对于各个类型的数据，它都提供了专用的方法。因此，为了读取字段的数据，开发人员必须知道当前字段包含的数据类型。

2. URI的用法

每个Content Provider提供公共的URI（使用Uri类包装）来唯一标识其数据集。管理多个数据集（多个表格）的Content Provider为每个数据集提供了单独的URI。所有为Content Provider提供的URI都以“content://”作为前缀，它表示数据由Content Provider来管理。

如果自定义Content Provider，则需要为其URI也定义一个常量，来简化客户端代码并让日后更新更加简洁。Android为当前平台提供的Content Provider定义了CONTENT_URI常量。例如，匹配电话号码到联系人表格的URI和匹配保存联系人照片表格的URI分别如下：

```
android.provider.Contacts.Phones.CONTENT_URI
android.provider.Contacts.Photos. CONTENT_URI
```

URI常量用于所有与Content Provider的交互中。每个ContentResolver方法使用URI作为其第一个参数。它标识ContentResolver应该使用哪个Content Provider及其中的哪个表格。

Content URI重要部分的总结如图8-8所示。

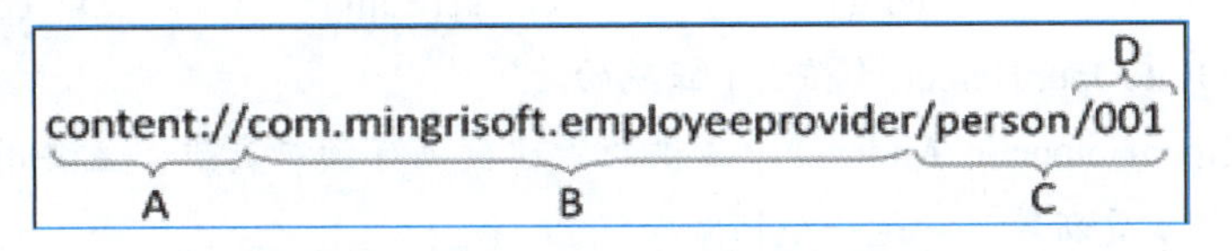

图 8-8　Content URI 重要部分的总结

A：标准的前缀，用于标识该数据由Content Provider管理，不需修改。

B：URI的权限（authority）部分，用于对不同的应用程序做区分，一般会采用完整的类名（使用小写形式）来保证其唯一性。例如，一个包名为com.mingrisoft的应用，对应的权限就可以命名为com.mingrisoft.provider。

C：Content Provider的路径（path）部分，用于指定要操作的数据，可以是数据表、文件、XML等。例如，要访问数据表person中的所有记录，可以使用“/person”；而要访问person中的ID为001的记录的name字段，则需要使用“/person/001/name”。

D：被请求的特定记录的ID。这是被请求记录的_ID值。如果请求不仅限于单条记录，该部分及其前面的斜杠应该删除。

关键Content Provider的创建和使用请大家自主学习，本书中不做太多介绍。

任务小结

通过本任务的开展，可以使读者用于保存比较复杂有一定结构关系的SQLite数据库。数据存储是Android开发中非常重要的基础知识，一般在应用程序中都会经常涉及数据存储的知识，因此要求必须熟练掌握本章的内容。

自我评测

1. 向手机内置存储空间内文件中写入新的内容时首先调用的方法是（　　）。

A. openFileOutput()　　B. read()

C. write()　　D. openFileInput()

2. 下列选项中，不属于 getSharedPreferences() 方法的文件操作模式参数的是（　　）。

A. Context.MODE_PRIVATE

B. Context.MODE_PUBLIC

C. Context.MODE_WORLD READABLE

D. Context.MODE_WORLD WRITEABLE

3. SharedPreferences 保存文件的路径和扩展名是（　　）。

A. /data/data/shared prefs/*.txt

B. /data/data/package name/shared prefs/*.xml

C. /mntsdcard/ 指定文件夹下指定扩展名

D. 任意路径 / 任意扩展名

4. 下列方法中，（　　）方法是 sharedPreferences 获取其编辑器的方法。

A. getEdit()　　B. edit()　　C. setEdit()　　D. edits()

5. 下列关于 SQLiteOpenHelper 的描述不正确的是（　　）。

A. SQLiteOpenHelper 是 Android 中提供的管理数据库的工具类，主要用于数据库的创建、打开、版本更新等，它是一个抽象类

B. 继承 SQLiteOpenHelper 的类，必须重写它的 onCreate() 方法

C. 继承 SQLiteOpenHelper 的类，必须重写它的 onUpgrade() 方法

D. 继承 SQLiteOpenHelper 的类，可以提供构造方法也可以不提供构造方法

6. Android 对数据库的表进行查询操作时，会使用 SQLiteDatabase 类中的（　　）方法。

A. insert()　　B. execSQL()　　C. update()　　D. query()

7. 编写一个简单备忘录程序，实现在界面中以列表的形式显示备忘录的信息，备忘录信息包括编号、标题、内容，并实现对备忘录中的信息进行增加和查询，长按 ListView 中某一个条目可以删除。

项目九
用户登录验证

学习目标

- 了解网络请求协议。
- 了解服务器的运行机制。
- 了解网络请求过程。
- Get请求和Post请求。
- HttpURLConnectiont的使用方法。
- Android多线程在网络请求中的使用。
- JSON格式数据的解析和生成。
- OkHttp网络请求架构。

框架要点

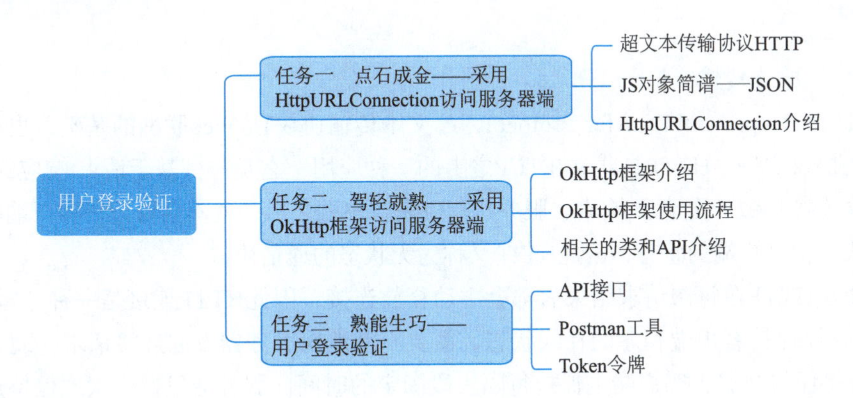

项目描述

随着智能手机的普及，社会步入了互联网高速发展的时代，而移动应用作为互联网的主力军，渗透于人们生活的方方面面，成为人们连接网络的入口。App作为移动应用中的主力军，更是发挥着巨大的作用。学习Android开发的读者，大部分都会从事互联网的相关开发工作，既然是互联网，网络连接和交互就是必然的。严格意义上来说，App是C/S平台架构中的C端，其主要负责交互并向后台服务器获取和提交相关数据。这也成为一个App开发者开发工作中占比最重的内容之一，即本项目的主题——Android客户端与服务器端交互。

渐进任务：

任务一　点石成金——采用HttpURLConnection访问服务器端。

任务二　驾轻就熟——采用OkHttp框架访问服务器端。

任务三　熟能生巧——用户登录验证。

项目拆解

任务一　点石成金——采用 HttpURLConnection 访问服务器端

任务描述

在这个任务中，需要使用Java的“HttpURLConnection”类来编写一个程序，该程序能够连接到指定的服务器端，发送HTTP请求，并接收服务器的响应。这个过程通常被称为“点石成金”，因为它可以将一个简单的HTTP请求转化为服务器返回的有价值的数据。

实践任务导引：

（1）超文本传输协议HTTP。

（2）JS对象简谱——JSON。

（3）HttpURLConnection介绍。

知识储备

视频

超文本传输协议HTTP

1. 超文本传输协议HTTP

HTTP(Hypertext Transfer Protocol，超文本传输协议)是Web联网的基础，也是手机联网常用的协议之一。HTTP是建立在TCP之上的一种应用，它是一种基于请求/响应的通信协议，每一次连接只做一次请求/响应，服务器响应完客户端之后，就不会再记得客户端的一切，更不会去维护客户端的状态，因此HTTP又称为无状态的通信协议。

由于HTTP在每次请求结束后都会主动释放连接，因此HTTP连接是一种“短连接”“无状态”，要保持客户端程序的在线状态，需要不断地向服务器发起连接请求。通常的做法是即使不需要获得任何数据，客户端也保持每隔一段固定的时间向服务器发送一次“保持连接”的请求；服务器在收到该请求后对客户端进行回复，表明知道客户端“在线”。若服务器长时间无法收到客户端的请求，则认为客户端“下线”；若客户端长时间无法收到服务器的回复，则认为网络已经断开。

HTTP的主要特点如下：

（1）简单快速：客户端向服务器请求服务时，只需传送请求方法和路径。请求方法常用的有GET、HEAD、POST。每种方法规定了客户端与服务器联系的类型不同。由于HTTP简单，使得HTTP服务器的程序规模小，因而通信速度很快。

（2）灵活：HTTP允许传输任意类型的数据对象。正在传输的类型由Content-Type加以标记。

（3）无连接：无连接的含义是限制每次连接只处理一个请求。服务器处理完客户端的请求，并收到客户端的应答后，即断开连接。采用这种方式可以节省传输时间。

（4）无状态：HTTP是无状态协议。无状态是指协议对于事务处理没有记忆能力。缺少状态意味着如果后续处理需要前面的信息，则它必须重传，这样可能导致每次连接传送的数据量增大。另一方面，在服务器不需要先前信息时，它的应答就较快。

HTTP中共定义了八种方法（动作）来表明请求指定的资源的不同操作方式：OPTIONS、HEAD、GET、POST、PUT、DELETE、TRACE、CONNECT。其中最常用的就是GET和POST方法。

GET和POST的区别如下：

（1）GET是用来从服务器获得数据，而POST是用来向服务器传递数据。GET将需要传递的数据按照"键-值"的形式，添加到URL的后面，并且两者使用"?"连接，而多个变量之间使用"&"连接。POST是将传递的数据放在请求的数据体中，不会在URL中显示。

（2）GET是不安全的，因为在传输过程中，数据被放在请求的URL中，而如今现有的很多服务器、代理服务器或者用户代理都会将请求URL记录到日志文件中，然后放在某个地方，这样就可能会有一些隐私的信息被第三方看到。另外，用户也可以在浏览器上直接看到提交的数据，一些系统内部消息将会一同显示在用户面前。POST的所有操作对用户来说都是不可见的。

（3）GET传输的数据量小，这主要是因为受URL长度限制，而POST可以传输大量的数据，所以在上传文件时只能使用POST。

（4）现在GET请求多数用在不需要请求参数或者请求参数固定的地方，一条GET请求可以直接复制为浏览器的地址从而获取到响应。很多网站的地址、下载App的链接、网络图片和文件的地址使用的都是GET请求，而其他大部分请求使用的还是更安全的POST请求。对于App开发者而言，大部分的接口也是POST请求。

2. JS对象简谱——JSON

1）接口组成示例

视　频

JS对象简谱——JSON

一个完整的接口请求一般由四个部分构成，当然有些请求可能不需要返回或不需要验证，需要的东西会少一些。

（1）请求参数：网络请求是传给服务器的数据。

（2）请求地址：接口的地址，通常情况下是一串HTTP地址，由IP（域名）、端口号、服务名、应用名、具体接口标识构成。

（3）请求头：请求头是为了减轻服务器负担而设计的。大部分服务器都是对请求进行加密限制的，这样可以避免服务器被黑客攻击，这时每次通信都需要一个密文（token）进行身份确认。以前把密文放在请求参数中，服务器需要去请求参数中找出这个密文；现在把它放在头部里面，也就像人们到火车站进站一样，直接刷一下验证就可以放行了。

（4）返回参数：返回参数是得到的数据，一般有响应码（用于标识请求的结果）、响应信息（解释请求后的结果，如成功则为success），返回数据（具体得到的响应数据，一般是一串JSON格式数据，或者加密后的JSON数据）。

2）JSON格式数据

JSON（JavaScript object notation）是一种数据交互格式。JSON之前，大家都用XML传递数据。XML是一种纯文本格式，所以适合在网络上交换数据，但是XML格式比较复杂，于是道格拉斯·克罗克福特（Douglas Crockford）发明了JSON这种超轻量级的数据交换格式。

普通应用开发大多使用的是面向对象的语言，面向对象也逐渐成为主流的编程思想。可以把JSON格式的数据理解为对象型数据，因为每个JSON类型的数据都可以转换为一个对象或一组对象。一般拿到JSON数据以后，也是把它转换为一个对象再通过对象点属性的方式进行使用。

3）JSON格式的数据举例

JSON格式的数据本质是字符串，其主要是key:value，也就是键和值的方式组合的，有些类似字典类型的数据。其中，{}表示里面是一个对象，[]表示里面是一个数组，key:value可以理解为对象中的属性和值。下面举几个例子：

（1）一个对象的JSON格式数据：

```
{"Name":"John","age":14,"sex":0}
```

（2）多个对象的JSON格式数据：

```
{"Name":"John","age":14,"pet":{"name":"xiaobai","kind":"dog",age":3}}
```

（3）包含数组的JSON格式数据：

```
{"employees":[{"firstName":"John","lastName":"Doe"},
{"firstName":"Anna","lastName":"Smith"},
{"firstName":"Peter","lastName":"Jones"}]}
```

4）JSON格式的数据解析

目前主流使用的JSON格式的数据解析，大多采用的是Google提供的GSON包进行解析，虽然Android原生也提供了解析的工具类JSONObject，但由于其过于复杂烦琐，本书中不推荐使用。GSON的数据解析完全是使用类和对象对数据进行解析，其使用的原理是字符串的识别和Java中的映射和反射的原理。

首先新建一个类，并为每个属性添加get和set方法，其代码如下：

```
public class Hd implements Serializable {
    // 定义活动id,标题，主办方，地点，时间，招收对象，内容简介，所需人数，报名人数
    private Integer id;
    private String title;
    private String host;
    private String address;
    private String datetime;
    private String target;
```

```
    private String content;
    private int total;
    private int number;
    public void setId(Integer id) {
        this.id=id;
    }
    public Integer getId() {
        return id;
    }
    public void setTitle(String title) {
        this.title=title;
    }
    public String getTitle() {
        return title;
    }
    public void setHost(String host) {
        this.host=host;
    }
    public String getHost() {
        return host;
    }
    public void setAddress(String address) {
        this.address=address;
    }
    public String getAddress() {
        return address;
    }
    public void setDatetime(String datetime) {
        this.datetime=datetime;
    }
    public String getDatetime() {
        return datetime;
    }
    public void setTarget(String target) {
        this.target=target;
    }
    public String getTarget() {
        return target;
    }
    public void setContent(String content) {
        this.content=content;
    }
    public String getContent() {
```

```
        return content;
    }
    public void setTotal(int total) {
        this.total=total;
    }
    public int getTotal() {
        return total;
    }
    public void setNumber(int number) {
        this.number=number;
    }
    public int getNumber() {
        return number;
    }
}
```

接下来需要导入GSON的jar包，可以下载GSON的包放入libs文件夹中，当然也可以通过Gradle的网络包配置进行导入。为了提高代码的复用性，把JSON解析的方法包装成为一个工具类JsonUtil，这样以后只要使用这个类进行JSON数据处理就可以了。

```
public class JsonUtil {
    public static  JsonUtil instance;
    private static Gson gson;
    public static JsonUtil getInstance(){
        if(instance==null){
            synchronized (JsonUtil.class){
                if(instance==null){
                    instance=new JsonUtil();
                    synchronized (Gson.class){
                        gson=new Gson();
                    }
                }
            }
        }
        return instance;
    }
    public<T> String beanToJsonStr(T t){
        String str="";
        if(t!=null){
            str=gson.toJson(t);
        }
        return str;
    }
```

```
    // 把字符变为对象实体
    public<T>  T jsonToBean(String jsonStr, Class<T> tClass){
        T t =null;
        if(jsonStr !=null||jsonStr!=""){
            try {
                t=gson.fromJson(jsonStr,tClass);
            }catch (JsonIOException e){
            }
        }
        return t;
    }
    public static <T> ArrayList<T> jsonToArrayList(String json, Class<T> clazz) {
        Type type=new TypeToken<ArrayList<JsonObject>>() {
        }.getType();
        ArrayList<JsonObject> jsonObjects=new Gson().fromJson(json, type);
        ArrayList<T> list=new ArrayList<>();
        for (JsonObject jsonObject : jsonObjects) {
            list.add(new Gson().fromJson(jsonObject, clazz));
        }
        return list;
    }
}
```

使用起来也非常简单，有时候解析出来空的对象，使用的时候需加上非空判断。

```
public void test(){
    Hd hd=new Hd();
    hd.setId(1);
    hd.setTitle("第二十一届职业院校技能大赛");
    hd.setDatetime("2023-2-28");
    hd.setAddress("省赛");
    hd.setHost("教育厅");
    hd.setContent("根据赛项内容选择");
    hd.setTarget("学生");
    hd.setTotal(15);
    hd.setNumber(10);
    String jsonstr=JsonUtil.getInstance().beanToJsonStr(hd);
    Hd hd2=JsonUtil.getInstance().jsonToBean(jsonstr,Hd.class);
}
```

视频

HttpURLConnection介绍

3. HttpURLConnection介绍

早些时候，Android上发送HTTP请求一般有两种方式：HttpURLConnection和HttpClient。不过由于HttpClient存在API数量过多、扩展困难等缺点，Android团队越来越不建议使用这种方式。在Android 6.0系统中，HttpClient的功能被完全移除了。因此，在这里只简单介绍

HttpURLConnection的使用。

在某些情况下，会使用Java程序来模拟浏览器发送请求。因此，在JDK的java.net包中已内置了访问HTTP的类：java.net.HttpURLConnection。

HttpURLConnection类继承自UrlConnection。UrlConnection是一个抽象类，表示URL指向资源的链接，其子类包含诸如HttpURLConnection、FtpURLConnection、FileURLConnection等各种的连接类。

java.net.HttpURLConnection类是一种访问HTTP资源的方式。HttpURLConnection类具有完全的访问能力，可以取代HttpClient中的HttpGet类和HttpPost类。使用HttpURLConnection访问HTTP资源可以使用如下六步：

（1）使用java.net.URL封装HTTP资源的URL，并使用openConnection()方法获得HttpURLConnection对象，代码如下：

```
URL url=new URL("请求的网址");
HttpURLConnection httpURLConnection=url.openConnection();
```

（2）设置请求方法，例如GET、POST等，代码如下：

```
httpURLConnection.setRequestMethod("POST");
```

注意： setRequestMethod()方法的参数值必须大写，例如GET、POST等。

（3）设置输入/输出及其他权限。如果要下载HTTP资源或向服务器端上传数据，需要使用如下代码进行设置：

下载HTTP资源，需要将setDoInput()方法的参数值设为true。

```
httpURLConnection.setDoInput(true);
httpURLConnection.setDoOutput(true);
```

HttpURLConnection类还包含更多的选项。例如，使用下面的代码可以禁止HttpURLConnection使用缓存：

```
httpURLConnection.setUseCaches(false);
```

（4）设置HTTP请求头。在很多情况下，要根据实际情况设置一些HTTP请求头，例如，下面的代码设置了Charset请求头的值为UTF-8：

```
httpURLConnection.setRequestProperty("Charset","UTF-8");
```

（5）输入和输出数据。这一步是对HTTP资源的读写操作，也是通过InputStream和OutputStream读取和写入数据。下面的代码获得了InputStream对象和OutputStream对象：

```
InputStream is=httpURLConnection.getInputStream();
OutputStream os=httpURLConnection.getOutputStream();
```

至于是先读取还是先写入数据，需要根据具体情况而定。

（6）关闭输入和输出流。虽然关闭输入/输出流并不是必需的，在应用程序结束后，输入/输出流会自动关闭，但显式关闭输入/输出流是一个好习惯。关闭输入/输出流的代码如下：

```
is.close();
os.close();
```

任务实施

根据任务分析实现客户端和服务器端数据交互，在项目中采取的案例是访问网络数据实现活动信息列表。在整体项目中，服务器端实现不作为本书讲解内容，只需要了解如何启动即可，重点放在客户端请求服务器端数据和数据展示上，效果如图9-1所示。客户端的项目结构图如图9-2所示。

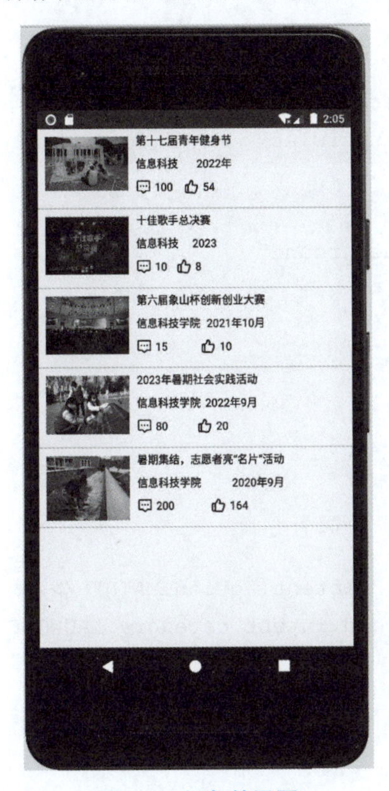

图 9-1　任务效果图

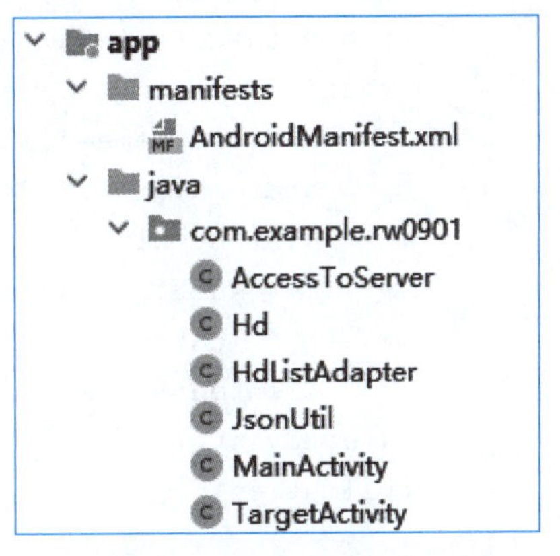

图 9-2　客户端的项目结构图

步骤一：创建程序。创建名称为Rw0901的应用程序。

步骤二：配置Androidmainface.xml。Android系统对权限管理非常严格，前面使用存储时接触到了一些权限，现在也要在AndroidManifest.xml中增加一些新的网络相关权限，只有配置了这些权限，App才能正常上网和检查网络状态。主要的权限如下：

（1）android.permission.ACCESS_NETWORK_STATE：允许程序访问有关GSM网络信息。

（2）android.permission.ACCESS_WIFI_STATE：允许程序访问Wi-Fi网络状态信息。

（3）android.permission.INTERNET：允许程序连接网络的权限。

这里最主要的是第三个权限，直接决定了我们的应用是否能够联网，当然，其他的权限也是非常有用的。

从Android 9.0(API 28)开始，NetworkSecurityPolicy.getInstance().isCleartext TrafficPermitted ()将返回false，这表示Android默认将禁止明文访问网络，只允许使用HTTPS URL访问。为了避免强制启用HTTPS，可在Androidmainface.xml中添加 android:usesCleartextTraffic="true"，添加代码如下：

```
<?xml version="1.0" encoding="utf-8"?>
<manifest xmlns:android="http://schemas.android.com/apk/res/android"
    xmlns:tools="http://schemas.android.com/tools">
    <uses-permission android:name="android.permission.INTERNET"/>
    <uses-permission android:name="android.permission.ACCESS_NETWORK_STATE"/>
    <uses-permission android:name="android.permission.WRITE_EXTERNAL_STORAGE"/>
    <application
        android:allowBackup="true"
        android:dataExtractionRules="@xml/data_extraction_rules"
        android:fullBackupContent="@xml/backup_rules"
        android:icon="@mipmap/ic_launcher"
        android:label="@string/app_name"
        android:roundIcon="@mipmap/ic_launcher_round"
        android:supportsRtl="true"
        android:usesCleartextTraffic="true"
        android:theme="@style/Theme.Rw0901"
        tools:targetApi="31">
        <activity
            android:name=".MainActivity"
            android:exported="true">
            <intent-filter>
                <action android:name="android.intent.action.MAIN" />
                <category android:name="android.intent.category.LAUNCHER" />
            </intent-filter>
        </activity>
    </application>
</manifest>
```

步骤三：导入项目库。参考扩展知识操作步骤完成。

步骤四：编写该案例布局文件。其中包括首页布局文件和列表子项布局文件。首页布局文件因为只显示列表，需添加RecyclerView列表控件。

程序代码如下：

```
<?xml version="1.0" encoding="utf-8"?>
<LinearLayout xmlns:android="http://schemas.android.com/apk/res/android"
    xmlns:app="http://schemas.android.com/apk/res-auto"
    xmlns:tools="http://schemas.android.com/tools"
    android:layout_width="match_parent"
```

```
    android:layout_height="match_parent"
    android:orientation="vertical"
    tools:context=".MainActivity">
    <android.support.v7.widget.RecyclerView
        android:id="@+id/recyclerView"
        android:layout_width="match_parent"
        android:layout_height="match_parent">
    </android.support.v7.widget.RecyclerView>
</LinearLayout>
```

列表子项布局文件list_item.xml的代码如下：

```
<?xml version="1.0" encoding="utf-8"?>
<RelativeLayout
    xmlns:android="http://schemas.android.com/apk/res/android"
    android:layout_width="match_parent"
    android:layout_height="match_parent">
    <ImageView
        android:id="@+id/iv_iamge"
        android:layout_width="120dp"
        android:layout_height="120dp"
        android:layout_marginTop="4dp"
        android:src="@drawable/img1" />
    <TextView
        android:id="@+id/tv_title"
        android:layout_width="match_parent"
        android:layout_height="wrap_content"
        android:layout_alignTop="@+id/iv_iamge"
        android:layout_marginLeft="5dp"
        android:layout_toRightOf="@id/iv_iamge"
        android:ellipsize="end"
        android:maxLines="2"
        android:text="活动标题"
        android:textSize="13dp" />
    <TextView
        android:id="@+id/tv_old_price_title"
        android:layout_width="wrap_content"
        android:layout_height="wrap_content"
        android:layout_alignLeft="@+id/tv_title"
        android:layout_below="@id/tv_title"
        android:layout_marginLeft="5dp"
        android:layout_marginTop="5dp"
        android:text=" "
        android:textSize="13sp" />
```

```
<TextView
    android:id="@+id/tv_total"
    android:layout_width="wrap_content"
    android:layout_height="wrap_content"
    android:layout_alignBottom="@+id/tv_old_price_title"
    android:layout_toRightOf="@+id/tv_old_price_title"
    android:text="总数：15人" />
<TextView
    android:layout_width="wrap_content"
    android:layout_height="wrap_content"
    android:layout_alignBottom="@+id/tv_old_price_title"
    android:layout_marginRight="3dp"
    android:layout_toLeftOf="@+id/tv_host"
    android:text="主办：" />
<TextView
    android:id="@+id/tv_host"
    android:layout_width="wrap_content"
    android:layout_height="wrap_content"
    android:layout_alignBottom="@+id/tv_old_price_title"
    android:layout_alignParentRight="true"
    android:text="省教育厅" />
<TextView
    android:id="@+id/tv_new_price_title"
    android:layout_width="wrap_content"
    android:layout_height="wrap_content"
    android:layout_alignLeft="@+id/tv_old_price_title"
    android:layout_below="@+id/tv_old_price_title"
    android:layout_marginTop="8dp"
    android:text="已报：" />
<TextView
    android:id="@+id/tv_number"
    android:layout_width="wrap_content"
    android:layout_height="wrap_content"
    android:layout_alignBottom="@+id/tv_new_price_title"
    android:layout_toRightOf="@+id/tv_new_price_title"
    android:text="12"
    android:textSize="16sp"
    android:textStyle="bold" />
<TextView
    android:layout_width="wrap_content"
    android:layout_height="wrap_content"
    android:layout_alignBottom="@+id/tv_new_price_title"
    android:layout_marginRight="3dp"
```

```
        android:layout_toLeftOf="@+id/tv_host"
        android:text="地点: " />
    <TextView
        android:id="@+id/tv_address"
        android:layout_width="wrap_content"
        android:layout_height="wrap_content"
        android:layout_alignBottom="@+id/tv_new_price_title"
        android:layout_alignParentRight="true"
        android:text="赛项承办方" />
    <TextView
        android:id="@+id/tv_cs"
        android:layout_width="wrap_content"
        android:layout_height="wrap_content"
        android:layout_alignLeft="@+id/tv_old_price_title"
        android:layout_below="@+id/tv_new_price_title"
        android:layout_marginTop="8dp"
        android:text="参赛: " />
    <TextView
        android:id="@+id/tv_target"
        android:layout_width="wrap_content"
        android:layout_height="wrap_content"
        android:layout_alignBottom="@+id/tv_cs"
        android:layout_toRightOf="@+id/tv_cs"
        android:text="在校学生"
        android:textSize="13sp" />
    <TextView
        android:layout_width="wrap_content"
        android:layout_height="wrap_content"
        android:layout_alignBottom="@+id/tv_cs"
        android:layout_marginRight="3dp"
        android:layout_toLeftOf="@+id/tv_host"
        android:text="日期: " />
    <TextView
        android:id="@+id/tv_datetime"
        android:layout_width="wrap_content"
        android:layout_height="wrap_content"
        android:layout_alignBottom="@+id/tv_cs"
        android:layout_alignParentRight="true"
        android:text="2024-2-29" />
    <LinearLayout
        android:layout_width="match_parent"
        android:layout_height="25dp"
        android:layout_alignBottom="@+id/iv_iamge"
```

```
        android:layout_alignLeft="@+id/tv_new_price_title"
        android:background="@drawable/textview_border_style"
        android:gravity="center"
        android:orientation="horizontal"
        android:layout_marginTop="5dp">
        <TextView
            android:layout_width="wrap_content"
            android:layout_height="wrap_content"
            android:text="状态: " />
        <TextView
            android:id="@+id/tv_status"
            android:layout_width="wrap_content"
            android:layout_height="wrap_content"
            android:text="进行中"
            android:textColor="#6200EE" />
    </LinearLayout>
    <View
        android:id="@+id/view"
        android:layout_width="match_parent"
        android:layout_height="1dp"
        android:layout_below="@id/iv_iamge"
        android:layout_marginTop="3dp"
        android:background="#878588" />
</RelativeLayout>
```

步骤五：定义必要的工具类、其中包括JSON解析类、HdInfo活动实体类、HttpClient联网工具类。在日常开发中，JSON解析和封装在项目中反复使用，为了提高效率，一般在项目中创建JSON解析类。

JSON解析类程序代码如下：

```
public class JsonUtil {
    public static  JsonUtil instance;
    private static Gson gson;
    public static JsonUtil getInstance(){
        if(instance==null){
            synchronized (JsonUtil.class){
                if(instance==null){
                    instance=new JsonUtil();
                    synchronized (Gson.class){
                        gson=new Gson();
                    }
                }
            }
```

```
        }
        return instance;
    }
    public<T> String beanToJsonStr(T t){
        String str="";
        if(t!=null){
            str=gson.toJson(t);
        }
        return str;
    }
    // 把字符变为对象实体
    public<T>  T jsonToBean(String jsonStr, Class<T> tClass){
        T t =null;
        if(jsonStr!=null||jsonStr!=""){
            try {
                t=gson.fromJson(jsonStr,tClass);
            }catch (JsonIOException e){
            }
        }
        return t;
    }
    public static <T> ArrayList<T> jsonToArrayList(String json, Class<T> clazz) {
        Type type=new TypeToken<ArrayList<JsonObject>>() {
        }.getType();
        ArrayList<JsonObject> jsonObjects=new Gson().fromJson(json, type);
        ArrayList<T> list=new ArrayList<>();
        for (JsonObject jsonObject : jsonObjects) {
            list.add(new Gson().fromJson(jsonObject, clazz));
        }
        return list;
    }
}
```

HdInfo活动实体类程序代码如下：

```
public class Hd implements Serializable {
    // 定义活动id,标题，主办方，地点，时间，招收对象，内容简介，所需人数，报名人数
    private Integer id;
    private String title;
    private String host;
    private String address;
    private String datetime;
    private String target;
    private String content;
```

```
    private int total;
    private int number;
    public void setId(Integer id) {
        this.id=id;
    }
    public Integer getId() {
        return id;
    }
    public void setTitle(String title) {
        this.title=title;
    }
    public String getTitle() {
        return title;
    }
    public void setHost(String host) {
        this.host=host;
    }
    public String getHost() {
        return host;
    }
    public void setAddress(String address) {
        this.address=address;
    }
    public String getAddress() {
        return address;
    }
    public void setDatetime(String datetime) {
        this.datetime=datetime;
    }
    public String getDatetime() {
        return datetime;
    }
    public void setTarget(String target) {
        this.target=target;
    }
    public String getTarget() {
        return target;
    }
    public void setContent(String content) {
        this.content=content;
    }
    public String getContent() {
        return content;
```

```
    }
    public void setTotal(int total) {
        this.total=total;
    }
    public int getTotal() {
        return total;
    }
    public void setNumber(int number) {
        this.number=number;
    }
    public int getNumber() {
        return number;
    }
}
```

AccessToServer访问服务器端工具类中含有doGet()、doPost()两个方法，调用这两个方法时，传入参数向服务端发送请求，就能得到响应结果，代码如下：

```
public class AccessToServer {
    private static String TAG="CustomHttpUrlConnection";
    private static HttpURLConnection conn;
    public AccessToServer() {
    }
    /**
     * 向服务器发送Get请求，获取响应结果
     * @param strUrl   表示需要访问的资源网址;
     * @param names    表示需传递的多个参数名称集合;
     * @param values   表示传递的每个参数所对应的值;
     * @return         返回字符串（通常是JSON格式）
     */
    public static String doGet(String strUrl, String[] names, String[] values) {
        String result="";
        if (names!=null) {
            // 当有参数时，将参数拼接在地址后面，并用?隔开，参数间用&隔开
            strUrl += "?";// 在网址后面添加? 号
            for (int i=0; i<names.length; i++) {
                // 循环遍历参数名和参数值，将其拼接
                strUrl+=names[i]+"="+values[i];
                if (i!=(names.length-1)) {
                    // 如果不是最后一个参数则添加&符号
                    strUrl+="&";
                }
            }
```

```
        }
        try {
            URL url=new URL(strUrl);
            conn=(HttpURLConnection) url.openConnection();
            conn.setDoInput(true);
            conn.setConnectTimeout(3000);
            conn.setReadTimeout(4000);
            conn.setRequestProperty("accept", "*/*");
            conn.connect();
            InputStream stream=conn.getInputStream();
            InputStreamReader inReader=new InputStreamReader(stream);
            BufferedReader buffer=new BufferedReader(inReader);
            String strLine=null;
            while((strLine=buffer.readLine())!=null)
            {
                result+=strLine;
            }
            inReader.close();
            conn.disconnect();
            return result;
        } catch (MalformedURLException e) {
            Log.e(TAG, "getFromWebByHttpUrlCOnnection:"+e.getMessage());
            e.printStackTrace();
            return null;
        } catch (IOException e) {
            Log.e(TAG, "getFromWebByHttpUrlCOnnection:"+e.getMessage());
            e.printStackTrace();
            return null;
        }
    }
    /**
     * 向服务器发送Post请求，获取响应结果
     * @param strUrl 表示需要访问的资源网址;
     * @param names  表示需传递的多个参数名称集合;
     * @param values 表示传递的每个参数所对应的值;
     * @return       返回字符串（通常是JSON格式）
     */
    public static String doPost(String strUrl,String[] names, String[] values) {
        String result="";

        if (names!=null) {
            // 当有参数时，将参数拼接在地址后面，并用?隔开，参数间用&隔开
            strUrl+="?";// 在网址后面添加? 号
```

```
            for (int i=0;i<names.length; i++) {
                // 循环遍历参数名和参数值，将其拼接
                strUrl+=names[i]+"="+values[i];
                if (i!=(names.length-1)) {
                    // 如果不是最后一个参数则添加&符号
                    strUrl+="&";
                }
            }
        }
        try {
            URL url=new URL(strUrl);
            conn=(HttpURLConnection) url.openConnection();
            // 设置是否从httpUrlConnection读入，默认情况下是true
            conn.setDoInput(true);
            // 设置是否向httpUrlConnection输出，因为这个是post请求，参数要放在http正
文内，因此需要设为true，默认情况下是false
            conn.setDoOutput(true);
            // 设定请求的方法为"POST"，默认是GET
            conn.setRequestMethod("POST");
            //设置超时
            conn.setConnectTimeout(3000);
            conn.setReadTimeout(4000);
            // Post 请求不能使用缓存
            conn.setUseCaches(false);
            conn.setInstanceFollowRedirects(true);
            // 设定传送的内容类型是可序列化的java对象(如果不设此项,在传送序列化对象时,当
WEB服务默认的不是这种类型时可能抛出java.io.EOFException异常)
            conn.setRequestProperty("Content-Type",
                    "application/x-www-form-urlencoded");
            // 连接，从上述第2条中url.openConnection()至此的配置必须要在connect之前完成
            InputStream in=conn.getInputStream();
            InputStreamReader inStream=new InputStreamReader(in);
            BufferedReader buffer=new BufferedReader(inStream);
            String strLine=null;
            while((strLine=buffer.readLine())!=null)
            {
                result+=strLine;
            }
            return result;
        } catch (IOException ex) {
            Log.e(TAG,"PostFromWebByHttpURLConnection: "+ ex.getMessage());
            ex.printStackTrace();
            return null;
```

```
        }
    }
}
```

步骤六：定义实现商品列表RecyclerView需要的适配器HdListAdapter。

```
public class HdListAdapter extends RecyclerView.Adapter<HdListAdapter.ViewHolder> {
    private List<Hd> hdList;
    private Activity hdActivity;
    private Hd hd;
    public HdListAdapter(Activity activity,List<Hd> list){
        hdList=list;
        hdActivity=activity;
    }
    @NonNull
    @Override
    public HdListAdapter.ViewHolder onCreateViewHolder(@NonNull ViewGroup parent, int
viewType) {
        final  ViewHolder viewHolder=new ViewHolder(View.inflate(hdActivity,
                R.layout.list_item,null));
        viewHolder.fView.setOnClickListener(new View.OnClickListener() {
            @Override
            public void onClick(View view) {
                int adapterPosition=viewHolder.getAdapterPosition();
                Intent intent=new Intent(hdActivity,TargetActivity.class);
                intent.putExtra("hdInfo",hdList.get(adapterPosition));
                hdActivity.startActivity(intent);
            }
        });
        return viewHolder;
    }
    @Override
    public void onBindViewHolder(@NonNull HdListAdapter.ViewHolder holder, int position) {
        hd=hdList.get(position);
        holder.hd_image_Iv.setImageResource(hd.getImage());
        holder.hd_title_Tv.setText(hd.getTitle());
        holder.hd_total_Tv.setText(hd.getTitle());
        holder.hd_number_Tv.setText(hd.getNumber());
        holder.hd_host_Tv.setText(hd.getHost());
        holder.hd_address_Tv.setText(hd.getAddress());
        holder.hd_datetime_Tv.setText(hd.getDatetime());
        holder.hd_target_Tv.setText(hd.getTarget());
    }
    @Override
```

```
    public int getItemCount() {
        return hdList.size();
    }
    public class ViewHolder extends RecyclerView.ViewHolder{
        ImageView hd_image_Iv;
        TextView hd_title_Tv;
        TextView hd_total_Tv;
        TextView hd_number_Tv;
        TextView hd_host_Tv;
        TextView hd_address_Tv;
        TextView hd_datetime_Tv;
        TextView hd_target_Tv;
        View fView;
        public ViewHolder(@NonNull View itemView) {
            super(itemView);
            fView=itemView;
            hd_image_Iv=itemView.findViewById(R.id.iv_iamge);
            hd_title_Tv=itemView.findViewById(R.id.tv_title);
            hd_total_Tv=itemView.findViewById(R.id.tv_total);
            hd_number_Tv=itemView.findViewById(R.id.tv_number);
            hd_host_Tv=itemView.findViewById(R.id.tv_host);
            hd_address_Tv=itemView.findViewById(R.id.tv_address);
            hd_datetime_Tv=itemView.findViewById(R.id.tv_datetime);
            hd_target_Tv=itemView.findViewById(R.id.tv_target);
        }
    }
}
```

步骤七：从服务器端获取数据，实现列表。访问网络是耗时的操作，需要开启子线程通过HttpUrlConnection框架访问网络。由于子线程不能直接更改主线程UI，需要借助Handler帮助修改界面，呈现列表。

```
public class MainActivity extends AppCompatActivity {
    private LinearLayoutManager linearLayoutManager;
    private RecyclerView recyclerView;
    private Handler mHandler;
    private String url="http://localhost:8080/hdapp/public";
    private List<Hd> hdInfoList;
    @Override
    protected void onCreate(Bundle savedInstanceState) {
        super.onCreate(savedInstanceState);
        setContentView(R.layout.activity_main);
        recyclerView=findViewById(R.id.recyclerView);
```

```
        getDataFromSever();
        mHandler=new Handler(){
            @Override
            public void handleMessage(@NonNull Message msg) {
                linearLayoutManager=new LinearLayoutManager(MainActivity.this);
                recyclerView.setLayoutManager(linearLayoutManager);
                //为recycleViews设定动画
                recyclerView.setItemAnimator(new DefaultItemAnimator());
                //为recycleViews添加分割线
                recyclerView.addItemDecoration(new DividerItemDecoration(Main
Activity.this,DividerItemDecoration.VERTICAL));
                recyclerView.setAdapter(new HdListAdapter(MainActivity.this,
hdInfoList));
            }
        };
    }

    private void getDataFromSever() {
        new Thread() {
            public void run() {// 线程执行体
                String response=AccessToServer.doGet(url,new String[]
{"keyword"}, new String[] {"1"});
                System.out.println("result="+response);
                hdInfoList= JsonUtil.getInstance().jsonToArrayList(response, Hd.class);
                Message message=Message.obtain();
                message.what=0x11;
                mHandler.sendMessage(message);
            }
        }.start();
    }
}
```

扩展知识

视频

导入项目库

导入项目库

导入项目有两种方式：第一种是导入本地依赖包，以导入GSON包进行演示；另外一种是导入网络依赖包，以导入glide进行演示。

第一种方式操作步骤如下：

（1）下载需要的jar包。

（2）将jar包复制到Project下的app→libs目录下（没有libs目录就新建一个），如图9-3所示。

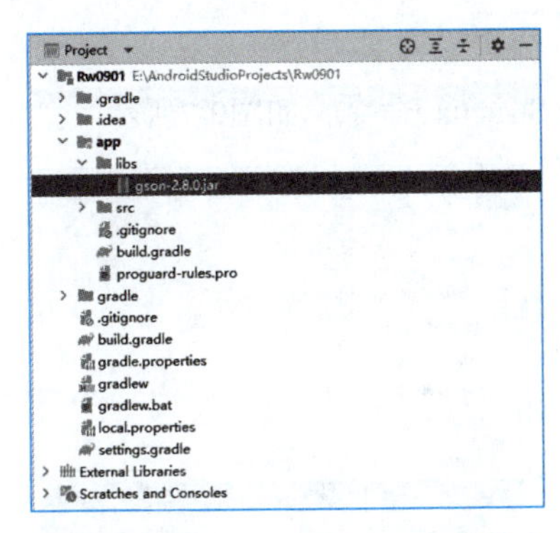

图 9-3　复制 Jar 包到 libs 文件夹中

（3）右击该jar包，选择Add As Library，如图9-4所示，添加依赖包，弹出图9-5所示对话框，单击“OK”按钮即可。

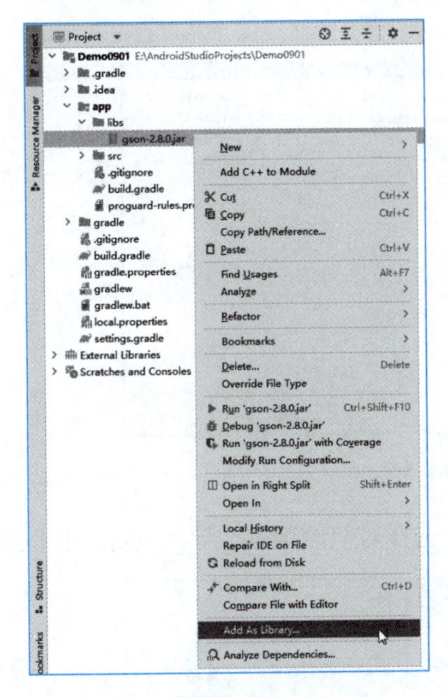

图 9-4　选择 Add As Library

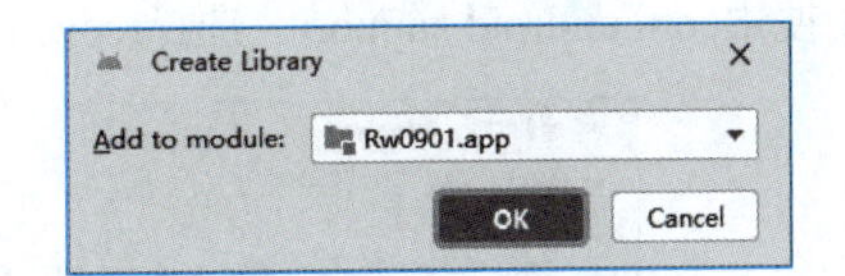

图 9-5　Add to module

（4）打开build.gradle文件，在dependencies()方法中出现jar包名称，说明导入成功，如图9-6所示。

```
dependencies {

    implementation 'androidx.appcompat:appcompat:1.6.1'
    implementation 'com.google.android.material:material:1.8.0'
    implementation 'androidx.constraintlayout:constraintlayout:2.1.4'
    implementation files('libs\\gson-2.8.0.jar')
    testImplementation 'junit:junit:4.13.2'
    androidTestImplementation 'androidx.test.ext:junit:1.1.5'
    androidTestImplementation 'androidx.test.espresso:espresso-core:3.5.1'
}
```

图 9-6　jar 包导入成功的 build.gradle 文件部分代码

第二种方式操作步骤如下：

（1）选择File菜单中的Project Structure命令，如图9-7所示。

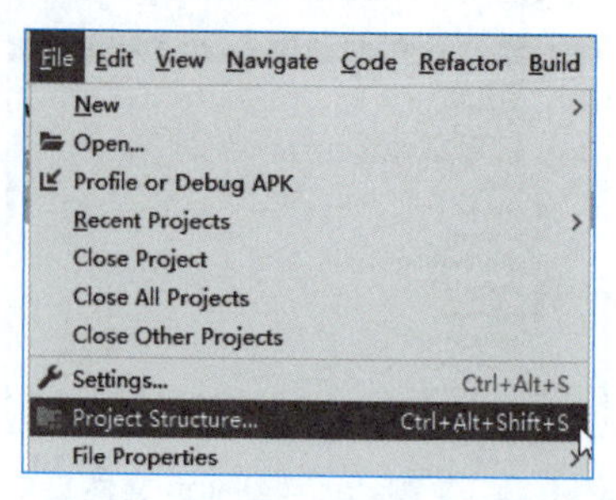

图 9-7　选择 File 菜单中的 Project Structure 命令

（2）选择Dependencies，单击右边的加号，选择Library Dependency，如图9-8所示。

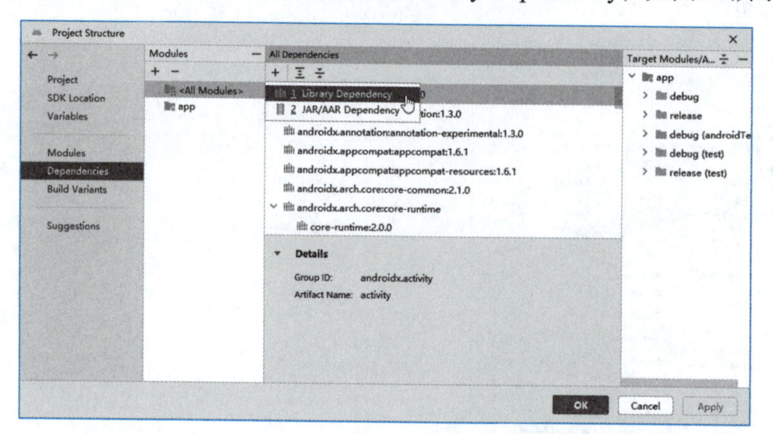

图 9-8　选择 Library Dependency

（3）搜索com.android.support，选择recyclerview-v7，选择对应的版本，导入资源，如图9-9所示。

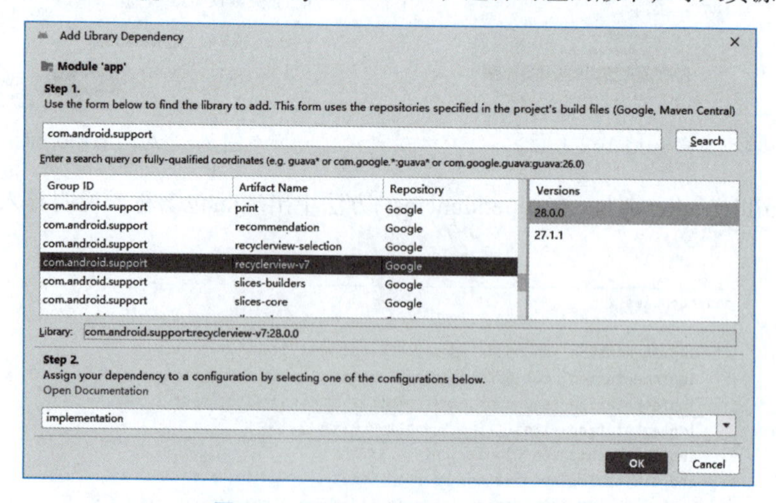

图 9-9　添加 recyclerview-v7 资源

（4）按照上面同样的步骤导入glide库，用于ImagView直接显示网络图片，如果显示结果如

图9-10所示，表示导入成功。

```
dependencies {

    implementation 'androidx.appcompat:appcompat:1.6.1'
    implementation 'com.google.android.material:material:1.8.0'
    implementation 'androidx.constraintlayout:constraintlayout:2.1.4'
    implementation files('libs\\gson-2.8.0.jar')
    implementation 'com.android.support:recyclerview-v7:28.0.0'
    implementation 'com.github.bumptech.glide:glide:5.0.0-rc01'
    testImplementation 'junit:junit:4.13.2'
    androidTestImplementation 'androidx.test.ext:junit:1.1.5'
    androidTestImplementation 'androidx.test.espresso:espresso-core:3.5.1'
}
```

图 9-10　资源导入成功

任务小结

通过本任务的开展，可以使读者掌握HttpURLConnectiont的使用方法、Android多线程在网络请求中的使用，以及JSON格式数据的解析和生成。

任务二　驾轻就熟——采用 OkHttp 框架访问服务器端

任务描述

在Android开发的上下文中，使用OkHttp框架来访问服务器端可以看作是“驾轻就熟”的一个示例，因为它提供了高效、易用且功能强大的HTTP客户端。本任务旨在通过使用OkHttp框架来实现与服务器端的通信。

实践任务导引：

（1）OkHttp框架介绍。

（2）OkHttp框架使用流程。

（3）相关的类和API介绍。

知识储备

使用HttpClient有些复杂，特别是每次进行网络交互时，一些复杂的网络操作及异常处理都非常烦琐。现在Google公司的Android开发工具Android Studio已经对HttpClient的使用做了一些限制，本任务就来学习一个新的框架OkHttp。

视频

OkHttp框架介绍

1. OkHttp框架介绍

OkHttp是一个处理网络请求的开源项目，是Android端火热的轻量级框架，由移动支付Square公司开发，用于替代HttpURLConnection和Apache HttpClient。可以说，当前很多Android开发者最喜欢的网络框架就是OkHttp了，为此大家还对框架进行了修改和完善，衍生出了包含线程池操作和RxJava模式的OkGo。那么 OkHttp究竟是有怎么样的魔力让这么多的开发者都爱不释手呢?下面来好好研究一下。

OkHttp是非常容易上手的一款框架，其主要优点如下：

（1）允许连接到同一个主机地址的所有请求，提高请求效率。

（2）共享Socket减少对服务器的请求次数。

（3）通过连接池减少了请求延迟。

（4）缓存响应数据减少重复的网络请求。

（5）减少了对数据流量的消耗。

（6）自动处理GZip压缩。

（7）支持各个设计的模式的拓展。

视 频

OkHttp框架使用流程

2. OkHttp框架使用流程

（1）当通过OkHttpClient创建一个Call，并发起同步或异步请求时，OkHttp会通过Dispatcher对所有的RealCall(Call的具体实现类)进行统一管理，并通过execute()及enqueue()方法对同步或异步请求进行处理。

（2）execute()及enqueue()这两个方法会最终调用 RealCall 中的getResponseWithlnterceptorChain()方法，从拦截器链中获取返回结果。

（3）在拦截器链中，依次通过RetryAndFollowUpInterceptor（重定向拦截器）、Bridgelnterceptor（桥接拦截器）、Cachelnterceptor（缓存拦截器）、ConnectInterceptor（连接拦截器）、CallServerlnterceptor（网络拦截器）对请求进行处理。与服务建立连接后，获取返回数据，再经过上述拦截器依次处理后，最后将结果返回给调用方。

视 频

相关的类和API介绍

3. 相关的类和API介绍

Request用于包装请求参数的类，不能直接通过new对象的方式进行初始化，Request类提供了一个静态类Builder，通过Builder.build()方法进行构建，其主要调用的方法如下：

```
url(String url)                       //请求的地址
addHerader(String key,String value)   //请求的头部，可以添加多个，以键-值对的方式进行添加
add(String key,String value)          //请求的请求体，以键-值对的方式进行传输
```

OkHttpClient是用于进行网络请求的核心类，内部有多个参数，通过方法可以进行初始化，大部分参数都有初始值。如果没有业务需要可以不进行设置，当需要的时候可以调用相关的方法进行设置。主要设置的参数和方法如下：

```
setConnectTimeout()          // 设置连接等待的超时时长
setReadTimeout()             // 设置读取文件的超时时长
setWriteTimeout()            // 设置写入文件的超时时长
setCookieHandler()           // 设置Cookie
```

除了设置请求参数，OkHttpClinet最主要的方法就是发起网络请求，主要方法是newCall()、execute()方法和enqueue()方法。

```
newCall(Request request) //建立一个网络请求，需要把包装请求数据的request类放在里面
execute()                //同步接口，如果在主线程里，需要新建一个子线程再请求
```

```
enqueue(CallBack callback) //异步请求，有一个callback参数专门用于接收请求返回的结果
```

任务实施

根据任务分析，在前面使用HttpClient通过客户端和服务器端交互实现项目活动列表，本任务将使用OkHttp进行替换，达到实现同样功能的目的。本项目案例在前面内容的基础上进行修改，其中对项目的变动不是太多，在此只展示修改部分和替换部分内容。要使用OkHttp框架需要先导入OkHttp库，手动添加jar包后，在build.gradle文件中有以下内容即可：

```
implementation files('libs\\okhttp-3.12.0.jar')
implementation files('libs\\okio-1.15.0.jar')
```

在MainActivity中替换HttpURLConnection框架的使用，具体修改如下：

```
public class MainActivity extends AppCompatActivity {
    private LinearLayoutManager linearLayoutManager;
    private RecyclerView recyclerView;
    private Handler mHandler;
    private String url="http://localhost:8080/hdapp/public";
    private List<Hd> hdInfoList;
    @Override
    protected void onCreate(Bundle savedInstanceState) {
        super.onCreate(savedInstanceState);
        setContentView(R.layout.activity_target);
        recyclerView = findViewById(R.id.recyclerView);
        getDate(url);
    }

    private void getDate(String url) {
        OkHttpClient client=new OkHttpClient();
        Request request=new Request.Builder().url(url).build();
        Call call=client.newCall(request);
        call.enqueue(new Callback() {
            @Override
            public void onFailure(Call call, IOException e) {
                Toast.makeText(MainActivity.this, "获取数据失败", Toast.LENGTH_SHORT).show();
            }

            @Override
            public void onResponse(Call call, Response response) throws IOException {
                if(response.isSuccessful()){
                    String result=response.body().string();
                    System.out.println("result="+result);
                    //处理UI需要切换到UI线程处理
```

```
                        hdInfoList=JsonUtil.getInstance().jsonToArrayList
(result, Hd.class);
                        if (hdInfoList!=null) {
                            runOnUiThread(new Runnable() {
                                @Override
                                public void run() {
                                    linearLayoutManager=new LinearLayoutManager(M
ainActivity.this);
                                    recyclerView.setLayoutManager(linearLayoutManager);
                                    //为recycleViews设定动画
                                    recyclerView.setItemAnimator(new DefaultItemAnimator());
                                    //为recycleViews添加分割线
                                    recyclerView.addItemDecoration(new DividerIte
mDecoration(MainActivity.this,VERTICAL));
                                    recyclerView.setAdapter(new HdListAdapter(MainActivity.
this, hdInfoList));

                                }
                            });
                        }
                    }
                }
            });
        }
    }
```

视频

OkHttp发起get和post同步请求

扩展知识

1. OkHttp发起get同步请求

Okhttp发起get同步请求非常的简单，代码如下：

```
    String url = "https://www.baidu.com/";
    OkHttpClient client=new OkHttpClient();
    // 配置GET请求
Request request=new Request.Builder()
        .url(url)
        .get()
        .build();
// 发起同步请求
try (Response response=client.newCall(request).execute()){
    // 打印返回结果
    System.out.println(response.body().string());
} catch (Exception e) {
```

```
        e.printStackTrace();
    }
```

2. OkHttp发起post同步请求

Okhttp发起post表单格式的数据提交，同步请求编程也非常的简单，代码如下：

```
String url = "https://www.baidu.com/";
OkHttpClient client = new OkHttpClient();
// 配置 POST + FORM 格式数据请求
RequestBody body = new FormBody.Builder()
        .add("userName", "zhangsan")
        .add("userPwd", "123456")
        .build();
Request request=new Request.Builder()
        .url(url)
        .post(body)
        .build();
// 发起同步请求
try (Response response=client.newCall(request).execute()){
    // 打印返回结果
    System.out.println(response.body().string());
} catch (Exception e) {
    e.printStackTrace();
}
```

其他的使用案例，大家可以自行探索。

任务小结

通过本任务的开展，可以使读者掌握OkHttp网络请求架构，熟悉Android客户端的基础，同时可以去百度上搜索一些公开接口，比如查询天气、查询快递等接口，接入自己的App。

任务三　熟能生巧——用户登录验证

任务描述

在App开发中，用户登录验证是一个非常重要的环节，它不仅可以保护用户数据的安全，还可以确保只有合法用户才能访问App内的特定功能或数据。本任务旨在通过调用API接口实现用户登录验证功能。

实践任务导引：

（1）API接口。

（2）Postman工具。

（3）Token令牌。

知识储备

1. API接口

视频 API接口

API（接口）是什么？举个常见的例子，在京东上下单付款之后，商家选用顺丰发货，然后你就可以在京东上实时查看当前的物流信息。京东和顺丰是两家独立的公司，为什么能在京东上实时看到顺丰的快递信息？这就要用到API，当查看自己的快递信息时，京东利用顺丰提供的API接口，可以实时调取信息呈现在自己的网站上。除此，你也可以在相关小程序上输入订单号查取到快递信息。只要有合作，或是有允许，别的公司都可以通过顺丰提供的API接口调取到快递信息。既然有多方调用，那提供一个统一的调用规范会方便很多。

1）定义

API（application programming interface，应用程序编程接口）是一些预先定义的函数，目的是提供应用程序与开发人员基于某软件或硬件得以访问一组例程的能力，而又无须访问源码或理解内部工作机制的细节。

2）常见的接口请求方式

（1）请求地址：URL。

（2）请求方式：get（查）、post（增）、put（改）、delete（删）。

（3）请求数据类型：application/json、application/x-www-form-urlencoded等。

（4）请求参数：Param。

（5）返回结果：resp。

例如，我们参加职业技能大赛移动应用开发赛项中为我们开放的API样例如下：

① 请求地址：http://124.93.196.45:10001/prod-api/api/login。

② 请求方式：post。

③ 请求数据类型：application/json。

④ 请求参数（见表9-1）。

表 9-1 请求参数

参数名称	参数说明	请求类型	必须	数据类型
username	用户名		true	string
password	用户密码		true	string

⑤ 返回结果（见表9-2）。

表 9-2 返回结果

参数名称	参数说明	类型
code	状态码，200正确，其他错误	string
msg	返回消息内容	string
token	返回token信息	string

3）API的作用

对于软件提供商：让别的应用程序调用API，软件才能发挥最大的价值（同时别人也看不见代码，不伤害商业机密）。

对于应用开发者：有了开放的API，就可以直接调用多家公司做好的功能来做自己的应用，不需要所有的事情都自己动手。封装好的函数可以有效避免重复造轮子。

2. Postman工具

Postman是一个接口测试工具，在做接口测试的时候，Postman相当于一个客户端，它可以模拟用户发起的各类HTTP请求，将请求数据发送至服务端，获取对应的响应结果，从而验证响应中的结果数据是否和预期值相匹配；并确保开发人员能够及时处理接口中的bug，进而保证产品上线之后的稳定性和安全性。它主要是用来模拟各种HTTP请求的(如get/post/delete/put.等)，Postman与浏览器的区别在于有的浏览器不能输出Json格式，而Postman能更直观显示返回的结果。

例如，我们将上述的开放的API样例进行测试。

第一步，启动Postman测试工具，界面如图9-11所示。

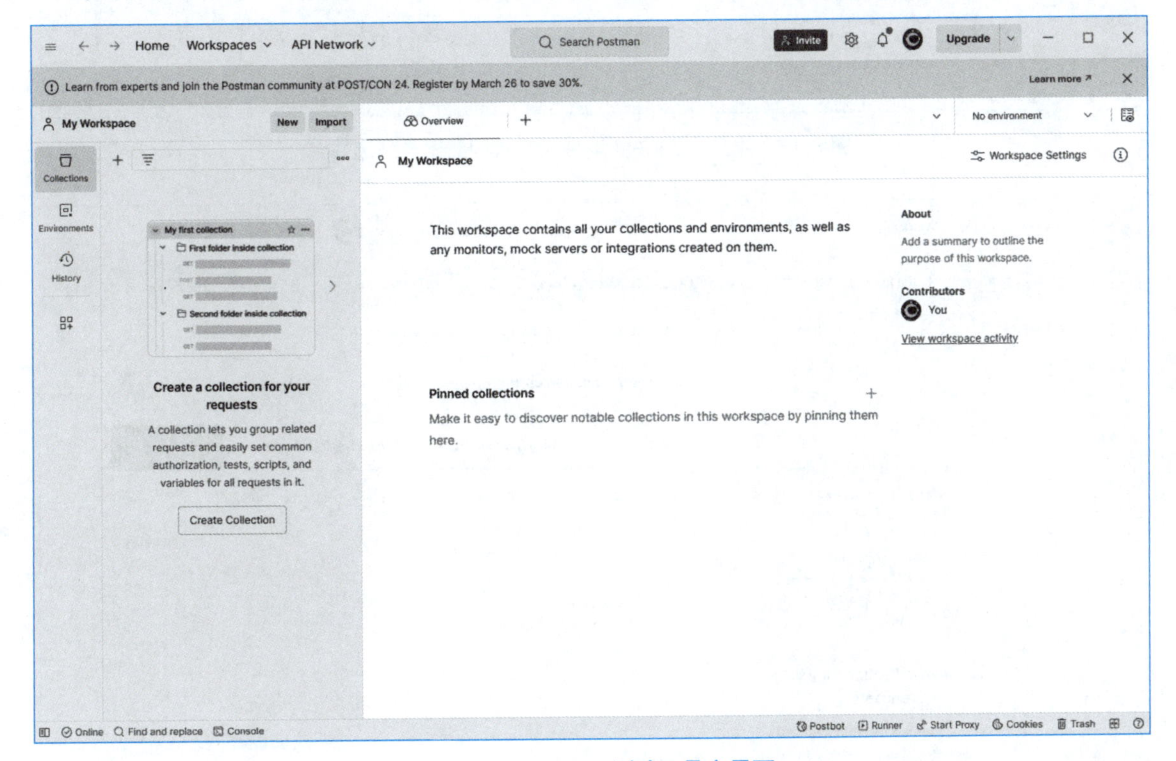

图 9-11　Postman 测试工具主界面

第二步，单击工作区中的“+”新增一个Request，在地址栏中输入上面的请求地址，并在左侧下拉列表中选择请求方式为post，单击“Headers”选项卡，在“Key”字段中添加“Content-Type”，在“Value”字段中添加“application/json”，即请求数据类型，如图9-12所示。

第三步，添加请求参数。在上一步的基础上选择“Body”选项卡，并单击“row”下拉按钮，在内容中填写JSON格式的请求参数，如图9-13所示。

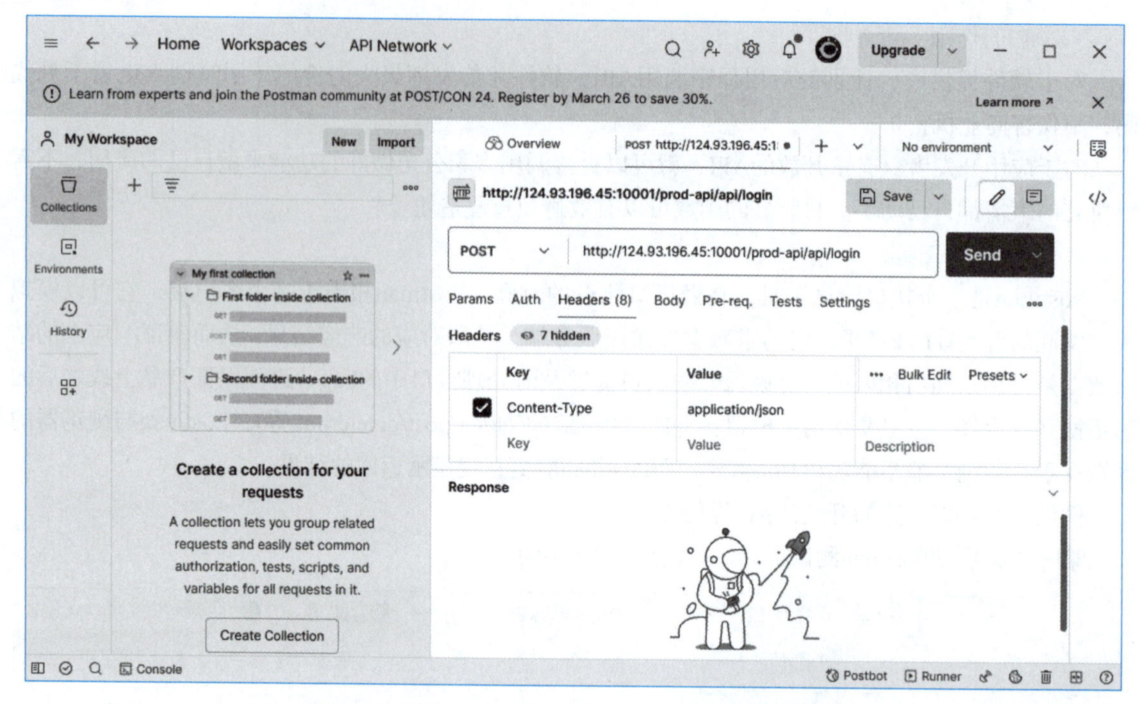

图 9-12　添加 Request 地址及方式和数据类型选择

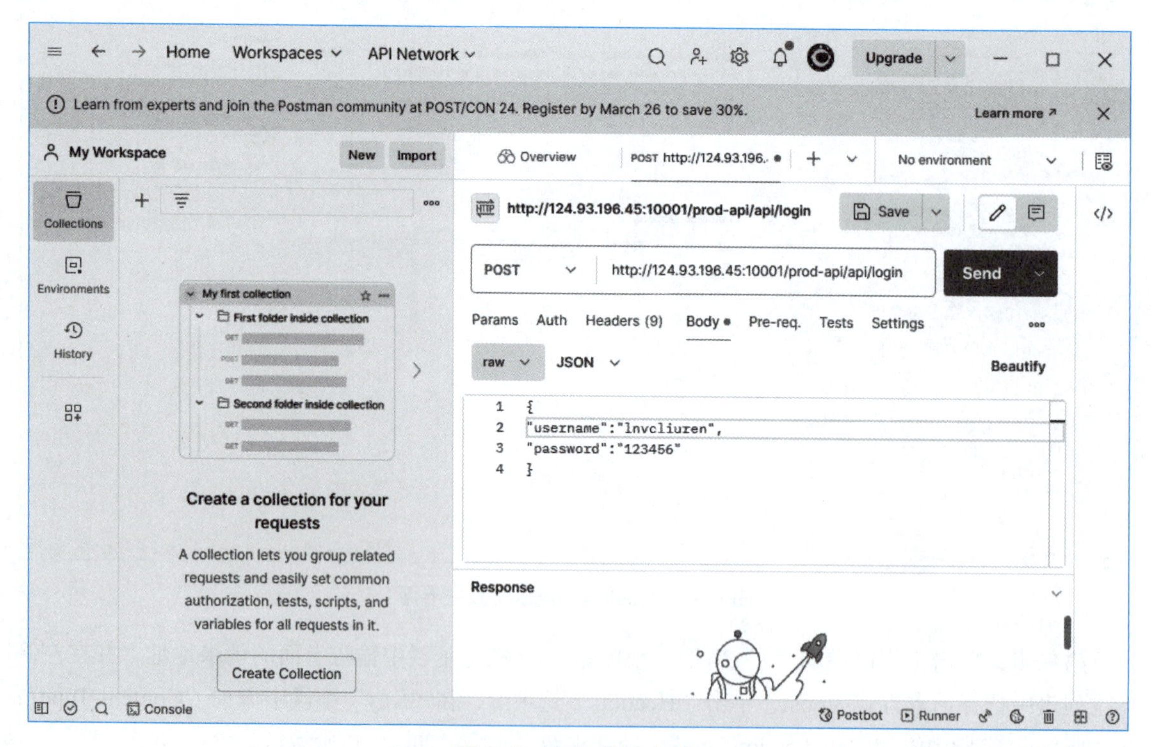

图 9-13　添加请求参数

第四步，测试返回结果。单击“Send”按钮，在表单区域下方，可以看到如图9-14所示的测试返回结果，表明登录验证成功。

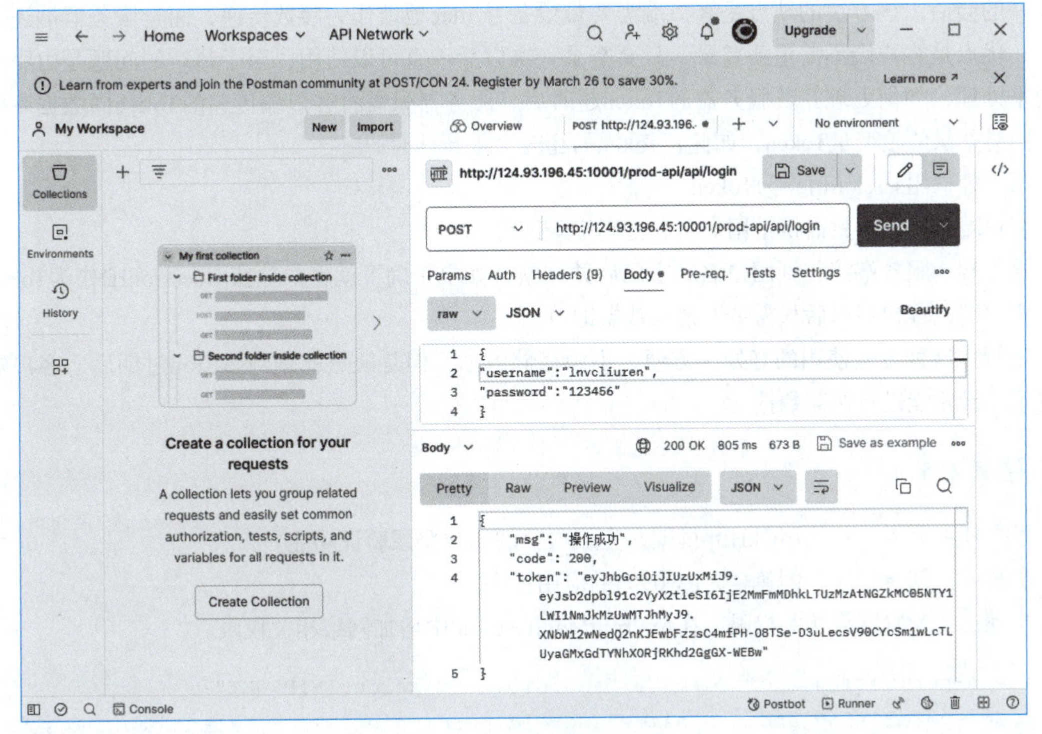

图 9-14　测试返回结果

3. Token令牌

1）引入背景

Token是在客户端频繁向服务端请求数据，服务端频繁地去数据库查询用户名和密码并进行对比，判断用户名和密码正确与否，并作出相应提示，在这样的背景下，Token便应运而生。

视频

Token令牌

2）定义

Token是服务端生成的一串字符串，以作为客户端进行请求的一个令牌，当第一次登录后，服务器生成一个Token便将此Token返回给客户端，以后客户端只需带上这个Token前来请求数据即可，无须再次带上用户名和密码。

3）目的

Token的目的是减轻服务器的压力，减少频繁地查询数据库，使服务器更加健壮。

4）使用

第一种，用设备号/设备mac地址作为Token（推荐）。

客户端：客户端在登录的时候获取设备的设备号/mac地址，并将其作为参数传递到服务端。

服务端：服务端接收到该参数后，使用一个变量来接收，同时将其作为Token保存在数据库，并将该Token设置到session中，客户端每次请求的时候都要统一拦截，并将客户端传递的token和服务器端session中的Token进行对比，如果相同则放行，不同则拒绝。

分析：此刻客户端和服务器端就统一了一个唯一的标识Token，而且保证了每一个设备拥有了一个唯一的会话。该方法的缺点是客户端需要带设备号/mac地址作为参数传递，而且服务器端还需要保存；优点是客户端不需重新登录，只要登录一次以后一直可以使用，至于超时的问题是由服务器这边来处理，如何处理？若服务器的Token超时后，服务器只需将客户端传递的Token向数据库中查询，同时并赋值给变量Token，如此，Token的超时又重新计时。

第二种，用session值作为Token。

客户端：客户端只需携带用户名和密码登录即可。

服务端：服务端接收到用户名和密码后并判断，如果正确了就将本地获取sessionID作为Token返回给客户端，客户端以后只需带上请求数据即可。

分析：这种方式使用的好处是方便，不用存储数据，但是缺点就是当session过期后，客户端必须重新登录才能进行访问数据。

任务实施

根据任务分析，将使用OkHttp框架来完成项目的用户登录验证功能。

步骤一：创建程序。创建名为Rw0903的应用程序。

步骤二：配置网络相关权限。在AndroidManifest.xml中增加网络相关权限。

```
<uses-permission android:name="android.permission.INTERNET"/>
<uses-permission android:name="android.permission.WRITE_EXTERNAL_STORAGE"/>
<uses-permission android:name="android.permission.ACCESS_NETWORK_STATE"/>
```

添加android:usesCleartextTraffic="true"属性和值。

步骤三：修改默认布局文件为登录窗口。此处采用前面项目中的布局文件完成此设计。

步骤四：导入项目库。参考此项目任务一扩展知识操作步骤完成OkHttp插件包和Gson插件包，并添加全局插件GsonFormat，本书中插入的插件包版本如图9-15所示。

图 9-15 导入的第三方插件

步骤五：完成主程序编写。

（1）使用FindViewByMe插件完成布局文件中控件的绑定，代码如下：

```
public class MainActivity extends AppCompatActivity {
    private ImageView ivHead;
    private EditText etUserName;
    private EditText etPsw;
    private Button btnLogin;
    private TextView tvRegister;
```

```
    private TextView tvFindPsw;
    private String token;
    @Override
    protected void onCreate(Bundle savedInstanceState) {
        super.onCreate(savedInstanceState);
        setContentView(R.layout.activity_main);
        initView(); // 初始化绑定控件
    }
    private void initView() {
        ivHead=(ImageView) findViewById(R.id.iv_head);
        etUserName=(EditText) findViewById(R.id.et_user_name);
        etPsw=(EditText) findViewById(R.id.et_psw);
        btnLogin=(Button) findViewById(R.id.btn_login);
        tvRegister=(TextView) findViewById(R.id.tv_register);
        tvFindPsw=(TextView) findViewById(R.id.tv_find_psw);
    }
}
```

（2）创建LoginBean类。此处使用Postman工具测试获取的JSON格式返回值为蓝本，在类文件中按【Alt+S】组合键，调用GsonFormat工具创建Bean，如图9-16所示。

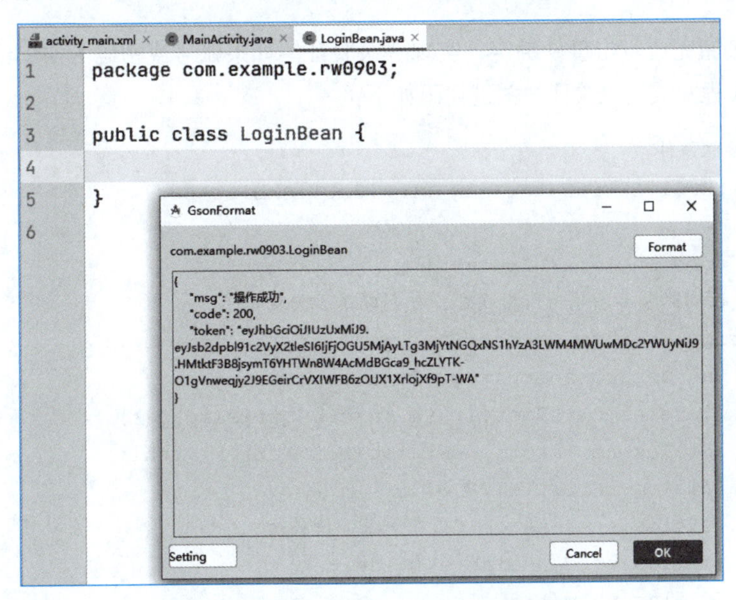

图 9-16　调用 GsonFormat 工具创建 Bean

单击“OK”按钮，选择默认选项后，即可在LoginBean类中添加如下代码，完善LoginBean类内容，为后续调用做好准备：

```
public class LoginBean {
    private String msg;
    private int code;
```

```
    private String token;
    public String getMsg() {
        return msg;
    }
    public void setMsg(String msg) {
        this.msg=msg;
    }
    public int getCode() {
        return code;
    }
    public void setCode(int code) {
        this.code=code;
    }
    public String getToken() {
        return token;
    }
    public void setToken(String token) {
        this.token=token;
    }
}
```

（3）为登录按钮完成点击事件绑定，实现登录验证。如果账号或密码为空，给出登录提示；验证通过，开启子线程完成登录验证。关键代码如下：

```
// 绑定登录按钮事件
btnLogin.setOnClickListener(new View.OnClickListener() {
    @Override
    public void onClick(View v) {
        // 获取账号和密码输入框内容，并判断是否为空
        String username=etUserName.getText().toString();
        String userpass=etPsw.getText().toString();
        if (!username.isEmpty() && !userpass.isEmpty()){
            dialog=new ProgressDialog(MainActivity.this);
            dialog.setTitle("提示");
            dialog.setMessage("正在登录，请稍后...");
            dialog.setCancelable(false);
            dialog.show();
            // 进行post传输和登录验证
            LoginCheck(username,userpass);
        }else {
            Toast.makeText(MainActivity.this, "账号或密码不能为空", Toast.
LENGTH_SHORT).show();
        }
```

```
        }
    });
```

（4）完成登录验证和本地信息存储。在MainActivity类中创建LoginCheck(username，userpass)方法，完成登录验证：如果账号或密码输入错误，提示“登录失败，请重试”；登录成功，提示“登录成功，欢迎您”，关键代码如下：

```
private void LoginCheck(String username, String userpass) {
    //登录接口
    String loginurl="http://124.93.196.45:10001/prod-api/api/login";
    // 声明请求数据类型
    MediaType json=MediaType.parse("application/json;charset=UTF-8");
    // 请求参数
    String jsonstr="{\"username\":\"lnvcliuren\",\"password\":\"123456\"}";
    // 创建RequestBody,请求体
    RequestBody body=RequestBody.create(json,jsonstr);
    OkHttpClient okHttpClient=new OkHttpClient.Builder().build();
    // 创建请求对象
    Request request=new Request.Builder()
            .url(loginurl)
            .post(body)
            .addHeader("Content-Type","application/json;charset=UTF-8")
            .build();
    // 将请求发送
    Call call=okHttpClient.newCall(request);
    call.enqueue(new Callback() {
        @Override
        public void onFailure(Call call, IOException e) {}
        @Override
        public void onResponse(Call call, Response response) throws IOException {
            // 开启新线程
            runOnUiThread(new Runnable() {
                @Override
                public void run() {
                    String res=null;
                    try {
                        res=response.body().string();
                        LoginBean loginBean=new Gson().fromJson(res,
LoginBean.class);
                        int code=loginBean.getCode();
                        if (code==200){
                            dialog.dismiss();
                            token=loginBean.getToken();
                            Toast.makeText(MainActivity.this, "登录成功，欢迎您",
```

```
Toast.LENGTH_SHORT).show();
                                    // 完成本地存储
                                    SharedPreferences preferences=getSharedPreference
s("data",Context.MODE_PRIVATE);
                                    SharedPreferences.Editor editor=preferences.edit();
                                    editor.putString("token",token);
                                    editor.commit();
                                }else {
                                    dialog.dismiss();
                                    Toast.makeText(MainActivity.this, "登录失败，请重试",
 Toast.LENGTH_SHORT).show();
                                }
                            } catch (IOException e) {
                                throw new RuntimeException(e);
                            }
                        }
                    });
                }
            });
        }
```

步骤六：运行以上程序，在账号和密码框中分别输入“lnvcliuren”和“123456”，点击“登录”按钮，弹出“登录成功，欢迎您”，并将获取到的token保存在本地文件中，若不能成功登录，则弹出“登录失败，请重试”，运行效果如图9-17所示。

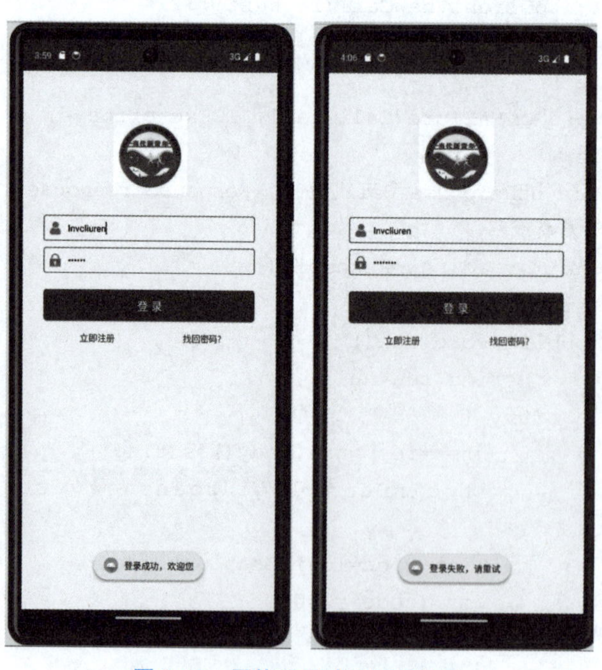

图 9-17　网络登录验证运行效果

扩展知识

Java Bean组件

1. 基本概念

Java Bean组件

JavaBean 是一种Java语言写成的可重用组件。为写成JavaBean，类必须是具体的和公共的，并且具有无参数的构造器。JavaBean 通过提供符合一致性设计模式的公共方法将内部域暴露成员属性。众所周知，属性名称符合这种模式，其他Java 类可以通过自身机制发现和操作这些JavaBean属性。换句话说，Javabean就是一个Java的类，只不过这个类要按上面提到的一些规则来写，比如必须是公共的、无参构造等，按这些规则写了之后，这个Javabean可以在程序里被方便地重用，使开发效率提高。

2. 功能特点

用户可以使用JavaBean将功能、处理、值、数据库访问和其他任何可以用Java代码创造的对象进行打包，并且其他的开发者可以通过内部的JSP页面、Servlet、其他JavaBean、applet程序或者应用来使用这些对象。用户可以认为JavaBean提供了一种随时随地的复制和粘贴的功能，而不用关心任何改变。

JavaBean可分为两种：一种是有用户界面（user interface，UI）的JavaBean；还有一种是没有用户界面，主要负责处理事务（如数据运算，操纵数据库）的JavaBean。

3. 组成部分

一个JavaBean由三部分组成：属性（properties）、方法（method）和事件（event）。

4. 特征

第一，JavaBean为共有类，此类要使用访问权限对public进行修饰。

第二，JavaBean定义构造的方式时，一定要使用public修饰，同时不能要参数，不定义构造方式时，Java编译器可以构造无参数方式。

第三，JavaBean属性通常可以使用访问权限对private进行修饰，此种主要表示私有属性，但是也只能在JavaBean内使用，在声明中使用public修饰的则被认为是公有权限。

第四，使用setXXX()的方法以及getXXX()的方法得到JavaBean里的私有属性XXX数值。

第五，JavaBean一定要放在包内，使用package进行自定义，也可以放在JavaBean代码第一行。

5. Java Bean例子

```
public class User{
    private String username;
    private String password;
    private String sex;
    private String address;
    public User() {
        super();
    }
    public String getUsername(){
        return username;
```

```
    }
    public void setUsername(String username) {
        this.username=username;
    }
    public String getPassword(){
        return password;
    }
    public void setPassword(String password) {
        this.password=password;
    }
    public String getSex(){
        return sex;
    }
    public void setSex(String sex) {
        this.sex=sex;
    }
    public String getAddress(){
        return address;
    }
    public void setAddress(String address) {
        this.address=address;
    }
}
```

任务小结

通过本任务的开展，可以使读者掌握Android多线程在网络请求中的使用、JSON格式数据的解析和生成，以及OkHttp网络请求方法。

自我评测

1. 在 Android 开发中，通常在主线程中更新 UI，也就是在 Activity 的各个生命周期的函数中，而请求网络等操作仅允许自己新建一个子线程去请求。Android 这样设计的原因是什么？

2. 关于网络请求，以下描述错误的是（　　）。

A. 一般的网络请求都遵循 TCP/IP 网络协议

B. 网络请求一般分为 GET 和 POST 两种，GET 一般用作数据的获取，POST 一般用作数据的提交

C. GET 网络请求与 POST 网络请求的区别是：GET 无法包装参数

D. 网络请求可以采用 HTTP 和 HTTPS 两种，一般来说，后者使用了认证，所以更安全

3. 关于 JSON 格式的数据描述错误的是（　　）。

A. JSON 格式的数据基本的数据单元是“key:value”组成的键－值对

B. JSON 格式的数据本质上是字符串

C. 任何对象数据都可以被序列化成 JSON 字符串，反之，正确格式的 JSON 字符串也可以被反序列化为特定对象

D. 所有数据的通信都被设计成了 JSON 数据的传递

4. 关于 Android 中的网络请求描述错误的是（　　）。

A. Android 发送数据请求必须先给 App 加上网络权限

B. Android 网络请求必须要在子线程中进行，获取结果后把结果发给主线程

C. 网络请求中，可以查看网络状态，获取当前连接的是哪种网络，如 Wi-Fi、移动数据等

D. Android 网络内置的 HttpClient 是目前最常用的网络请求工具

5. 开发一个 App 的登录界面，其中用户数据保存在服务器端，简述 Android 端开发的流程。